OUTILS PRÉHISTORIQUES

forme • fabrication • utilisation

OUTILS PRÉHISTORIQUES

forme • fabrication • utilisation

Jean-Luc PIEL-DESRUISSEAUX

*Publié avec le concours
du Centre National des Lettres*

MASSON
Paris New York Barcelone Milan
Mexico São Paulo
1986

ILLUSTRATION DE LA COUVERTURE

Hache taillée en silex, Tassilly (Calvados)
Longueur : 270 mm ; poids : 1 100 g

L'illustration de cet ouvrage, dessins et photographies, a été entièrement réalisée par l'auteur

ISBN : 2-225-80847-3

MASSON S.A. — 120, bd Saint-Germain, 75280 Paris Cedex 06
MASSON S.A. — Balmes 151, 08008 Barcelona
MASSON ITALIA EDITORI S.p.A. — Via Giovanni Pascoli 55, 20133 Milano
MASSON EDITORES — Dakota 383, Colonia Napoles, Mexico 18 DF
EDITORA MASSON DO BRASIL Ltda — Rua Borges Lagoa 1044, CEP/04038 São Paulo S.P.

Table des matières

OUTILS D'OS

Avant-propos

Résumer en quelques pages et représenter par quelques figures ce que fut l'outilllage en pierre, en bois et en matière animale, imaginé et fabriqué par l'homme pendant des centaines de milliers d'années est certainement illusoire et présomptueux. Mon souhait est de simplement tenter de préciser à l'intention du visiteur d'un musée ou d'un chantier de recherches préhistoriques ce que sont la morphologie, les modes de fabrication, les utilisations possibles de quelques outils, principaux témoins de l'activité humaine préhistorique.

Les objets de pierre ne sont souvent que la partie active d'outils dont les dispositifs d'emmanchement ou de préhension ont disparu sauf pour de rares exemplaires de périodes récentes. L'étude de ces outils, certainement abandonnés parce que usés ou devenus inutiles, précise les traces d'usure visibles, les stigmates d'affûtage, les réutilisations modifiant leur aspect. Ce sont aussi des ébauches, des outils brisés qu'il convient de reconnaître tout en admettant les nombreuses incertitudes dans leur interprétation.

Nous avons souvent choisi des objets tout à fait communs, mais parfois aussi exceptionnels en raison de leur état de conservation. Nous nous sommes toujours largement inspirés des descriptions des préhistoriens dont la qualité des travaux assure le fondement des connaissances technologiques. Ces outils « de tous les jours » proviennent de sites de France : Bassin Parisien, Dordogne, Limousin, Normandie et de quelques autres pays d'Europe ou d'Afrique. Leur ordre de description artificiellement chronologique est, nous en avons conscience, certainement discutable.

Nous insisterons surtout sur le fait que tout éclat, tout « déchet de taille », tout outil de pierre ou de substance organique est porteur d'un message essentiel : observé sur le lieu de son abandon, il permet de décrire avec les autres témoins conservés ou réduits à l'état d'empreintes, l'organisation d'habitats ou autres espaces d'activités, documents de base d'une « ethnologie préhistorique ».

Cet ouvrage fait suite à « L'outil de pierre préhistorique », publié en 1984 aux Éditions Masson et rapidement épuisé. Nous avons, ici, ajouté à la description d'outils de pierre celle d'outils en os et en bois de cervidés qui nous instruisent en particulier sur le problème des emmanchements.

Nous tenons à remercier, pour nous avoir permis l'accès aux collections publiques,

M. et Mme J. Guichard, Conservateur du Musée National de Préhistoire des Eyzies-de-Tayac, M. R. Rousset travaillant dans ce même Musée, M. J.-P. Dupont, Conservateur du Museum d'Histoire Naturelle de Rouen, M. Brulon, Guide au Musée du Grand-Pressigny. Je suis infiniment reconnaissant à M. J. Tixier pour ses précieux conseils. Enfin sans le soutien de ma femme ce travail d'amateur n'aurait pas vu le jour.

OUTILS DE PIERRE

La taille du silex

Tailler signifie « fractionner intentionnellement » une roche. On taille, par exemple, un rognon de silex ou un gros éclat pour façonner un outil. Deux autres termes, relatifs à la taille, ont un sens plus restrictif : débiter et retoucher.

On *débite* un bloc, plus ou moins préparé (nucléus), pour obtenir des éclats ou des lames (qui sont les produits du débitage), on *retouche* un outil façonné pour achever sa fabrication, ou un produit de débitage (support) pour le transformer en outil.

Les gestes du tailleur

Des démonstrations publiques comme à l'archéodrome de Beaune (Côte-d'Or), des émissions télévisées, des films cinématographiques nous donnent de plus en plus souvent l'occasion de voir le préhistorien au travail. Mais les lignes qui vont suivre ne sont qu'une grossière description des gestes et rien ne peut remplacer l'observation directe.

Le tailleur *choisit la matière première* : un silex paraissant de bonne qualité, homogène car « sonnant bien » et la part d'expérience est ici essentielle. Il choisit un marteau : un galet de rivière par exemple, c'est le *percuteur.* Il prépare l'endroit où il va frapper : *le plan de frappe,* et prévoit le point où portera l'impact. Il calcule alors la trajectoire et la vitesse qu'il donne au percuteur. « Si le mouvement est bon, si les choses sont bien coordonnées, au moment où l'on frappe, une onde de percussion se développe, elle devient une onde de fracture, et détache un *éclat* » nous dit J. Tixier. Il insiste sur la masse du percuteur car il n'a pas frappé fort.

L'éclat détaché présente des particularités qui sont caractéristiques de la taille intentionnelle : un talon qui est la partie détachée du plan de frappe, un bulbe : petite saillie sur une face tout près du talon, un point d'impact.

Les bords de l'éclat sont très coupants, comme du verre, mais ils sont très fragiles. Il faut « retoucher » ces bords pour les renforcer en enlevant de très petits éclats avec un autre percuteur dit « tendre » : un fragment de bois de renne ou de bois de cerf selon les époques. Alors le tailleur sculpte un bord, le rendant rectiligne, convexe ou concave. Tous ces gestes se font très vite et il obtient un racloir ou un couteau à dos prêt pour racler une peau ou couper de la viande.

Désirant obtenir des *lames*, c'est-à-dire des éclats particulièrement étroits et allongés, il façonne soigneusement un bloc de silex selon un schéma qu'il a précisément défini. Une lame est détachée de ce nucléus spécialement préparé avec un percuteur tendre en frappant en regard d'une arête. Il prépare de nouveau le plan de frappe, frottant son bord avec un galet pour le renforcer puis détache une seconde lame à peu près identique à la précédente.

Voulant faire une pointe de flèche à partir d'un éclat, il change de technique et procède non plus en percutant, mais en *pressant* avec l'extrémité fine mais arrondie d'un fragment de bois de cerf. La pression sur les bords de la pièce détache de petits éclats et peu à peu se forme une pointe.

Au cours de ce travail, l'expérimentateur se protège, une peau sert de tablier, une autre couvre la paume de la main à la manière d'un gant. L'habitude lui permet de prévoir la trajectoire des éclats, bien coupants pour nos téguments !

Les techniques de la taille

Il y a deux manières de tailler le silex : par percussion et par pression.

1) La percussion

Cette technique consiste à frapper avec un percuteur soit directement sur un bloc de silex, un plan de frappe ou un bord : c'est la percussion directe ; soit par l'intermédiaire d'un instrument appelé « ciseau » ou « chasse-lame » qui permet d'appliquer la force en un point précis : c'est la percussion indirecte.

a) Taille par percussion directe (Fig. 1)

C'est certainement la méthode la plus ancienne du moins lorsque l'on utilise un percuteur de pierre appelé percuteur « dur » fait d'un galet, d'un rognon, ou de tout autre objet de pierre choisi pour frapper. Plus tardivement sera utilisé un percuteur dit « tendre » préparé dans un bois dur, un bois animal ou un os. Enfin, on suppose aussi l'utilisation de percuteurs dormants ou enclumes.

La taille par percussion directe permet de *façonner* des objets à partir de blocs ou de gros éclats de silex. L'artisan a ainsi taillé ses innombrables outils appelés « bifaces » ou ses délicates « pointes » appelées « feuilles de laurier » en utilisant successivement le percuteur dur pour préparer l'ébauche, puis le percuteur tendre pour l'affiner et réaliser les retouches finales.

Cette méthode permet de *débiter* un bloc qui prendra alors le nom de nucléus pour obtenir des éclats. Après avoir détaché un premier éclat (entame) on frappe en un point

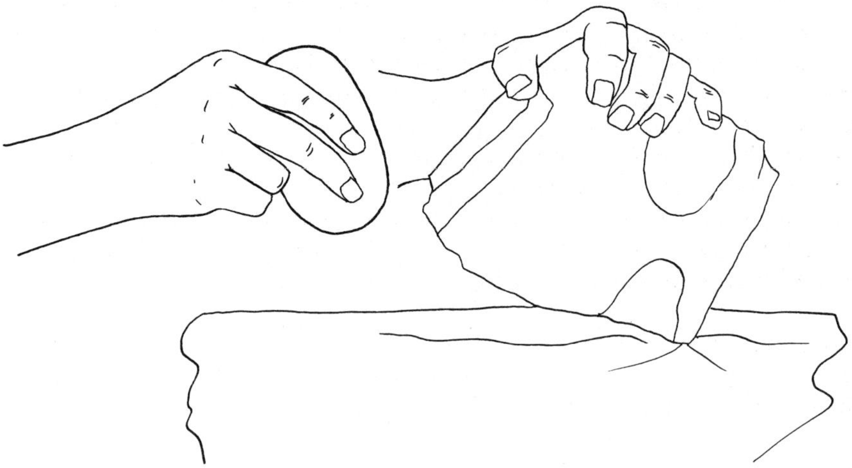

FIG. 1 — *Débitage d'éclats par percussion directe au percuteur de pierre.* D'après D. de Sonneville-Bordes (1972).

de la surface ainsi préparée et l'on détache d'autres éclats. On peut débiter le bloc à partir d'un seul plan de frappe, mais aussi à partir de plusieurs plans de frappe, voire en se servant successivement de chaque surface d'enlèvement.

Dans des périodes plus récentes, le nucléus est spécialement préparé pour obtenir un ou plusieurs éclats dont la forme est parfaitement prévue comme dans le débitage Levallois.

A partir d'autres nucléus, des séries de lames sont détachées en utilisant le percuteur dur comme le percuteur tendre.

Enfin, par cette technique on *retouche* les éclats ou les lames. Des petits éclats ou de minuscules lamelles sont détachés et le support véritablement sculpté prendra la forme de l'outil désiré. Ce mode de taille est présent à toutes les époques de l'âge de la pierre.

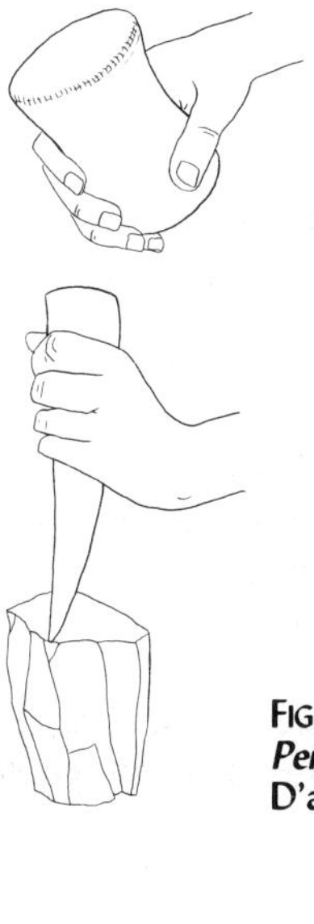

FIG. 2 — *Débitage de lames par percussion indirecte. Percuteur en bois dur, chasse-lame en bois de renne.* D'après D. de Sonneville-Bordes (1972).

b) Taille par percussion indirecte (Fig. 2)

Dans cette technique le percuteur frappe non plus directement sur le plan de frappe mais sur un objet appelé « chasse-lame », « ciseau », ou « punch », « dont l'extrémité proximale est posée à l'endroit choisi, sur le plan de frappe, ce qui permet d'appliquer la force exactement où l'on veut » (F. Bordes, 1971, p. 22).

C'est cette méthode qui permet peut-être le débitage de longues lames régulières au Paléolithique supérieur, puis au Néolithique.

Mais pour J. Tixier (1984, p. 16) « rien ne prouve indubitablement, à ce jour, l'utilisation de la percussion indirecte pour aucun ensemble industriel ; nous n'avons que des présomptions à partir du Paléolithique supérieur » car la percussion directe au percuteur tendre est aussi très efficace pour débiter les lames et elle « date de près de 500 000 ans ! ».

La percussion indirecte peut être également utilisée pour la retouche de grands objets comme certaines feuilles de laurier solutréennes, des couteaux ou poignards néolithiques « portant de trop larges enlèvements pour avoir été fabriqués par pression, et trop régulièrement taillés pour que l'habileté de l'ouvrier soit une explication vraisemblable » (F. Bordes, 1971, p. 23).

2) Taille par pression

On ne frappe plus mais on utilise une forte pression. C'est avec un outil appelé « compresseur », telle une baguette en bois de renne que l'on peut *retoucher* par pression. C'est D.-E. Crabtree qui redécouvre les procédés utilisés en particulier par les Paléo-indiens. On peut travailler assis en tailleur et utiliser le poids du corps pour presser comme chez les aborigènes d'Australie. Toujours assis on peut s'aider d'un genou pour pousser la main qui tient le compresseur. La figure 3 représente J. Tixier retouchant une pointe et l'on remarque le pouce droit prenant appui sur la main opposée. La retouche obtenue est fine et régulière à bords souvent bien parallèles avec des enlèvements transversaux ou bien obliques « en écharpe ». C'est une technique difficile, utilisée en particulier dans la fabrica-

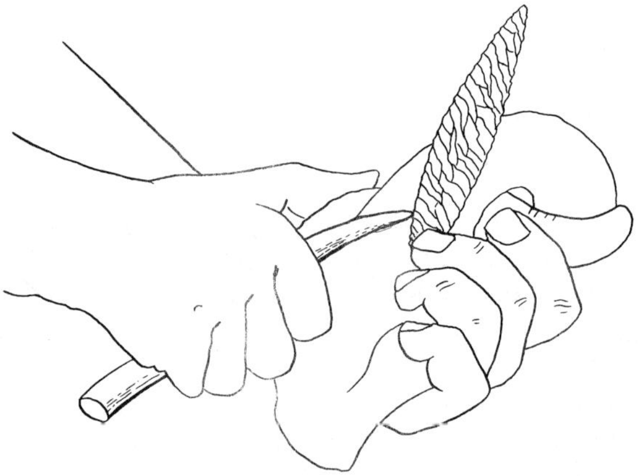

FIG. 3 — *Retouche d'une « pointe » par pression avec un « compresseur » en bois de renne.* La main gauche est protégée par une paumelle de cuir. (D'après J. Tixier et coll., 1980).

tion de pointes à cran du Solutréen, de pointes de flèches ou pour la décoration de poignards du Néolithique. Elle nécessite une matière première d'excellente qualité.

C'est aussi D.-E. Crabtree qui a retrouvé expérimentalement la technique de *débitage* de lames et lamelles par pression dont on connaît l'exemple historique aztèque décrit par les explorateurs du XVIe siècle. Cette méthode datant du 10e millénaire fait l'objet de recherches poussées par l'équipe de J.Tixier. Le débitage à l'aide d'une béquille permet d'obtenir de grandes séries de lames en obsidienne mais également en silex, parfaitement standardisées. C'est une méthode complexe, nécessitant une mise en forme rigoureusement géométrique du nucléus qui conditionnera la forme et la taille des produits débités. Nous résumerons cette passionnante méthode au chapitre débitage par pression.

« OSONS NE PLUS AFFIRMER. » Tel est le conseil que donne J. Tixier (1982) qui nous prévient des difficultés ou de la fréquente impossibilité de déterminer les techniques précises du débitage. Ses expériences de taille montrent que les limites entre percussion directe au percuteur dur et percussion directe au percuteur tendre « sont de moins en moins nettes », que les limites entre percussion au percuteur tendre et pression ne sont pas évidentes et que « aucun tailleur expérimenté ne peut à l'heure actuelle assurer, même sur des lots importants de lames qu'il s'agit de percussion directe ou indirecte ».

Accidents de taille

Le but prévu n'est pas toujours atteint et le tailleur peut enregistrer au cours de son travail des accidents plus ou moins graves (H. Roche, J. Tixier, 1982) dont les causes sont multiples (comme un défaut dans la matière première, une insuffisance technique).

Parmi les principaux accidents, il y a des cassures (celles d'une lame au débitage ou d'un objet que l'on façonne), l'outrepassage qui emporte trop de matière comme sur la figure 27 ou au contraire le réfléchissement comme le petit accident sur la figure 95 et bien d'autres encore qui peuvent être à l'origine d'une nouvelle technique comme celle du « coup du microburin ».

La taille expérimentale

Retrouver les méthodes de la taille des roches, comprendre les modes opératoires de la fabrication des outils et tenter d'imaginer le comportement de l'homme pour résoudre ses problèmes techniques sont un programme d'étude déjà ancien pour les chercheurs préhistoriens. L'outil obtenu en laboratoire, copie du modèle ancien peut aussi servir pour une utilisation expérimentale.

Le choix de la matière première, celui des outils pour tailler, la manière de s'y prendre, depuis le premier coup porté jusqu'à la dernière retouche de finition, tout peut être étudié expérimentalement. Le problème reste cependant que l'on est dans l'impossibilité de se placer au niveau des besoins et des connaissances technologiques de l'homme préhistorique et comme l'écrit J. Tixier (1980, b, p. 1200) « nous n'atteindrons donc jamais le tailleur préhistorique, nous l'approcherons seulement, car derrière la main il n'y a plus et il ne peut plus y avoir les mêmes motivations ».

Mais cette expérimentation est essentielle pour redécouvrir les techniques de taille, pour déterminer les « chaînes opératoires », pour comprendre maints stigmates qui permettent de « décrypter chaque événement de la genèse d'une pièce taillée et à le replacer dans l'ordre chronologique exact » (J. Tixier, 1980, a, p. 47).

L'expérimentation permet par exemple de comprendre le choix de certaines roches, de comparer les résultats obtenus selon des techniques différentes, d'étudier l'organisation de postes de débitage, de connaître les durées de travail, de « discerner ce qui est accidentel ou trace d'utilisation de ce qui est intentionnel, ce qui est facile, de ce qui est difficile, ce qui est essentiel de ce qui est superflu, ce qui advient spontanément au moment du détachement d'un éclat de ce qui est une reprise, une « retouche ». (J. Tixier, 1980, b, p. 1200).

L'expérimentation est l'auxiliaire de l'enseignement de la technologie : « un burin taillé en commentant chaque geste sera facilement compris et demandera quelques minutes d'attention alors que des pages d'explications, même avec croquis, seront la plupart du temps inefficaces » (J. Tixier, 1980, a, p. 49).

Parmi les expérimentateurs nous citerons les noms de H. Müller, L. Coutier, F. Bordes, D.-E. Crabtree, J. Tixier, M.-H. Newcomer, M. Lenoir, J. Pelegrin, E. Boëda, qui ont publié dans ce domaine.

Les outils du tailleur de pierre

Les expériences de taille ont révélé l'existence de tout un matériel pour tailler qui ne s'est pas conservé car fait de matières périssables. Aussi commencerons-nous par décrire les outils des tailleurs modernes.

I — LES OUTILS DU PRÉHISTORIEN TAILLEUR

1) Le percuteur

Le percuteur est l'outil de base servant de marteau qui percute directement la roche.

Deux modèles sont utilisés. L'un en pierre est appelé percuteur « dur » comme par exemple un galet de rivière ou un rognon de silex, l'autre dit « tendre » est « un fragment de bois animal ou végétal, un os, un fragment d'os ou d'ivoire, etc. » (J. Tixier, M.-L. Inizan, H. Roche, 1980, p. 96).

Ces deux percuteurs peuvent être successivement utilisés comme pour le débitage de lames : le percuteur dur prépare le nucléus, le percuteur tendre détache les lames.

Pour la percussion directe au percuteur tendre on choisit habituellement un tronçon de bois de renne ou de cerf ou de bois végétal dur comme le buis.

Pour la percussion indirecte un lourd morceau de buis sert de maillet pour frapper le chasse-lame.

Le poids du percuteur est important dans le choix de cet instrument, car « ce n'est pas la violence du coup qui détermine la grandeur de l'éclat, mais le poids du percuteur » (F. Bordes, 1947, p. 6).

2) Le chasse-lame

Utilisé pour la taille par percussion indirecte c'est la « pièce interposée entre le plan de frappe du nucléus et le percuteur » (J. Tixier, M.-L. Inizan, H. Roche, 1980, p. 78).

Appelé aussi « ciseau, punch, pousse-lame » il est volontiers fait dans un andouiller de bois de cervidé, un bois végétal résistant, « ou parfois un galet allongé » (F. Bordes, 1969, p. 108).

3) Frottoir

Un petit galet en grès sert à « abraser » la corniche d'un nucléus (J. Tixier, M.-L. Inizan, H. Roche, 1980, p. 73) pour faciliter par exemple le départ d'une lame ou abraser une arête pour créer un plan de frappe ou de pression.

4) Enclume

Une pierre de surface régulière, un peu bombée peut servir d'enclume sur laquelle on peut retoucher par percussion une extrémité de lame et former une troncature comme sur la figure 4 on retoucher un bord de lame ou de lamelle pour créer un dos abrupt comme celui d'une pointe de la Gravette ou d'une lamelle à bord abattu. C'est la percussion « écrasée » ou la percussion sur enclume (F. Bordes, 1947, p. 16) avec percuteur dur ou percuteur tendre.

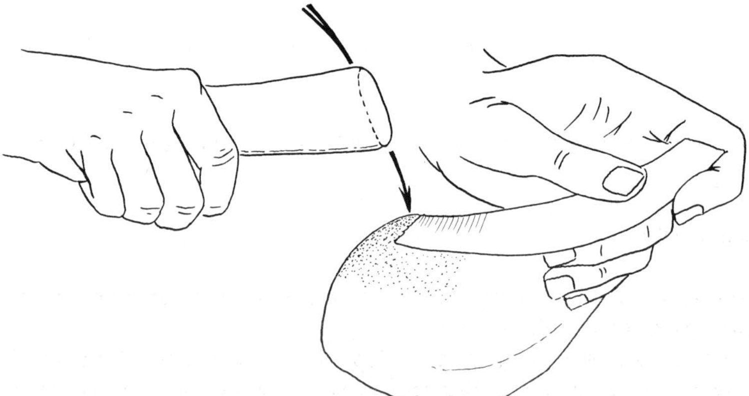

FIG. 4 — *Retouche d'une extrémité de lame au percuteur de bois de renne sur une « enclume ».* D'après J. Tixier.

Une plus grosse pierre posée sur le sol peut être utilisée comme « percuteur dormant » sur lequel on frappe le nucléus pour le débiter ou le bloc à façonner comme J. Tixier et D.-E. Crabtree l'ont fait pour obtenir des lamelles et des petites lames (J. Tixier, 1982, p. 21) ou L. Coutier pour tailler certains bifaces. C'est la « taille sur enclume » (F. Bordes, 1947, p. 17).

5) Outils pour tailler par pression

Pour retoucher par pression F. Bordes (1969, p. 111) se sert d'« esquilles d'os ou d'ivoire appointées, baguette de bois de renne » qu'il appelle « compresseurs ». (Fig. 3).

J. Pelegrin (1984, c, p. 124) insiste sur la souplesse et donc la minceur que doit avoir le « compresseur » pour utiliser par le principe de la détente « l'énergie mise en réserve sous forme élastique ».

Pour le débitage, nous décrirons avec plus de précision au chapitre : Débitage par pression, la béquille servant à presser ainsi qu'un modèle d'appareil pour immobiliser le nucléus mis au point par J. Pelegrin (1984, b) (Fig. 35).

6) Une source de chaleur

Un foyer peut être utilisée pour chauffer le silex selon la méthode du bain de sable afin d'améliorer ses qualités pour la taille (F. Bordes, 1969, p. 110).

7) Protection cutanée du tailleur

Une peau protège les cuisses dans le travail assis car elles servent d'établi et même d'étau ! Pour la retouche par pression une paumelle de cuir protège la main lorsqu'elle tient l'objet à tailler (Fig. 3).

II — OUTILS PRÉHISTORIQUES POUR TAILLER

Les outils de pierre sont abondants, les outils en matière périssable sont rarissimes.

1) Percuteur dur

Le percuteur dur est certainement un des premiers outils car pour tailler un galet il faut un autre galet qui sert de marteau.

Il est présent à toutes les époques de l'âge de la pierre mais F. Bordes (1967, p. 40) souligne tout de même sa rareté dans les gisements du Paléolithique moyen et supérieur d'Europe occidentale. Il n'en compte qu'une vingtaine dans le Périgordien évolué de Corbiac (Dordogne) « pour plus de 100 000 lames, éclats et outils, et l'abondance des petits déchets de taille indique clairement que le travail du silex se faisait sur place, ainsi que le grand nombre des nucléus ». Ce serait pour lui l'indication « que d'autres techniques de débitage que la percussion à la pierre ont été employées ». Il y a la même anomalie dans l'habitat magdalénien de la section 36 de Pincevent (Seine-et-Marne) où C. Karlin ne décrit que deux percuteurs en silex (pesant 672 et 132 g) pour une masse de matière première abandonnée de 94 kg (A. Leroi-Gourhan et M. Brézillon, 1972, p. 276).

Dans les stations néolithiques du Bassin Parisien les percuteurs sphériques en silex

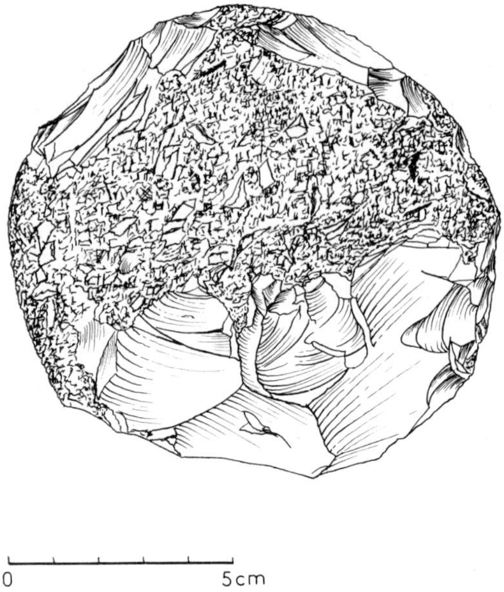

FIG. 5 — *Gros percuteur sphérique de silex, pesant 1 050 g.* Saint-Nom-la-Bretèche (Yvelines). Néolithique.

abondent. Leur surface est marquée d'une multitude de petites étoilures, empreintes des minuscules éclats de silex détachés par les chocs (Fig. 5). C'est parfois aussi à cette époque un outil usagé (fragment de hache polie) ou un nucléus débité dont la forme est bien adaptée qui sont ainsi réutilisés (Fig. 6).

FIG. 6 — *Nucléus transformé en percuteur.* Tassilly (Calvados). Néolithique.

2) Percuteur tendre

Au Paléolithique inférieur l'aspect de certains bifaces de type acheuléens évoque tout à fait une taille au percuteur tendre. « L'homme s'aperçut que le silex se taille mieux, plus finement, si on utilise comme percuteur une matière moins dure que lui » (F. Bordes, 1969, p. 103). Mais aucun percuteur de ce type et de cette époque ne s'est conservé et ce sont les résultats d'expérimentation qui apportent des arguments.

Du Paléolithique supérieur nous ne connaissons avec précision qu'un seul percuteur en bois de renne.

F. Bordes (1974) et D. de Sonneville-Bordes décrivent un percuteur de bois de renne découvert dans une couche solutréenne supérieure à Laugerie-Haute-Ouest (Les Eyzies, Dordogne).

C'est un fragment proximal de bois gauche, certainement de mâle et peut-être bois de chute, en raison de ses particularités anatomiques. Il mesure 161 mm de long et 31 à 42 mm de section (Fig. 7).

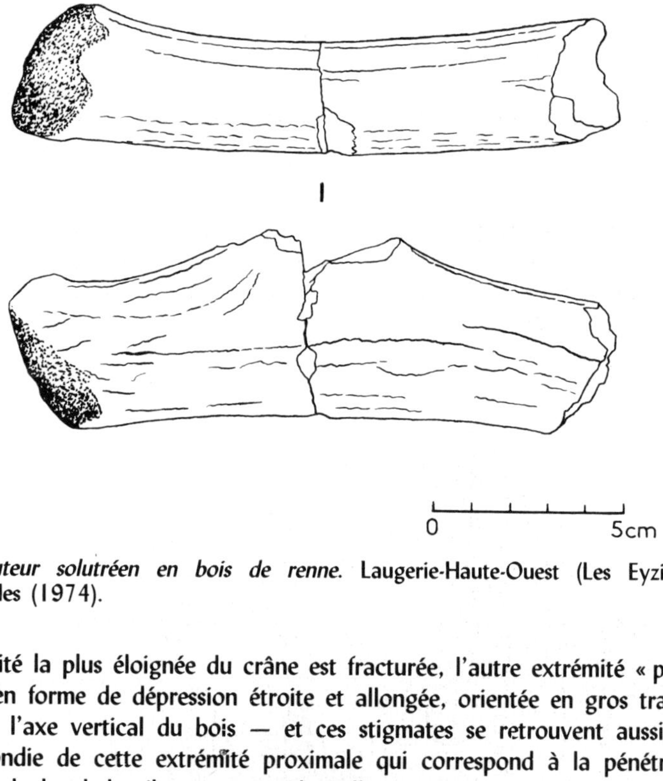

FIG. 7 — *Percuteur solutréen en bois de renne.* Laugerie-Haute-Ouest (Les Eyzies, Dordogne). D'après F. Bordes (1974).

L'extrémité la plus éloignée du crâne est fracturée, l'autre extrémité « porte une série de mâchures en forme de dépression étroite et allongée, orientée en gros transversalement par rapport à l'axe vertical du bois — et ces stigmates se retrouvent aussi sur la partie inférieure arrondie de cette extrémité proximale qui correspond à la pénétration dans le bois de renne du bord du silex en cours de taille ».

L'examen de cette zone mâchurée à la loupe binoculaire avec J. Tixier fait découvrir un élément essentiel : « en plusieurs endroits de petits fragments de silex calcédonieux sont restés engagés dans les mâchures du bois de renne exactement comme les fragments de silex y restent attachés au percuteur moderne utilisé dans les expériences de taille ».

Ce silex est d'ailleurs identique à celui dont sont faites plusieurs feuilles de laurier de la même couche. La démonstration est belle, d'autant que le percuteur tendre paraît indispensable pour la taille expérimentale des feuilles de laurier.

Il s'agit de la première description d'un percuteur tendre paléolithique dont la rareté s'explique peut-être par un manque d'attention pour ce type d'outil.

3) Chasse-lame

F. Bordes (1969, p. 107) pense que le chasse-lame est utilisé dès le début du Paléolithique supérieur pour détacher des lames régulières. Mais pour J. Tixier (1984, p. 16) il n'y a que des présomptions pour l'utilisation de la percussion indirecte à partir du Paléolithique supérieur car la percussion directe au percuteur tendre permet de débiter des lames.

Cependant quelques objets évoquent des chasse-lame. J.-P. Rigaud (1974) décrit un fragment d'andouiller de cerf de 186 mm de long qu'il pense avoir servi de chasse-lame. Il provient d'une couche périgordienne supérieure du Flageolet à Bézenac (Dordogne). La pointe « porte des traces d'écrasement bien marquées ». Par contre la partie proximale, qui montre encore des traces de sciage, est très abimée et « c'est probablement à cause des chocs violents qu'elle a reçus qui ont fissuré l'os compact et n'ont pas permis une bonne conservation ».

Datant du Néolithique, F. Poplin réunit deux séries de chasse-lame. Il en décrit provenant de Villevallier et d'Armeau (Yonne) qui sont arqués et faits dans des andouillers de cerf (F. Poplin, 1976) (Fig. 8, 2). L'extrémité percutée n'est pas aménagée et l'extrémité

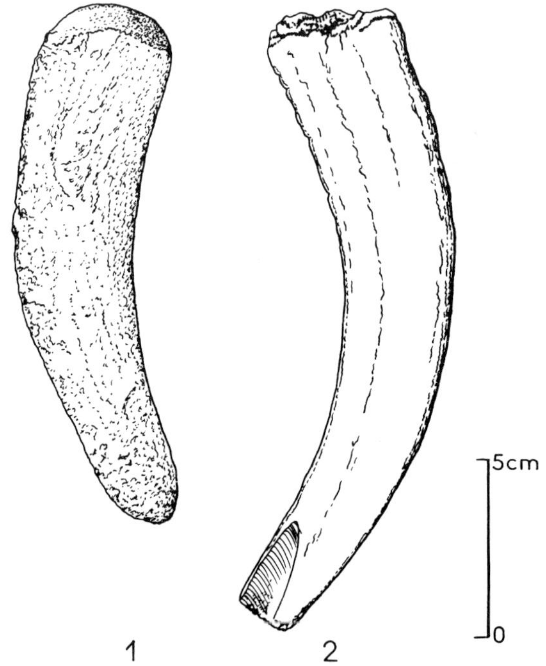

FIG. 8 — *Chasse-lame en bois de cerf néolithiques.* 1 — Spiennes (Belgique), 2 — Villevallier (Yonne). D'après F. Poplin (1976 et 1980).

percutante est « polie par usure (sur meule) en calotte de sphère » (F. Poplin, 1980). Il nous signale que l'industrie lithique danubienne trouvée dans les fosses associée aux chasse-lames est « particulièrement laminaire ».

Ce même auteur (F. Poplin, 1980) cite 4 chasse-lame décrits en 1886 par Cels et de Pauw provenant de Spiennes (Belgique) et pense en avoir repéré 3 autres dans les collections. Ils sont faits à partir d'andouillers de cerfs, sont assez rectilignes et mesurent 130 à 175 mm de long. Leur extrémité proximale ou « percutée » est aménagée et l'extrémité distale ou « percutante », « polie et/ou taillée (au silex) en pointe mousse plus ou moins tronconique ou ogivale » (Fig. 8, 1). Le contexte industriel de Spiennes est pour cet auteur très en faveur de l'utilisation de tels chasse-lame.

4) Outils pour tailler par pression

Peut-être « certaines baguettes ou fins poinçons classiquement reconnus dans le Paléolithique supérieur comme pointes de jet ou alènes à percer » ont pu servir de « compresseurs » comme l'évoque J. Pelegrin (1984, c, p. 124) en raison en particulier de leur souplesse, qualité que possèdent certains compresseurs expérimentaux particulièrement efficaces.

Pour débiter des lames et lamelles par pression les Aztèques et les explorateurs européens du XVIe siècle nous ont laissé des dessins et des textes faisant de l'itzcolotli « l'outil spécifique des artisans en obsidienne » (M. Thouvenot, 1984, p. 152). Nous l'avons décrit au chapitre du débitage par pression (Fig. 34).

Le nucléus

Le nucléus est le bloc de matière première d'où l'on détache par percussion ou par pression des éclats, lames ou lamelles appelés produits de débitage. Ces produits sont habituellement destinés à être utilisés comme outils après transformation par retouches mais également parfois bruts.

Matière première

Bien des variétés de roches peuvent être débitées mais le résultat varie selon leur aptitude à la taille et l'homme a su les choisir en fonction de ses besoins.

Le silex est utilisé tôt dans la préhistoire car il se taille bien et ses éclats sont coupants. Mais son absence ou sa rareté dans certaines régions oblige à chercher d'autres roches comme le grès, le quartzite, le jaspe, certains calcaires ou des roches éruptives.

Dans les régions volcaniques, l'obsidienne, roche parfaitement vitreuse, est appréciée car elle se taille merveilleusement.

Le silex se trouve dans la nature sous forme de nodules, de galets ou de plaques. Il présente en périphérie une croûte due à l'altération de ses constituants : le cortex. Lorsqu'il est taillé la surface des fragments va souvent se modifier. C'est ce qu'on appelle la patine, pénétrant de façon variable la matière et reconnaissable à une teinte particulière. Les causes physico-chimiques de cette altération sont complexes et mal connues.

Le nucléus peut donc être un rognon, une plaque de silex, un bloc d'une autre roche, mais également parfois obtenu à partir d'un gros éclat.

Morphologie

Deux éléments caractérisent un nucléus : le plan de frappe (ou de pression) (Fig. 9, A) et les surfaces débitées (Fig. 9, B).

Le plan de frappe est la partie du nucléus sur laquelle on frappe ou on presse. Il peut être formé par le négatif d'un enlèvement : plan de frappe « lisse » ou bien c'est une zone encore recouverte de cortex : plan de frappe « cortical ». Il peut être modifié par des retouches : plan de frappe « préparé » pour améliorer l'impact.

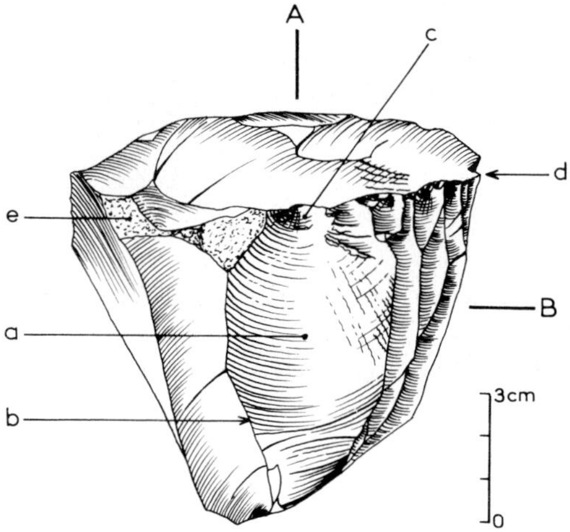

FIG. 9 — *Morphologie d'un nucléus à un plan de frappe.* Tassilly (Calvados). Néolithique. A — Plan de frappe, B — Surface débitée, a — Négatif d'enlèvement d'éclat, b — Nervure, c — Contre-bulbe, d — Corniche, e — Cortex.

Le nucléus peut avoir plusieurs plans de frappe et pour certains nucléus globuleux c'est chaque nouveau négatif d'enlèvement qui sert de plan de frappe pour l'enlèvement suivant.

Au cours du débitage, un plan de frappe inadapté pour la poursuite du travail peut être enlevé sous forme d'éclat épais, en tablette, c'est le « ravivage » (J. Tixier, M.-L. Inizan, H. Roche, 1980, p. 102).

Chaque éclat ou lame détaché laisse son empreinte sur le nucléus appelée négatif d'enlèvement (Fig. 9, a) et limitée par des nervures (Fig. 9, b). Les surfaces débitées sont donc « des surfaces formées par les négatifs des éclats détachés » (J. Tixier, M.-L. Inizan, H. Roche, 1980, p. 40).

Le négatif d'enlèvement présente une zone plus concave située juste sous le plan de frappe : c'est le contre-bulbe (Fig. 9, c). Le surplomb que forme le plan de frappe au-dessus du contre-bulbe est la corniche (Fig. 9, d) qui doit être parfois détruite pour faciliter les enlèvements suivants (abrasion) comme sur la Figure 26, 1. Le volume du nucléus abandonné est variable selon les besoins et selon la richesse régionale en matière première. Des nucléus mésolithiques à lamelles de régions pauvres en silex tiennent dans le creux de la main (Fig. 10), des nucléus à très grandes lames de la région du Grand-Pressigny (Indre-et-Loire) pèsent plusieurs kg (Fig. 11).

FIG. 10 — *Deux tout petits nucléus de régions pauvres en silex.* A gauche : nucléus de jaspe. Montoume (Chéronnac, Haute-Vienne). Hauteur : 18 mm. A droite : nucléus sur galet de silex. Quiberon (Morbihan). Hauteur : 30 mm. Mésolithique.

FIG. 11 — *Volumineux nucléus appelé « livre de beurre », pesant 5 kg et long de 41 cm.* La Claisière (Abilly, Indre-et-Loire). Néolithique.

Économie du débitage

Tous les degrés existent entre le nucléus à peine débité, juste « essayé » et le nucléus débité en presque totalité. Ainsi le nucléus (Fig. 12, n° 2) n'a donné que quelques éclats et conserve une grande surface de cortex du rognon d'origine alors que le nucléus n° 4 n'est plus qu'un minuscule bloc sans aucune trace de cortex.

Seul le remontage de tous les produits de débitage peut faire connaître l'aspect initial du rognon et surtout de quelle manière s'est déroulé le débitage car le nucléus rejeté ne conserve la trace que des derniers instants.

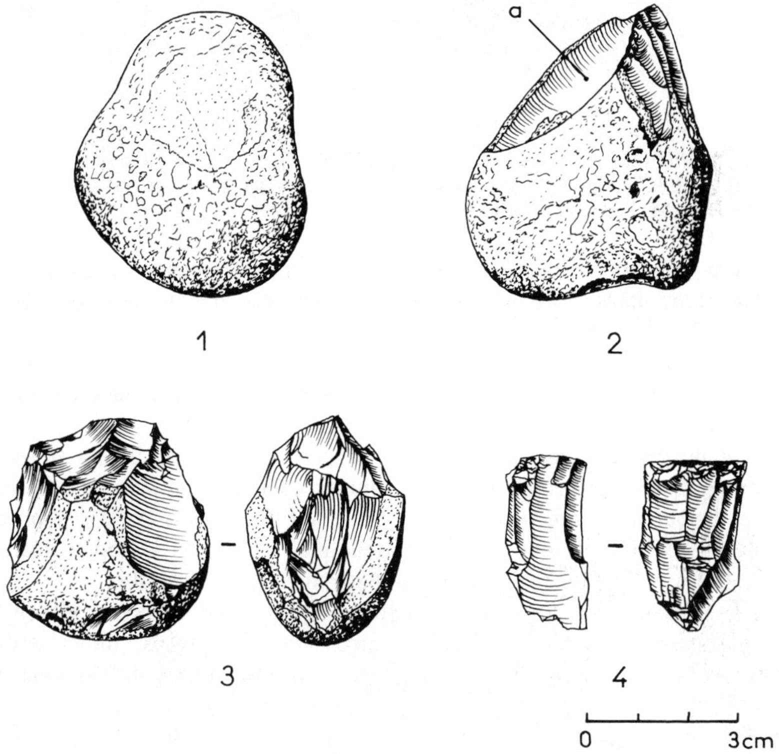

FIG. 12 — *Nucléus à différents stades du débitage.* 1 — Galet marin de silex, brut. 2 — Préparation d'un plan de frappe (a) et détachement de petits éclats, 3 — Nucléus à éclats et multiples plans de frappe, 4 — Nucléus à lamelles à un plan de frappe. Ty Lan (Plovan, Finistère). Mésolithique.

A Pincevent (Seine-et-Marne) C. Karlin « a remonté » des nucléus magdaléniens comme le nucléus D 22.240 de l'habitation n° 1 (A. Leroi-Gourhan et M. Brézillon, 1966) (Fig. 13). Elle a pu replacer sur le noyau abandonné, haut de 55 mm, 80 éclats et 10 petites esquilles. Son histoire est celle d'un rognon qui devait avoir 130 mm de haut, que l'artisan « décortique » éliminant les deux cornes supérieures en donnant plusieurs séries d'éclats, qu'il prépare pour l'extraction de lames selon la technique du nucléus à crête comme celui figure 25. Les lames de la série mesurent de 50 à 80 mm de long ; une seule d'entre elles (une lame à crête) est aménagée comme outil !

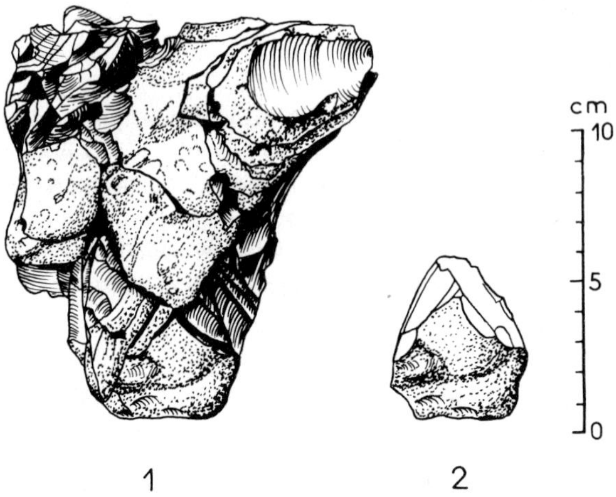

FIG. 13 — *Le nucléus D 22.240 de l'habitation magdalénienne n° I de Pincevent (Seine-et-Marne),* I — Remontage de 80 éclats et lames par C. Karlin, 2 — Aspect du nucléus abandonné. D'après A. Leroi-Gourhan et M. Brézillon (1966).

Une autre intéressante étude est celle de l'économie du débitage de nucléus capsiens d'Afrique du Nord, datés entre le VIIIe et IVe millénaires, que nous dévoile M.-L. Inizan (1980).

Le bloc de silex est mis en forme au percuteur dur et les éclats de préparation (éclats d'épannelage) servent de support de grattoirs courts et de racloirs, comme l'indique la présence de cortex sur leur face supérieure.

Le début du débitage des lames est fait au percuteur dur ou tendre et les produits sont transformés en grattoirs longs et surtout burins. La phase suivante est celle du « plein débitage » au percuteur tendre pour obtenir des lames destinées à la fabrication de lames à bord abattu ou bien par pression (à une époque plus récente) et les lames très régulières seront fractionnées en microlithes géométriques parfaitement standardisés.

Enfin, le nucléus, aux surfaces de débitage régulièrement cannelées est de nouveau débité au percuteur dur pour en détacher encore quelques éclats, futurs grattoirs. Le nucléus abandonné a un aspect globuleux gardant quelques traces du débitage par pression.

L'auteur conclut que « les Capsiens ont eu impérativement besoin d'un type de support pour quelques outils à morphologie et dimension précises » : lames à bord abattu, lames standardisées pour la fabrication de trapèze. « Ce seul besoin a orienté leur débitage, les autres types d'outils ayant "hérité" du reste des supports suffisants pour un choix sommaire » : grattoirs, burins (M.-L. Inizan, 1980, p. 30).

Les préparations du nucléus

La préparation ou mise en forme du nucléus varie selon les besoins de l'extraction : un nucléus à lames n'est pas préparé comme un nucléus à éclats (Fig. 14). Obtenir des

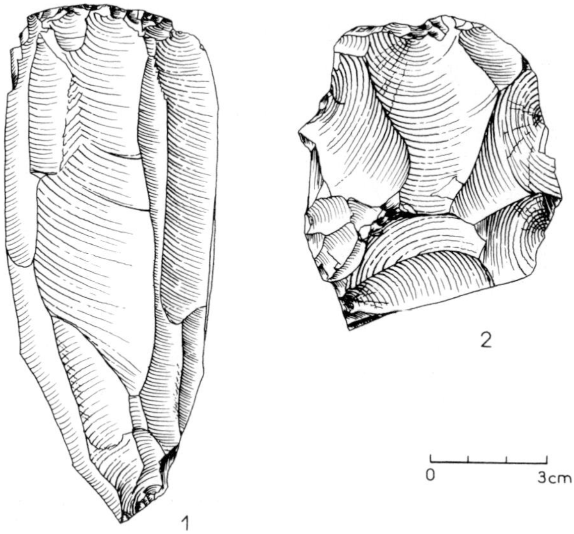

FIG. 14 — *Nucléus à lames (1),* Tassilly (Calvados), Néolithique *et nucléus à éclats (2),* Olendon (Calvados), Paléolithique moyen.

éclats quelconques ne demande qu'une matière première de bonne qualité et la préparation d'un plan de frappe. C'est ce que F. Bordes appelle le « débitage Abbevillien et Acheuléen ancien » qui persistera jusqu'au Néolithique : « c'est le plus simple qui soit : il consiste à prendre un rognon de silex, et, en le frappant avec un percuteur dur, à en détacher des éclats, chaque surface d'enlèvement d'un éclat sur le nucléus pouvant servir à son tour de plan de frappe » (F. Bordes, 1979, p. 15).

Vouloir débiter des éclats à morphologie standardisée ou des lames et lamelles en série nécessite une préparation précise du nucléus, la forme de l'éclat et de la lame est prédéterminée par cette mise en forme. Nous décrirons dans les chapitres suivants un nucléus à éclat du type Levallois et un nucléus à lames du type nucléus à crête. Cette préparation souvent délicate du bloc détache de nombreux éclats qui « n'ont pas pour autant été voués à l'abandon et considérés comme des déchets » (J. Tixier, M.-L. Inizan, H. Roche, 1980, p. 44).

Produits de débitage : éclats et lames

I — ÉCLATS

Définition

D'une manière générale on peut définir l'éclat comme un fragment détaché lors de la taille d'une roche. Son aspect et ses dimensions sont variables mais il présente des stigmates précis permettant de le reconnaître comme produit d'un débitage intentionnel.

Les éclats se distinguent des lames et lamelles par le rapport entre longueur et largeur. Mais tous les intermédiaires existent entre ces produits de la taille et les limites, lorsqu'elles sont précisées, peuvent varier selon les auteurs.

Morphologie

Un éclat (Fig. 15) présente deux faces : une *face supérieure* (A), soit entièrement recouverte de cortex, s'il est le premier à être détaché d'un nodule (c'est l'éclat « cortical »), soit portant les empreintes d'éclats précédemment détachés : négatifs d'enlèvements (a) limités par des nervures (b). L'autre face est la face inférieure (B) appelée *face d'éclatement* ou de fracture (J. Tixier, M.-L. Inizan, H. Roche, 1980, p. 41). On y voit les cicatrices laissées par la progression du front de fracture :

— le bulbe (c) est un relief développé à partir du point d'impact (k) ;

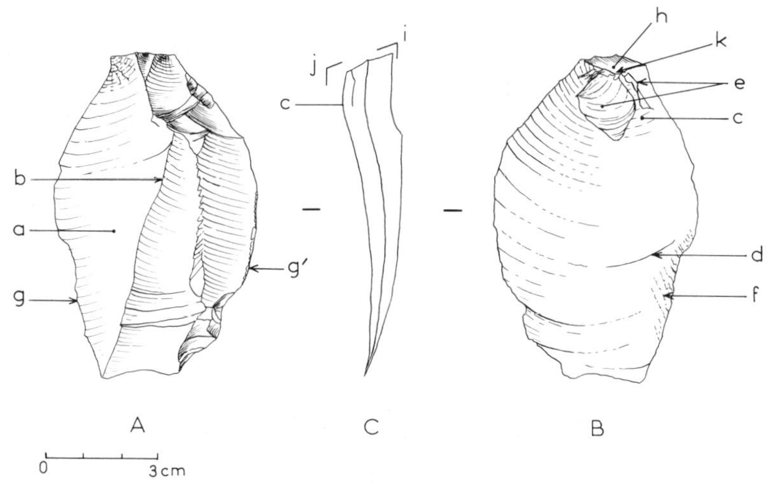

FIG. 15 — *Morphologie d'un éclat,* Tassilly (Calvados). Néolithique. A — Face supérieure, B — Face inférieure ou de fracture, C — Profil droit, a — Négatif d'enlèvement, b — Nervure, c — Bulbe, d — Ondulation, e — Esquillements, f — Lancettes, g — Bord droit, g' — Bord gauche, h — Talon, i — Angle de chasse, j — Angle d'éclatement, k — Point d'impact.

— les ondulations (d) seraient « les images instantanées des positions successives du front de fracture » (M. Dauvois, 1976) sous forme de portions de courbes de tracé complexe ;

— les esquillements (e) sont des éclats secondaires entamant le bulbe ;

— les lancettes (f) sont des pertes de substance très petites, perpendiculaires à la tangente de la courbe du front de fracture, véritables « poteaux indicateurs » tournés vers le point d'impact. Lorsque l'éclat est brisé et le bulbe absent, les lancettes permettent de deviner son emplacement (M. Dauvois, 1976).

L'éclat est limité par deux bords (g et g'). Son extrémité proximale présente le

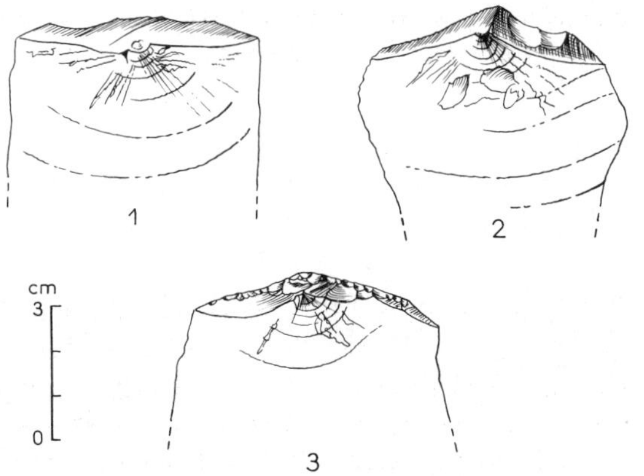

FIG. 16 — *Quelques types de talons d'éclats.* 1 — Lisse. Lisieux (Calvados), 2 — Dièdre. Tassilly (Calvados), 3 — Facetté. Tassilly (Calvados). Paléolithique moyen.

talon (h). C'est une petite partie détachée du plan de frappe du nucléus qui conserve des traces du *point d'impact* (k) et montre les préparations éventuelles du plan de frappe.

L'angle de chasse (i) et l'angle d'éclatement (j) sont visibles sur le profil (C). Leur mesure indique « les inclinaisons du talon sur la face supérieure et sur la face inférieure de l'éclat » (J. Tixier, M.-L. Inizan, H. Roche, 1980, p. 105). La figure 16 représente quelques talons d'éclats. Lorsque le plan de frappe est du cortex le talon est dit « naturel » ou « cortical ». Si le plan de frappe est le négatif d'un grand éclat, le talon est lisse (n° 1). Ailleurs le talon indique des préparations plus minutieuses du plan de frappe comme le talon facetté de l'éclat Levallois n° 3 ayant parfois de face un aspect de « chapeau de gendarme ». Souvent le coup de percuteur porte sur une nervure séparant deux enlèvements préparatoires et le talon est appelé « talon dièdre » (n° 2).

Fabrication et utilisation

Toute taille de silex détache des éclats. Il est habituel de distinguer (J. Tixier, M.-L. Inizan, H. Roche, 1980, p. 86) les éclats provenant de la mise en forme d'un nucléus : *« éclats de préparation »* ou de la fabrication d'un outil *« éclats de retouche »* et les éclats produits pour eux-mêmes : *« éclats de débitage »*, obtenus à partir de nucléus, préparés parfois de manière très précise comme dans la méthode Levallois où la forme de l'éclat est d'avance prévue.

En ce qui concerne leur utilisation, ou bien l'éclat est un *déchet* et ainsi abandonné, ou bien il est utilisé comme *outil*, qu'il soit à l'origine éclat de préparation ou éclat de débitage. Il peut être utilisé brut : outil « sur éclat brut de débitage » ou par la retouche transformé en un modèle défini et dénommé par les typologistes.

C'est grâce à la reconstitution des processus de débitage et à l'étude des traces d'utilisation que l'on peut mieux saisir la signification de certains éclats.

II — LAMES

« Produit de débitage de forme allongée » pour M. Brézillon (1968, p. 257), « éclats longs et étroits » pour J. Tixier (1984, a, p. 13), telles sont les définitions les plus simples.

F. Bordes (1979, p. 6) fixe une limite entre éclat et lame avec une longueur deux fois ou plus, supérieure à la largeur pour la lame.

A. Leroi-Gourhan (1966, p. 250) parle d'éclat long si la longueur est deux fois la largeur, d'éclat laminaire si la longueur est trois fois la largeur et de lame si la longueur est quatre fois ou plus supérieure à la largeur.

Morphologie

La lame, ne se différenciant de l'éclat que par ses dimensions, présente les mêmes stigmates de taille (Fig. 17) mais avec des particularités comme un talon pouvant être minuscule : punctiforme ou linéaire (Fig. 18, n° 3), parfois préparé en « éperon » ; comme de longues nervures rectilignes, uniques ou multiples et parallèles. Parfois de petits négatifs de minuscules éclats se voient sur la face supérieure, partant du talon dans le prolongement d'une nervure (Fig. 18, n° 2). Ils correspondent à l'abrasion de la corniche du nucléus avant le détachement, geste qui « facilite grandement le débitage par percussion directe au percuteur tendre ou par percussion indirecte » (J. Tixier, M.-L. Inizan, H. Roche, 1980, p. 81).

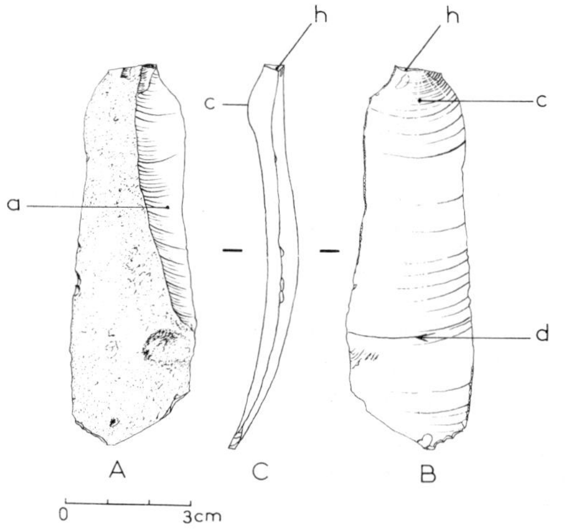

FIG. 17 — *Morphologie d'une lame.* Davron (Yvelines). Néolithique. A — Face supérieure, B — Face de fracture, C — Profil droit, a — Négatif d'enlèvement, c — Bulbe, d — Ondulations, h — Talon.

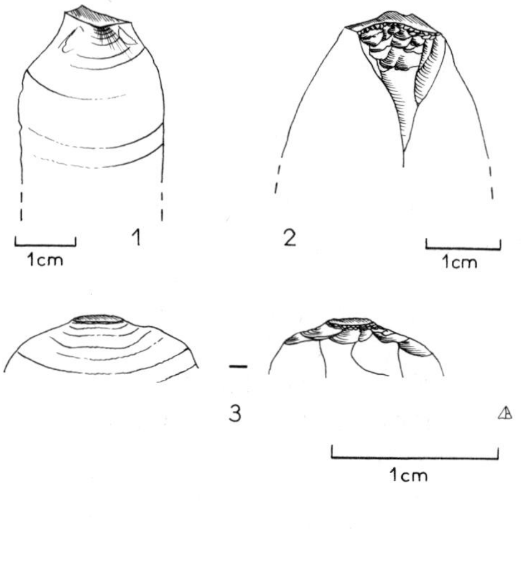

FIG. 18 — *Aspects de talons de lames et lamelles.* 1 — Lisse. Davron (Yvelines), 2 — Lisse avec traces d'enlèvement de la corniche. Tassilly (Calvados), 3 — Linéaire. Malaucène (Vaucluse).

Fabrication

Le débitage de lames régulières en série est difficile et nécessite une parfaite connaissance de la taille de la pierre. Nous en donnerons les principes généraux au chapitre correspondant p. 31.

Si la fabrication des lames est caractéristique du Paléolithique supérieur, bien que certaines cultures conservent un débitage d'éclats prédominants, un débitage de lames est connu bien antérieurement au Paléolithique ancien et surtout de façon intense au Paléolithique moyen, comme à Seclin (Nord) il y a 70 000 ans (A. Tuffreau, 1984, p. 53). Cette production laminaire est cependant tout à fait isolée dans le temps ce qui fait écrire à J. Tixier (1984, a, p. 15) « que le phénomène existe en soi, sans être une phase inévitable de l'évolution des ensembles lithiques ». Finalement le débitage des lames semble résulter d'un choix.

Utilisation

La lame sert au Paléolithique supérieur comme au Néolithique de support à de nombreux outils : grattoirs, burins, pointes de jet, « poignards », « scies », par exemple.

Elle peut être segmentée par la technique du microburin en microlithes de forme géométrique (p. 144) dont la régularité des formes et des dimensions facilite certainement l'insertion dans des rainures ou leur collage en série. Mais souvent la lame est utilisée brute, sans aménagement particulier (M. Brézillon, 1968, p. 257), comme pour certains couteaux.

A la question « pourquoi des lames ? » J. Tixier (1984, a, p. 15-16) répond en technologue et économiste. La lame est un support qui par sa longueur facilite la préhension, l'emmanchement, permet des affûtages plus nombreux comme pour le burin, ou la fabrication d'outils doubles (grattoir double) ou composites (grattoir-burin).

Un long tranchant rectiligne, brut de débitage, donne de bons couteaux, ou de pénétrantes pointes de jet (comme certaines pointes de la Gravette).

De longues lames régulières sont même peut-être colportées pour être ensuite segmentées à volonté en plusieurs microlithes géométriques ou en éléments de faucilles.

Enfin, la production de lames par pression est rentable : un bloc de 450 cm^3 donne à P.-J. Texier 85 lames soit 27 mètres de tranchant utile parfaitement régulier.

Lamelles

Si une lamelle est une petite lame, « c'est à l'intérieur de chaque complexe industriel concerné que l'on peut établir et chiffrer une limite lame/lamelle » (J. Tixier, M.-L. Inizan, H. Roche, 1980, p. 90). Ainsi pour l'Épipaléolithique du Maghreb une largeur inférieure à 12 mm est proposée par J. Tixier pour déterminer les lamelles.

D. de Sonneville-Bordes (1960, p. 20) préfère également définir la lamelle par « étroitesse et minceur » plutôt que de donner une limite chiffrée.

Le débitage Levallois

Le débitage Levallois est une méthode de taille bien particulière qui apparaît à l'Acheuléen « timidement pendant l'interglaciaire précédant le Riss » nous dit F. Bordes (1984, b, p. 56), se développe au Riss, sera importante au Paléolithique moyen dans les cultures moustériennes et durera avec des variantes jusqu'à l'apparition des métaux.

Son but est d'obtenir des éclats, des lames, des pointes de morphologie particulière, appelées « Levallois ».

La définition de l'éclat Levallois est donnée par F. Bordes (1979, p. 16, et 1980). Il a une « forme prédéterminée par une préparation spéciale du nucléus avant enlèvement de cet éclat ».

Nous allons donc examiner cette préparation précise et « soigneuse » du nucléus ainsi que le résultat du débitage.

Fabrication d'un éclat Levallois

Le but est certainement d'obtenir à partir d'un bloc de matière première et de manière répétitive l'éclat de la plus grande surface possible.

La mise en forme du nucléus prépare une surface à débiter « à courbures adéquates longitudinalement et transversalement pour un "bombé" de la face d'où sera tiré l'éclat Levallois ». (H. Roche, J. Tixier, 1982, p. 69).

Expérimentalement l'exemple de la figure 19 est celui d'un nodule de forme arrondie dont on détache sur toute la périphérie des éclats (1). A partir de cette surface ou « plan de frappe périphérique » on détache des éclats sur toute une face (2) qui devient légèrement convexe. On choisit à une extrémité du nucléus l'emplacement du futur plan de frappe qui est soigneusement préparé. Ce peut être simplement une surface plane résultant du détachement d'un éclat, mais souvent la zone où portera l'impact est mise en relief par l'enlèvement de petits éclats (3). Le coup final (4) ou débitage proprement dit donne un

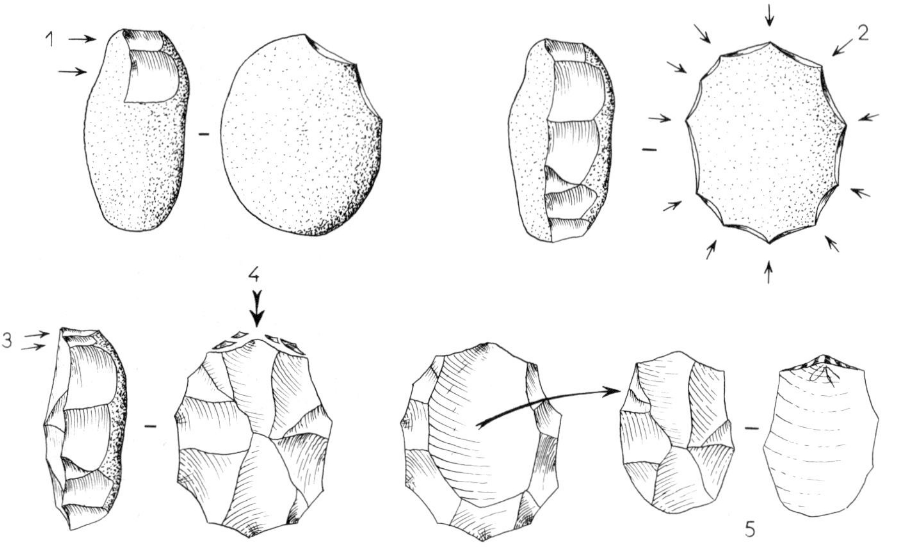

FIG. 19 — *Débitage d'un éclat Levallois selon les descriptions de F. Bordes, A. Leroi-Gourhan et J. Tixier.*

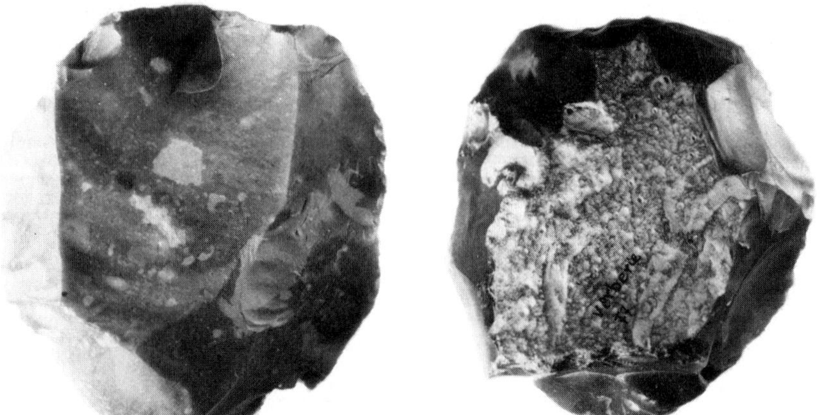

FIG. 20 — ***Nucléus Levallois à éclat Verberie (Oise).*** Paléolithique moyen. A gauche, face supérieure montrant le négatif de l'éclat enlevé ; à droite, face inférieure montrant la préparation périphérique du nodule. Long. 80 mm.

éclat (5) dont la face supérieure porte les négatifs des enlèvements préparatoires et dont les bords sont parallèles au bord périphérique préparé du nucléus. Le talon de l'éclat peut donc être facetté, en forme de « chapeau de gendarme », témoin de la préparation particulière du plan de frappe.

Fig. 21 — *Éclat Levallois (face supérieure).* Moru (Oise). Long. 83 mm.

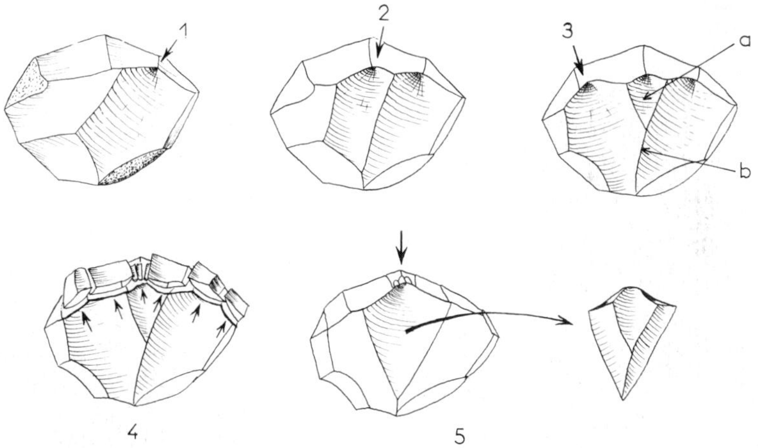

Fig. 22 — *Fabrication d'une pointe Levallois.* D'après J. Tixier.

Fabrication d'une lame Levallois

Les lames sont détachées le long des crêtes formées par de longs éclats ou déjà des lames, mais corticales, enlevées pour la préparation de la face de débitage. Les nucléus sont en général plats (F. Bordes, 1980, p. 47), avec un ou deux plans de frappe, et les crêtes latérales ne sont pas utilisées comme dans le débitage du Paléolithique supérieur pour enlever la première lame (J. Tixier, M.-L. Inizan, H. Roche, 1980, p. 50).

Fabrication d'une pointe Levallois

Le but est d'obtenir un éclat d'emblée ayant la forme d'une pointe (Fig. 24). Le principe est de guider la fracture le long d'une nervure appelée « nervure-guide » ce qui donne une forme triangulaire à l'éclat (J. Tixier, M.-L. Inizan, H. Roche, 1980, p. 46).

Trois éclats (Fig. 22-1-2-3) sont détachés créant un « triangle de base » (a) et la « nervure guide » (b).

Un plan de frappe est préparé (4), et le dernier coup de percuteur détache la pointe (5).

Considérée comme une méthode de luxe, un nucléus ne donnant souvent qu'un ou deux éclats (L. Balout, 1976, p. 53), « l'idée maîtresse de ce débitage est donc bien celle de la production d'éléments semblables, celle de la standardisation, chaque morphologie d'éclat pré-existant dans l'imagination de l'artisan-tailleur » (J. Tixier, M.-L. Inizan, H. Roche, 1980, p. 44).

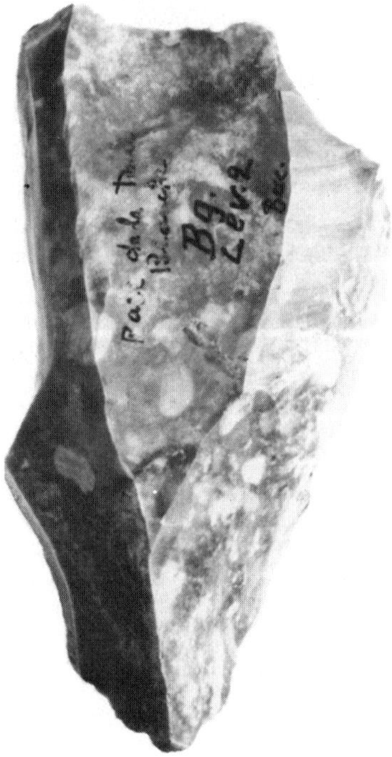

FIG. 23 — *Nucléus Levallois à pointe.* Bois-Guillaume (Seine-Maritime). Paléolithique inférieur. Muséum d'Histoire naturelle de Rouen. Long. 145 mm.

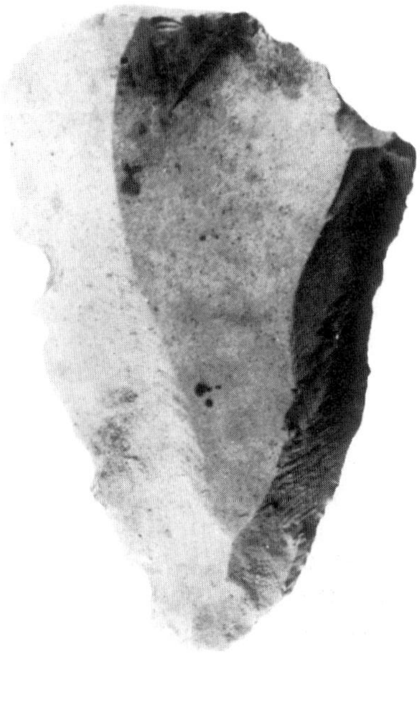

FIG. 24 — *Pointe Levallois.* Tassilly (Calvados). Paléolithique moyen. Long. 65 mm.

La fabrication de longues lames

Nous emprunterons en totalité à F. Bordes et J. Tixier la description d'une technique de débitage de séries de lames, possible grâce à une mise en forme bien particulière du bloc de matière première comme l'ont fait les chasseurs du Paléolithique supérieur. La détermination des surfaces à débiter, la préparation d'une crête guidant le premier enlèvement, celle d'un plan de frappe correct sont un travail difficile, celui d'une « classe terminale dans l'apprentissage d'un tailleur » car « demandant la mise en action d'une chaîne opératoire précise » (J. Tixier, 1984, a, p. 13).

Le second exemple sera celui du débitage de très longues lames à une période beaucoup plus récente, au Néolithique, réalisé dans de vastes ateliers spécialisés de la région du Grand-Pressigny (Indre-et-Loire).

I — LE DÉBITAGE DE LONGUES LAMES SELON LA MÉTHODE DU NUCLÉUS A CRÊTE

1) Mise en forme du nucléus

Une préparation minutieuse du nucléus est essentielle pour obtenir une série de longues lames.

Un rognon de silex paraissant homogène et dont la forme convient est choisi. L'examen de l'ensemble du « volume » permet de prévoir la localisation du plan de frappe et des surfaces à débiter.

Après un éventuel décorticage, enlevant des saillies gênantes du rognon, on peut

(F. Bordes, 1967 et 1971) décalotter une extrémité du bloc (entame) pour obtenir le plan de frappe en lui donnant un peu d'obliquité par rapport à l'axe du rognon (Fig. 25, a).

Puis un « épannelage » fait partir des éclats (b) sur deux faces de manière à former une arête ou crête (c) bien en relief (J. Tixier, 1972).

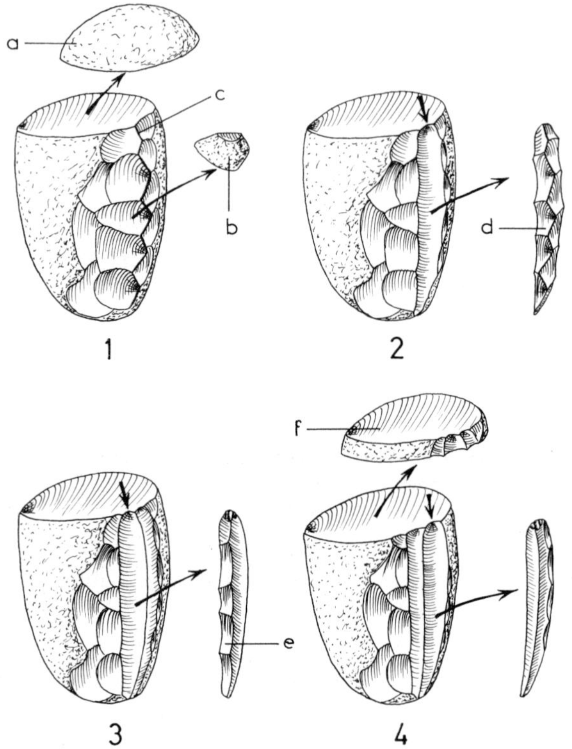

FIG. 25 — *Débitage de lames selon la technique du nucléus à crête.* D'après F. Bordes et J. Tixier.

2) Débitage

Cette crête « facilite le débitage de la première lame qui filera le long du dièdre grossier formé par les deux séries d'enlèvements » (J. Tixier, M.-L. Inizan, H. Roche, 1980, p. 55). Cette première lame détachée par le coup porté sur le bord du plan de frappe préparé soit par petites retouches, soit en le frottant avec un galet (F. Bordes, 1967) s'appelle « lame à crête » (fig. 25, d).

Une nouvelle préparation du plan de frappe est nécessaire avant de détacher la seconde lame. « On prend un galet et on frotte violemment le bord du plan de frappe audessus du point d'où vient de partir la première lame, détruisant ainsi le surplomb audessus de la contre-empreinte du bulbe de cette première lame » (F. Bordes, 1971, p. 22-23) (Fig. 26).

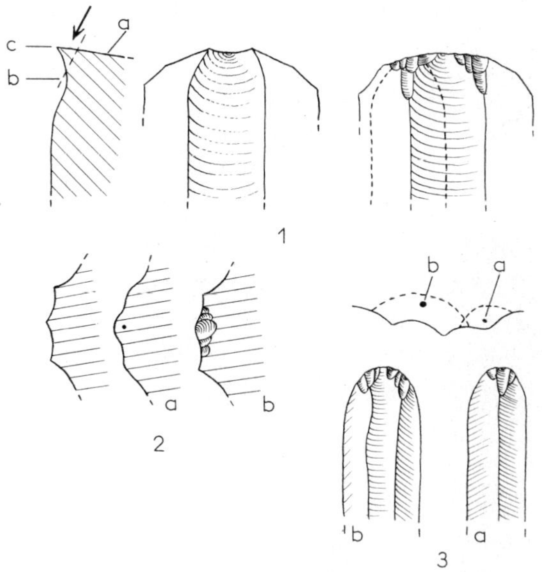

FIG. 26 — *Préparation du plan de frappe et obtention de lames à une et deux nervures.* D'après F. Bordes.

1 — Abrasion de la corniche.
a — Plan de frappe.
b — Contre-bulbe.
c — Corniche.

2 — Préparation du bord du plan de frappe.
a — Création d'un « bec ».
b — Préparation d'un logement pour le chasse-lame.

3 — Lame à une (a) et lame à deux nervures (b).

Le coup sera alors porté exactement au-dessus de l'une des deux nervures laissées par les bords de la première lame ; c'est la nervure qui « guide » le détachement. Cette seconde lame (Fig. 25, e) montre sur un versant les traces de retouches de préparation de la crête, tandis que l'autre versant est lisse car il s'agit d'une portion du négatif d'enlèvement de la première lame.

Après une nouvelle préparation du plan de frappe : abrasion de la corniche, petites retouches du bord de plan de frappe, d'autres lames sont détachées. Le point où l'on percute est prévu soit en regard d'une nervure pour obtenir une lame à une nervure (de section triangulaire) (Fig. 26, 3, a), soit au milieu de deux nervures pour obtenir une lame à deux nervures (de section trapézoïdale) (Fig. 26, 3, b).

C'est à la phase « de plein débitage » que les lames sont les plus régulières.

Mais il peut survenir à tous moments des « accidents de taille » : fracture de la lame, outrepassage, lame trop courte ne filant pas.

Il est parfois nécessaire de « raviver » le plan de frappe en détachant un éclat épais : « tablette de ravivage » (Fig. 25, f et Fig. 27).

Et ainsi par des remises en forme successives, création de nouvelles crêtes, préparation de nouveaux plans de frappe, réfection de la convexité de la surface à débiter, reprise du débitage en une autre zone, le nucléus s'épuise et sera abandonné.

La préparation du nucléus peut se faire au percuteur dur puis tendre pour affiner la crête par exemple. Le débitage peut être fait par percussion directe au percuteur tendre ou par percussion indirecte au chasse-lame. Mais il n'est pas possible de reconnaître par le seul examen des produits de débitage quelle est la méthode utilisée.

FIG. 27 — ***Éléments provenant d'un nucléus à lames.***
1 — Ce qui reste du nucléus.
2 — Lame à crête.
3 — Outrepassage d'une lame (la partie proximale de la lame est manquante, sa partie distale est formée par le sommet du nucléus).
4 — Tablette de ravivage du plan de frappe.
5 — Lame à une nervure et fragment de lame à deux nervures. Tassilly (Calvados). Néolithique. Longueur du nucléus : 115 mm.

Un problème se pose aux expérimentateurs : c'est la manière de tenir le nucléus. Il peut être simplement tenu à la main pour la percussion directe. Pour la percussion indirecte il peut être posé sur un socle, tenu par les mains d'un aide ou serré entre les pieds, mais aussi volontiers, coincé entre les cuisses protégées par des peaux.

J. Tixier (1972) a décrit une méthode dite « sous le pied ». Son pied gauche appuie sur le nucléus convenablement calé sur le sol après la phase de mise en forme. Il détache les lames à l'aide d'un chasse-lame en bois de renne tenu de la main gauche ; la main droite est armée d'un gros gourdin de buis. Le chasse-lame est utilisé non pas dans sa longueur mais dans la largeur d'une des extrémités.

Tout ce travail nécessite une grande expérience tant dans le calcul des angles d'application des forces que dans la manière de frapper. Plusieurs dizaines de lames peuvent être détachées d'un tel nucléus en une bonne heure de travail par le spécialiste (J. Pelegrin et E. Boëda, 1983).

Le record de longueur d'une lame est obtenu par les Magdaléniens d'Étiolles (Corbeil, Essonne). Ils ont détaché d'un nucléus de ce modèle une lame à crête de plus de 60 cm de long. C'est également à Étiolles, dans l'unité U 5, que Nicole Pigeot constate des débitages qu'elle qualifie de « maladroits » et lui font penser à un processus technique d'apprentissage.

II — LES « LIVRES DE BEURRE » DU GRAND-PRESSIGNY

C'est le nom donné par les cultivateurs de la région du Grand-Pressigny (Indre-et-Loire) à de grands nucléus spécialement préparés pour être débités en longues lames à une période récente du Néolithique.

Ils sont ainsi appelés car leur forme et la couleur du silex évoquaient les mottes de beurre vendues sur les marchés de la région de Loches. P.-P. Broca les signala en 1864 à la Société d'Antropologie, mais il fallut bien des discussions pour faire admettre qu'il s'agissait non d'outils mais de nucléus abandonnés après l'extraction d'une ou plusieurs lames.

C'est sur un vaste territoire couvrant plusieurs communes comme celles du Grand-Pressigny, Abilly, Barrou que sont mis à jour par les labours et terrassements des dizaines de milliers de ces volumineux blocs, témoins d'une activité quasi industrielle mais dont on ne connaît pas avec précision l'organisation des ateliers ni leur datation.

Le mode de débitage est reconstitué par l'examen des nucléus eux-mêmes mais également par le remontage des produits de débitage comme pour certaines lames parmi les 122 de la cachette des Ayez (commune de Barrou, Indre-et-Loire) par G. Cordier (1961) ou parmi les 133 du dépôt de la Creusette dans la même commune découvert et étudié par M. Geslin, G. Bastien et N. Mallet (1975).

Il reste encore des inconnues et l'on expérimente pour comprendre les méthodes possibles pour détacher ces lames, longues parfois de plus de 38 cm et pour imaginer comment était tenu, posé ou fixé le nucléus.

Nous représentons schématiquement figure 28 les principales phases de la mise en forme et du débitage d'une « livre de beurre ».

Le gros rognon de silex est préparé comme on le ferait pour un nucléus de type Levallois.

A partir d'enlèvements périphériques un « épannelage » met en forme une face du nucléus qui sera celle du débitage, parfaitement bombée avec une crête médiane comme en A 1.

Le plan de frappe est préparé à l'extrémité la plus large, volontiers facetté (B 1) et c'est sur la nervure de rencontre de deux facettes que portera l'impact. On remarque en B 2 un piquetage d'un segment de la nervure afin que le percuteur ne dérape pas (Fig. 29). Une première lame est détachée, appelée « lame de crête » (C 2) longue, si tout se passe bien, comme le nucléus et parallèle à ses bords. Le profil C 3 montre la courbure plus ou moins importante de la lame. Le plan de frappe est de nouveau soigneusement

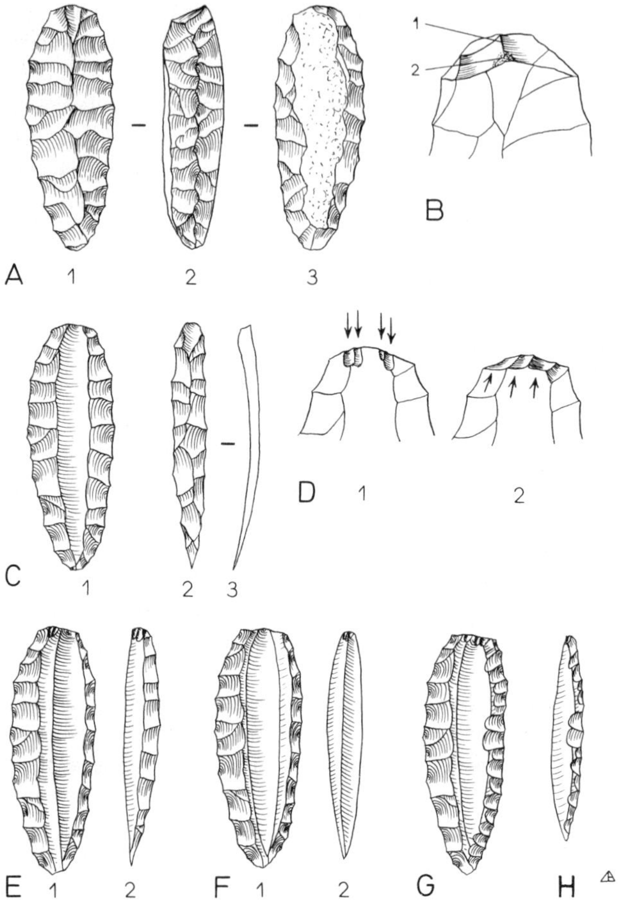

FIG. 28 — *Débitage d'une « livre de beurre » du Grand-Pressigny (Indre-et-Loire).*
A — Nucléus « prêt » avant le débitage.
B — Aspect d'une préparation du plan de frappe.
C — Une « lame de crête » est détachée.
D — Nouvelle préparation du plan de frappe.
E — Détachement d'une « lame d'épannelage ».
F — Obtention d'une « lame de milieu de nucléus ».
G — Remise en forme d'un bord du nucléus.
H — Lame avec traces de remise en forme.

préparé en réduisant le surplomb (D 1) formé par le plan de frappe précédent et le contre-bulbe de la lame débitée, ou bien, en créant un nouveau plan de frappe (D 2) ce qui raccourcit le nucléus. Une lame plus latérale est détachée, dite « lame d'épannelage » (E 2) dont une moitié est le négatif de la lame précédente et l'autre moitié porte des enlèvements préparatoires de la face de débitage du nucléus.

Après une nouvelle préparation du plan de frappe, une lame, dite de « milieu de nucléus » est obtenue comme en F 2.

En G la remise en forme d'un bord du nucléus permet de continuer le débitage en

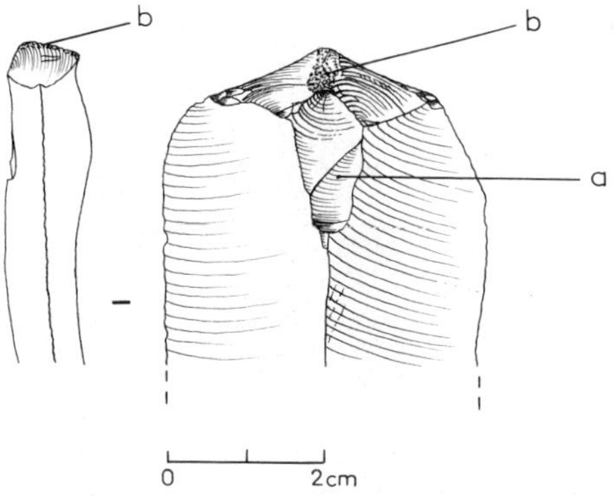

FIG. 29 — *Traces de la préparation du plan de frappe visibles sur le talon d'une longue lame.* La Claisière (Abilly, Indre-et-Loire). Néolithique.
a — Réduction de la corniche.
b — Piquetage de la nervure.

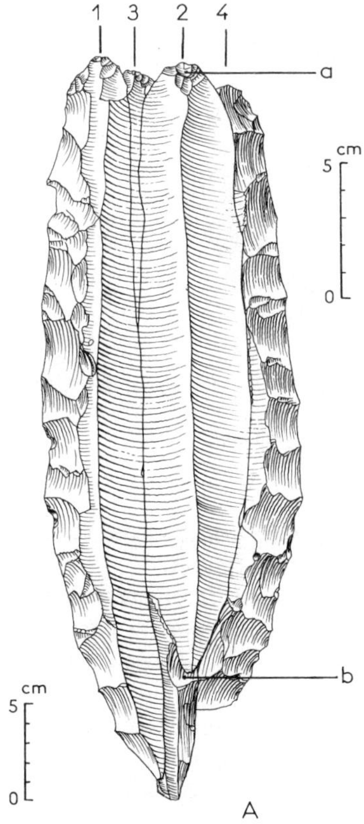

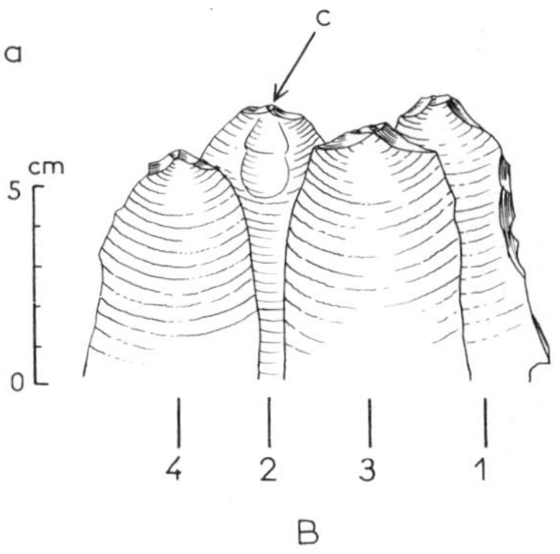

FIG. 30 — *Remontage de 4 longues lames détachées d'une livre de beurre par G. Cordier (1961).* Cachette des Ayez (Barrou, Indre-et-Loire).
A — Vue supérieure.
B — Vue inférieure.

redonnant une courbure correcte à la face de débitage. La lame ensuite détachée (H) montre les traces de cette remise en forme sur l'une de ses moitiés.

Toutes ces particularités techniques ont été décrites par G. Cordier (1961) dans une étude exemplaire du remontage de 4 lames longues de 31 à 37 cm provenant de la cachette des Ayez (31 sont exposées au Musée du Grand-Pressigny) et qui reconstituent « avec une symétrie presque parfaite, la surface d'une livre de beurre à un stade donné de son débitage » (Fig. 30).

FIG. 31 — *Deux nucléus dits « livres de beurre » de la région du Grand-Pressigny,* La Claisière (Abilly, Indre-et-Loire).
A gauche nucléus non débité, à droite nucléus débité. Long. 245 et 280 mm.

Sur la vue des faces supérieures (Fig. 30, A) on remarque la réduction des corniches (a) pour faciliter le débitage qui se fait dans l'ordre donné par les chiffres.

Sur la vue des faces inférieures (Fig. 30, B) les talons montrent la préparation minutieuse de chaque plan de frappe pour former une nervure sur laquelle portera l'impact (c).

G. Cordier nous montre « une reprise de l'épannelage » après le départ de la lame n° 2 et visible sur les lames 3 et 4 en b de la figure 30, A.

On trouve parfois des nucléus non débités et d'autres bien débités comme sur la figure 31 : on voit les négatifs d'enlèvement de 3 lames. Il y a eu remise en forme et préparation d'un dernier plan de frappe avec abrasion de la zone de percussion avant de détacher une lame de 28 cm de long. Enfin comme sur la figure 32 il arrive que la lame n'a pas filé sur toute la longueur et l'on remarque encore dans la partie distale étroite du nucléus la préparation initiale du bloc.

Des nucléus ont donné jusqu'à 7 lames comme l'indique l'étude des appariements des lames du dépôt de la Creusette (M. Geslin, G. Bastien et N. Mallet, 1975).

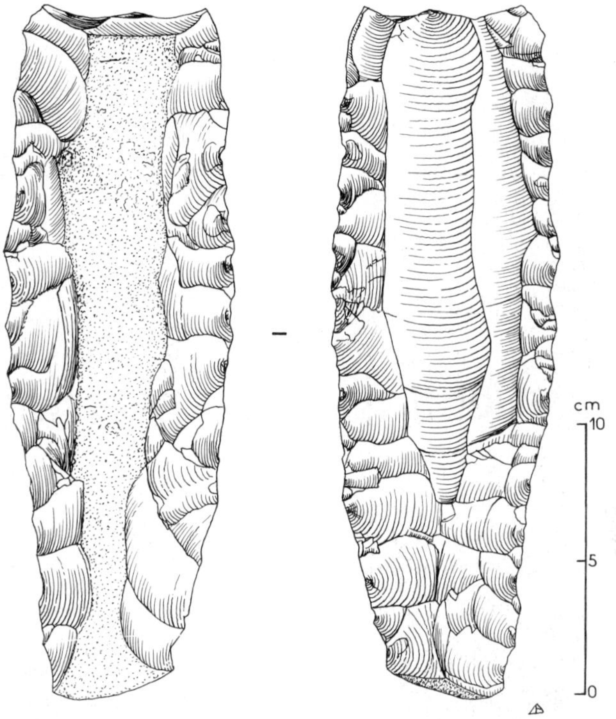

FIG. 32 — « *Livre de beurre* ». La Claisière (Abilly, Indre-et-Loire).
Ce nucléus montre la préparation du bloc avant le détachement de la deuxième lame qui n'a pas filé sur toute sa longueur.

Le débitage par pression

Histoire d'une redécouverte

C'est D.-E. Crabtree qui redécouvrit la technique de débitage par pression, celle que les Aztèques utilisaient pour débiter des blocs d'obsidienne en lames parfaitement « régulières, à bords parallèles, à épaisseur constante » (J. Tixier, 1984, b, p. 57). Le nucléus restant a un aspect bien particulier, régulièrement cannelé comme sur la figure 34.

D.-E. Crabtree travaillait debout, il utilisait une béquille permettant une pression pectorale comme sur la figure 33.

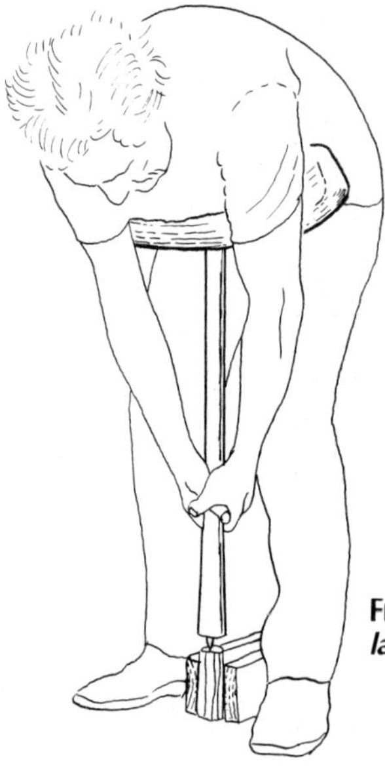

FIG. 33 — *J. Tixier débite un nucléus d'obsidienne selon la technique dite par « pression pectorale ».*

Mais une nouvelle étude des textes et dessins d'explorateurs européens du XVIe siècle et de glyphes aztèques annotés a permis à J.-E. Clark puis à M. Thouvenot (1984) de découvrir l'outil utilisé pour la taille et la position de travail, assise, nucléus tenu entre les pieds. L'instrument servant pour la pression est un bâton d'environ 125 cm de long, muni d'un crochet de bois et appelé « itzcolotli » (Fig. 34). J.-E. Clark a expérimenté avec succès : « L'artisan étant assis sur le sol, il tenait la pierre entre ses pieds, les jambes arquées, et maniait l'itzcolotli de telle façon que l'extrémité du crochet, partie active de l'outil, était appuyée contre le plan de pression qui lui faisait face. Pour faire sauter une lame il imprimait à la fois une pression et une traction » (M. Thouvenot, 1984, p. 153).

Le débitage par pression est ensuite utilisé par D.-E. Crabtree et J. Tixier pour débiter des lames de silex. J. Pelegrin (1984, a, b, c) puis P.-J. Texier (1984) vont approfondir par l'expérimentation la connaissance du « monde complexe » de cette technique assurant « des produits lamellaires réguliers aux largeurs standardisées et nombreux sur un même nucléus » (M.-L. Inizan, 1984, p. 85).

Ce mode de débitage dont on possède des témoignages historiques est en réalité vieux de 12 000 ans, reconnu dans l'île d'Hokkaido au Japon où il est utilisé pour la taille de l'obsidienne selon la méthode dite Yubetsu.

Il apparaît plus tardivement dans l'ancien monde, au 7e millénaire, où il existe dans de nombreux sites pour le débitage du silex. « Mais les lieux et les modes de vie sont si

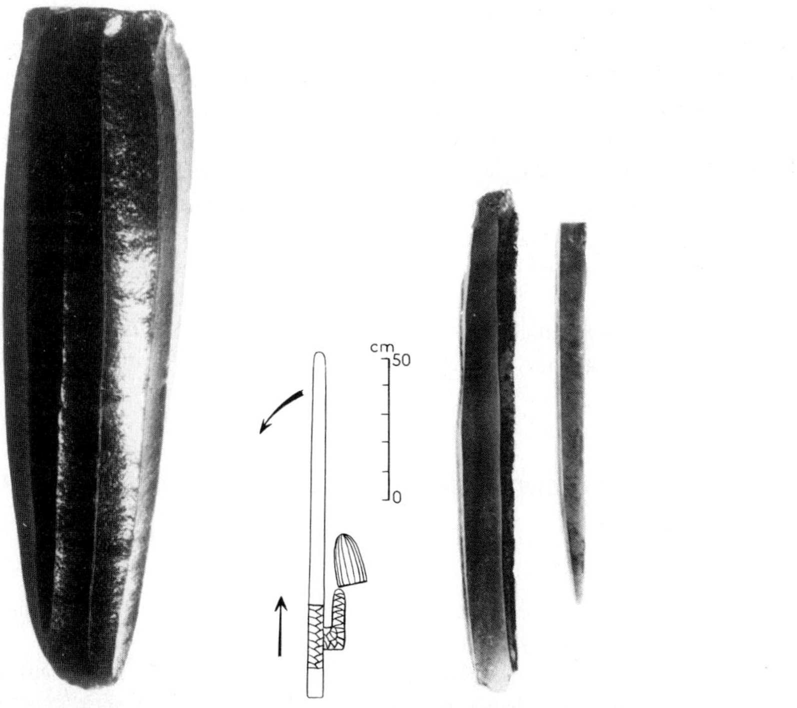

FIG. 34 — *Nucléus d'obsidienne (à gauche) restant après débitage par pression.* Mexique, époque pré-colombienne, long. 65 mm. *Itzcolotli (au centre), outil utilisé par les Aztèques pour le débitage de l'obsidienne par pression.* Selon le Codex Florentino et M. Thouvenot (1984).
Lamelles d'obsidiennes (à droite). Long. 90 mm. Muséum d'Histoire naturelle de Rouen.

éloignés qu'il est difficile pour l'instant de penser à une diffusion » (J. Tixier, 1984, b, p. 62). Cette technique s'éteindra au XVIe siècle de notre ère en Méso-Amérique.

Matières débitées

L'obsidienne, utilisée par les Aztèques et aussi peut-être dans d'autres régions du monde et à d'autres époques, se prête parfaitement bien à ce mode de débitage en raison de son homogénéité. Le silex n'a été que récemment reconnu apte pour ce débitage, il doit également être parfaitement homogène (J. Pelegrin, 1984, a).

En France certaines lamelles de silex mésolithiques (du type Montbani) et néolithiques (chasséennes) sont ainsi obtenues.

Un traitement thermique améliorant la taille est même reconnu pour des nucléus néolithiques de Provence par D. Binder (1984).

Préparation du nucléus

L'étape de mise en forme du nucléus est essentielle car forme et dimensions des lames et lamelles détachées dépendent largement des « caractéristiques géométriques des surfaces de débitage et le volume à débiter qu'elles constituent » (J. Pelegrin, 1984, a, p. 93).

Ainsi la largeur et l'épaisseur des lames dépendent de la largeur du front du nucléus et leur courbure est presque identique à celle de la surface de débitage. Une surface de débitage conique donne des lames triangulaires allongées, une surface rectangulaire donne des lames en longs rectangles.

Il y a donc dans cette préparation une « prédétermination » des produits du débitage.

Nous représentons deux types de nucléus préformés : l'un du type Yubetsu, Japonais, figure 36, a ; l'autre du type en « mitre » du Capsien d'Afrique du Nord (Fig. 37, a).

Débitage expérimental par pression selon la méthode de J. Pelegrin

Le débitage par pression peut se faire debout avec une béquille pour pression pectorale comme D.-E. Crabtree ou J. Tixier (Fig. 33 et 35, c).

Si les Aztèques travaillant ainsi pouvaient maintenir le nucléus d'obsidienne avec leurs pieds comme le démontre J.-E. Clark, le débitage du silex nécessite des efforts de pression de plusieurs dizaines de kg. Le nucléus doit donc être fixé et stabilisé d'autant que les forces du débitage ont deux composantes : vérticale de « poussée axiale » et perpendiculaire « d'arrachement » (Fig. 35, D).

Différents modèles d'étaux sont utilisés par les expérimentateurs et J. Pelegrin (1984, b et c) a mis au point un « système d'immobilisation par fourche » très ingénieux (Fig. 35, A).

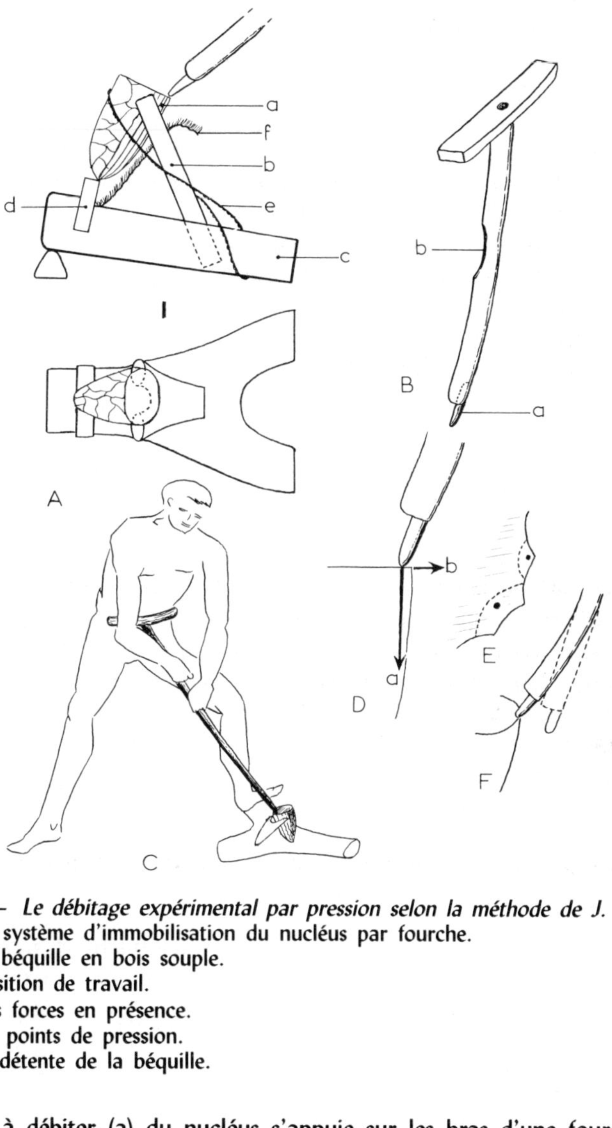

FIG. 35 — *Le débitage expérimental par pression selon la méthode de J. Pelegrin.*
A — Le système d'immobilisation du nucléus par fourche.
B — La béquille en bois souple.
C — Position de travail.
D — Les forces en présence.
E — Les points de pression.
F — La détente de la béquille.

La surface à débiter (a) du nucléus s'appuie sur les bras d'une fourche (b) suffisamment écartés pour ne pas gêner le détachement de la lame. La fourche est enfoncée dans un socle stable (c). L'extrémité du nucléus opposée au plan de pression repose sur le socle ou une cale (d) Une lanière (e) maintient le nucléus et une fourrure (f) glissée entre fourche et surface à débiter évite à la lame projetée de se briser.

Sa béquille (Fig. 35, B) est en bois souple, amincie à son tiers moyen pour augmenter l'élasticié (b). La pointe (mousse), en bois de cervidé est démontable (a).

La position du tailleur est comme sur la Figure 35, C. La barre transversale de la béquille s'appuie sur le bassin transmettant le poids du corps. « Une brusque poussée provoque une fissure au niveau du point de contact. La détente de la béquille "pousse" alors en quelques millièmes de seconde la fissure jusqu'à l'extrémité du nucléus » en « libérant toujours dans le même rapport et le même temps » l'énergie mise en réserve (J. Pelegrin et E. Boëda, 1983, et J. Pelegrin, 1984, c). Un « claquement sec » accompagne le détachement de la lame. Le spectacle est étonnant et l'envie nous prend de nous agenouiller pour mieux voir le phénomène !

Tout doit être calculé. L'endroit où l'on va presser est préparé, le point de pression doit être parfaitement défini, délimité comme un petit « museau ». L'inclinaison de la béquille dans l'axe de la nervure a peu d'importance, mais la position de la pointe de la béquille est essentielle, plus ou moins près du bord selon la quantité de matière que l'on veut détacher, en regard d'une nervure ou entre deux nervures d'un détachement précédent pour obtenir une lame à une ou deux nervures (fig. 35, E) et visant exactement l'endroit où va aboutir la lame à l'autre extrémité du nucléus. Cela demande une attention constante, un contrôle de chaque geste dont les conséquences doivent être prévues, bref, un travail admirable de sculpteur. J. Pelegrin obtient ainsi des lames de silex mesurant jusqu'à 15 cm de long. Il peut débiter par exemple 80 lamelles ayant en moyenne 12 cm de long et 10 à 15 mm de large.

Les lames et lamelles débitées par pression ont un certain nombre de caractéristiques.

Obtenues en série, elles ont une très faible épaisseur, sont très rectiligne, à bords parallèles, une « face d'éclatement quasiment "plate", hormis la zone proximale et la typique courbure distale » et parfois un « angle d'éclatement nettement obtus » (J. Pelegrin, 1984, c) (Fig. 34) et enfin « le fait le plus marquant est peut-être le caractère régulièrement cannelé des nucléus » (J. Tixier, 1976, b).

Des accidents de taille sont rencontrés. Dans leur genèse est impliqué le mode de fixation du nucléus comme par exemple la « fracture au débitage » et l'outrepassage fonction du contact ou non sur un socle ou une cale de l'extrémité du nucléus opposée au plan de pression.

Exemples préhistoriques de débitages par pression

Nous en prendrons deux, l'un datant du 10e millénaire et rencontré au Japon : méthode Yubetsu, l'autre du 7e millénaire a été reconnue par J. Tixier dans le Capsien d'Algérie.

1) Méthode Yubetsu (J. Tixier, 1984, b) (fig. 36)

— taille par percussion d'un « biface asymétrique » (a) ;

— enlèvement d'une lame à crête (b) pour créer un plan de pression lisse (c) ;

— après préparation par « égrisage » d'une extrémité du plan de pression, détachement d'une « lamelle à crête » (d), puis des lamelles (e) pour former le « front de débitage » convexe (f) ;

— le débitage progressant on obtient des lamelles régulières et peu arquées (g) ;

— le même travail peut se faire en partant de l'autre extrémité du plan de pression.

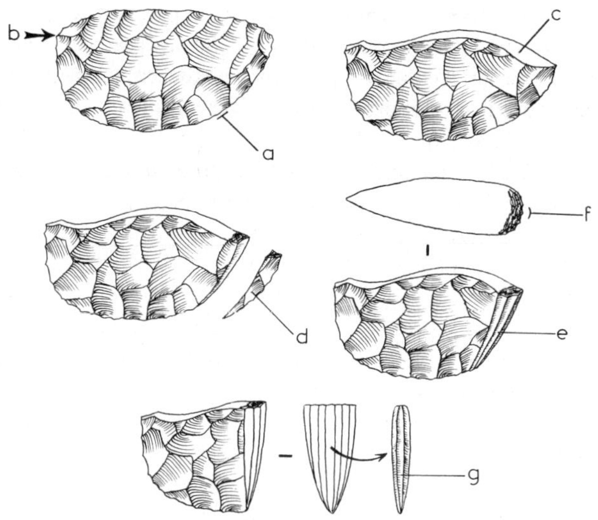

FIG. 36 — *Débitage par pression d'un nucléus d'obsidienne selon la méthode Yubetsu (Japon).* D'après J. Tixier (1984, b).

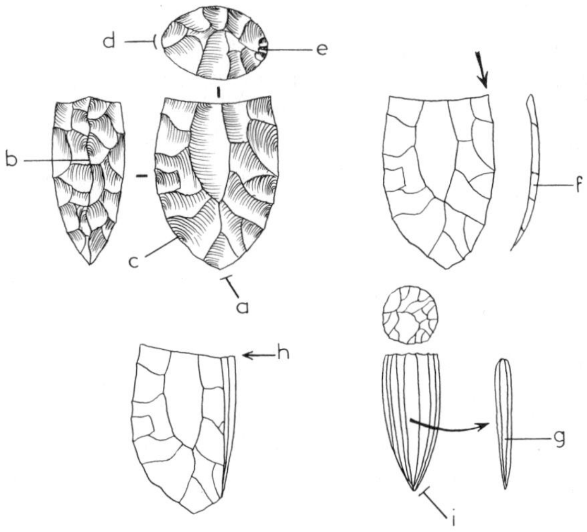

FIG. 37 — *Schéma simplifié du débitage capsien (Algérie) par pression d'un nucléus de silex.* D'après J. Tixier (1976, b).

2) Méthode capsienne (J. Tixier, 1976, b) (Fig. 37)

— mise en forme d'un nucléus (a) en « mitre » (sur la vue de profil) avec deux crêtes (b et c) se rejoignant à l'extrémité opposée au plan de pression. Préparation du plan de pression par enlèvements, il est facetté (d) ;

— après avoir soigneusement préparé le point de pression (e) on détache une lamelle à crête (f) suivie d'autres lamelles pour arriver à la « phase de plein débitage » où les lamelles ont le maximum de régularité (g). Entre chaque enlèvement « le bord du plan de pression est alors souvent represparé (abrasion de corniches et préparation de légers éperons) » (h) (J. Tixier, 1984, b).

Finalement le nucléus diminue de volume pour devenir parfois cylindro-conique comme en (i) si le débitage a été également entrepris à partir de la seconde crête.

Retouches

Définitions

J. Tixier, M.-L. Inizan, H. Roche (1980, p. 59) définissent les retouches comme des « enlèvements obtenus par percussion ou pression dans le but de réaliser ou d'achever des outils ». Ce sont donc, selon le terme de F. Bordes (1967, p. 29), des retouches de « façonnement » qui « transforment l'éclat ou la lame bruts en outils » comme par exemple les retouches qui forment le front d'un grattoir.

F. Bordes (1967, p. 29 et 30) distingue d'autres types de retouches mais qui sont souvent impossible de différencier des retouches de fabrication. Ce sont des « retouches d'accommodation » qui mettent en forme la partie de l'outil qui sert à la préhension ou « manche ». Les retouches « de préparation », elles, « correspondent à des stades de fabrication » comme les retouches de mise en forme d'un nucléus ou celles faites sur le plan de frappe ou sur le plan de débitage pour obtenir un bon détachement des lames (Fig. 26). Ce sont surtout les retouches d'utilisation qui sont bien difficiles à distinguer des retouches de façonnement. C'est leur présence sur un tranchant de lame ou d'éclat qui les font considérer comme un outil et l'on parle alors d'outils *« a posteriori »* (F. Bordes, 1970) ou d'outils « bruts de débitage » (C. Perlès, 1983).

On décrit encore des retouches d'affûtage également délicates à reconnaître, sauf pour certains burins comme nous le verrons.

Description

Pour décrire une retouche J. Tixier, M.-L. Inizan et H. Roche (1980, p. 60) utilisent « sept paramètres » :

— la position par rapport aux faces du support ;

— la localisation pour décrire le siège de la retouche sur la pièce ;

— la répartition le long des bords ;

— la délinéation, c'est-à-dire « le dessin que forme un bord créé par une ligne d'enlèvements » et nous verrons que les racloirs ont un bord retouché qui peut être convexe, rectiligne, concave, qu'il existe des éclats denticulés (Fig. 70), des coches (Fig. 69), des grattoirs dont le front réalise un « museau » (Fig. 88) ;

— l'étendue courte ou longue mais aussi envahissante ou couvrante comme pour la retouche solutréenne (Fig. 116) ;

— l'inclinaison est « l'angle que forment les enlèvements par rapport à la face d'où ils partent ». La retouche des lamelles à bord abattu de la figure 120 est « abrupte », la retouche du bord tranchant du racloir, figure 66 est « rasante » ;

— la morphologie : selon la forme de l'éclat enlevé on parle de retouche écailleuse, scalariforme en marches d'escalier, parallèle, sub-parallèle, comme sur la figure 59.

La recherche des petits éclats détachés par la retouche est d'un grand intérêt car ils peuvent être les seuls témoins d'outils qui ont disparu ou ont été modifiés par des affûtages. Ils peuvent, s'ils n'ont pas été évacués, marquer des aires de préparation d'outils et nous citerons l'importance du repérage des chutes de burins (p. 57) qui ne sont plus considérées comme de simples « déchets de taille ».

La retouche solutréenne

A certaines périodes du Paléolithique sont réalisées des retouches dont la fréquence donne un caractère particulier à l'outillage. Ainsi au début du Paléolithique supérieur la retouche écailleuse aurignacienne « plus ou moins analogue à celle du Moustérien type La Quina », est une « retouche semi-abrupte, mordant largement sur la lame par écailles qui se chevauchent les unes les autres, comme les écailles d'un poisson » (D. de Sonneville-Bordes, 1960, p. 20) (Fig. 38).

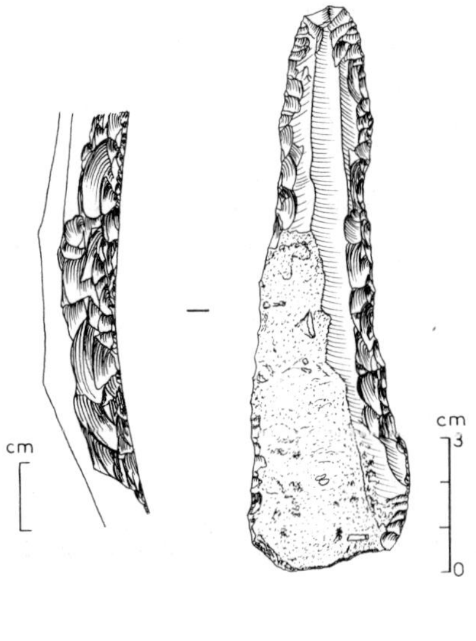

FIG. 38 — *Retouche aurignacienne, écailleuse, sur une lame.* Abri Cellier (Tursac, Dordogne).

Les diverses périodes du Solutréen sont marquées par l'existence d'objets caractéristiques : pointes à face plane, feuilles de laurier, pointes à cran, feuilles de saule qui portent une retouche bien particulière, obtenue de différentes manières mais dont la caractéristique est d'être une retouche plate (Fig. 39 et 40).

Cette retouche, très rarement observée « sur des petits outils dans les temps présolutréens, « augmente en importance du Solutréen ancien au Solutréen supérieur » et « atteint une importance qui a toujours été un des traits les plus remarquables de cette industrie » (P. Smith, 1966, p. 44).

Les éclats détachés « sont très caractéristiques et peuvent très facilement être reconnus » nous dit P. Smith (1966, p. 44), mais ils ne sont cependant pas spécifiques du Solutréen et F. Bordes (1967) cite leur ressemblance avec ceux provenant de la fabrication de bifaces de l'Acheuléen supérieur et du Moustérien de tradition acheuléenne.

P. Smith (1966) recueille à Laugerie-Haute (Les Eyzies, Dordogne) les éclats solutréens et note la variété des dimensions : il y en a d'énormes de 10 cm de long ou de larges et de tout petits « en écailles ». Il observe que leurs talons sont relativement larges et possèdent une lèvre « très prononcée » (Fig. 117, n° 3).

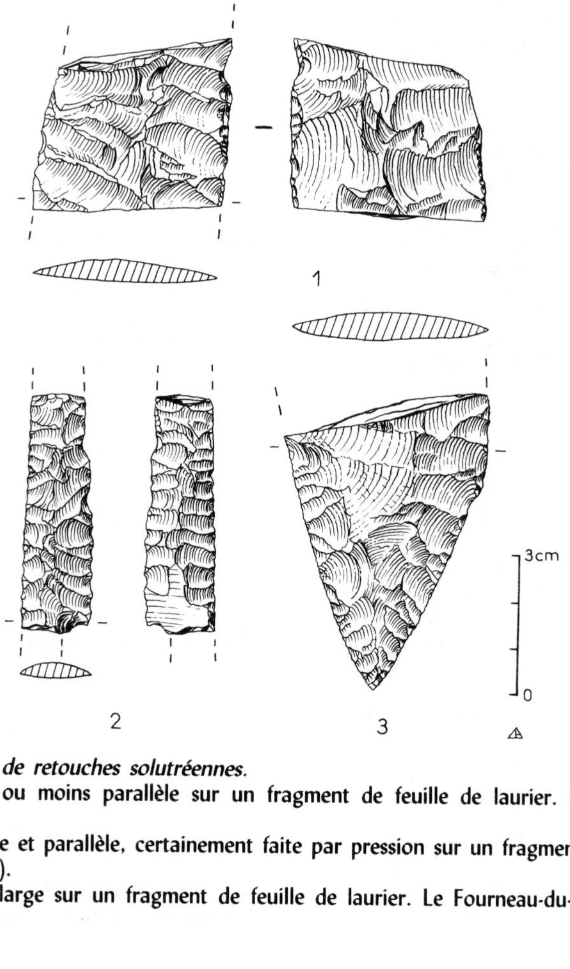

FIG. 39 — *Exemples de retouches solutréennes.*
1 — Retouche plus ou moins parallèle sur un fragment de feuille de laurier. Laugerie-Haute (Les Eyzies, Dordogne).
2 — Retouche étroite et parallèle, certainement faite par pression sur un fragment de pointe à cran. Badegoule (Dordogne).
3 — Retouche plus large sur un fragment de feuille de laurier. Le Fourneau-du-Diable (Bourdeilles, Dordogne).

Les expériences de taille ont permis à F. Bordes de réaliser des retouches absolument identiques aux exemplaires solutréens.

Il obtient de différentes manières cette retouche plate (F. Bordes, 1967) :

— par percussion directe au percuteur tendre (comme celui en bois de renne découvert dans une couche solutréenne supérieure à Laugerie-Haute-Ouest). Il fabrique des feuilles de laurier « parfois très plates » et les déchets de fabrication « sont caractéristiques et identiques à ceux trouvés en abondance dans les couches solutréennes » ;

FIG. 40 — *Détail d'une retouche plate solutréenne. Fragment de feuille de laurier.* Laugerie-Haute-Ouest (Les Eyzies, Dordogne). Long. 41 mm.

— par pression il fabrique de petites feuilles de laurier, mais il insiste sur le caractère non habituel de ce mode et en tout cas ne pense pas que les grandes feuilles puissent être ainsi obtenues. Par contre « la grande majorité des pointes à cran et des feuilles de saule » sont ainsi retouchées ;

— il cite la possibilité de retouches par percussion indirecte au ciseau pour certaines feuilles de laurier de grande taille « bien qu'un artisan très habile puisse arriver à obtenir par percussion simple, avec l'aide de quelques « tours de main » des résultats surprenants ;

— enfin il remarque sur une feuille de laurier de Laugerie-Haute des traces d'un chauffage préalable qui facilite la taille, véritable « silexurgie » selon son expression.

Les objets solutréens ainsi retouchés ont une beauté qui tranche avec le reste du matériel, identique de celui des époques antérieures. Un sommet dans la qualité du travail du silex est atteint et pour P. Smith (1966, p. 45) cela « semble avoir eu quelque signification spéciale qui dépassait les buts utilitaires ordinaires ».

Utilisation des outils

Les préhistoriens ont souvent nommé les outils selon leur fonction présumée. Il en résulte des *a priori* qui peu à peu s'effacent ou se confirment avec les techniques récentes d'analyse, comme l'étude des traces d'usure.

I — *Des observations privilégiées* comme celles de pièces brisées au cours du travail, d'un dispositif d'emmanchement ou de traces de collage ont une valeur singulière.

Ainsi la découverte d'une inclusion d'extrémité brisée d'une mèche de foret dans un objet en cours de percement a le double intérêt de montrer l'outil et son mode d'utilisation (Fig. 130). La conservation d'un emmanchement permet de dire qu'une lame du type « hache » est en fait une herminette (Fig. 180, n° 5). La présence d'un peu de mastic sur quelques lamelles à dos dévoile une partie de l'inconnu de leur utilisation (Fig. 121), des restes de goudron adhérant sur des microlithes (Fig. 149) ou sur des lames évoquent un emmanchement et leur utilisation comme armatures ou comme couteaux. La découverte d'un petit trapèze ayant pénétré une vertèbre humaine est une preuve de l'utilisation de l'arc et de flèches à tranchant transversal et les exemples se multiplieront avec la minutie actuelle des fouilles.

II — *L'étude des traces laissées par les outils* sur des matériaux comme l'os, les bois de cervidés, l'ivoire, le bois végétal, montre qu'il y a des outils pour couper, scier, racler, fendre, percer, rainurer. Les modes de percement des chas d'aiguilles en os, vieilles de 15 000 ans, sont ainsi retrouvées par D. Stordeur et ne se résument plus à l'utilisation exclusive d'un petit perçoir.

III — *L'utilisation expérimentale d'outils* que le préhistorien a lui-même fabriqués permet des comparaisons et résout certaines hypothèses. Comme on ne possède habituellement que des tranchants d'outils, l'expérimentation peut étudier des modèles d'emmanchements, la manière de s'en servir et le devenir des outils ainsi utilisés. H. Müller (1903) taillait des haches, les emmanchait et abattait des arbres dès le début du siècle ; D. Helmer (1983) utilise de nombreux modèles de faucilles qu'il fabrique et retrouve des gestes du moissonneur néolithique.

IV — *L'étude des traces d'usure*

Le travail laisse sur la partie active des outils des stigmates macro et microscopiques dont l'étude ou « tracéologie » ouvre la voie pour une « analyse fonctionnelle ».

A) *A l'œil nu* et également par le toucher on peut déjà penser qu'un outil a été utilisé et localiser sa partie agissante.

Des lames décrites comme couteaux présentent des « écaillures fines » sur les tranchants (A. Leroi-Gourhan et M. Brézillon, 1966 et 1972) (Fig. 41).

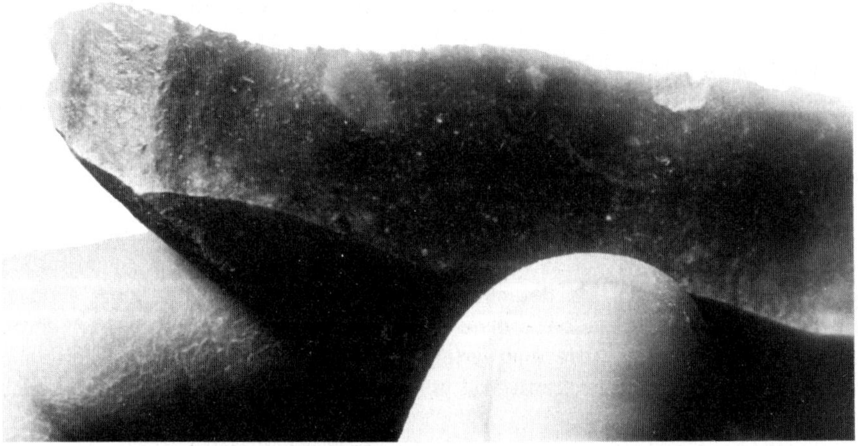

FIG. 41 — *Tranchant esquillé d'un « couteau »*. Tassilly (Calvados). Néolithique.

Des grattoirs du Magdalénien de la Garenne (Saint-Marcel, Indre) sont fracturés par un choc violent et ont un « esquillage » important de leur face inférieure car ils sont peut-être utilisés emmanchés pour couper du bois (A. Rigaud, 1977). Des lames au tranchant lustré, comme recouvert de vernis, évoquent une utilisation pour la coupe de céréales (Fig. 42).

B) L'étude des microtraces d'usure

Elle est actuellement la méthode la plus précise pour déterminer le mode d'utilisation de l'outil et la nature des matières travaillées. Le préhistorien russe S.-A. Semenov est le précurseur de l'examen au microscope de la partie active des outils. Il a été suivi par R. Tringham, L.-H. Keeley, M. Newcomer, P. Anderson-Gerfaud, G.-H. Odell, P. Vaughan, S. Beyries et bien d'autres dont les méthodes ont beaucoup affiné les résultats. Une première étape d'expérimentation est nécessaire pour reconnaître les traces d'usure sur des outils, copies de modèles préhistoriques, utilisés de diverses manières et sur des matières variées (couper de la viande, scier du bois, racler une peau sèche ou humide, sectionner des végétaux...)

L'examen des tranchants de ces outils à des grossissements variés : faible grossissement au microscope stéréoscopique et éclairage réfléchi, plus fort grossissement au microscope métallographique à lumière incidente, très fort grossissement au microscope électronique à balayage, révèle des microusures décrites sous le nom de microesquillements ou écaillures, stries, arrondi des bords, émoussés, polis, et également des dépôts minéraux ou organiques.

A un faible grossissement R. Tringham a pu déjà préciser en étudiant les écaillures des tranchants « la dureté relative des matériaux travaillés » (G.-H. Odell, 1983) et observer le mode d'action de l'outil : action longitudinale du couteau, transversale du racloir, rotative du perçoir (P. Vaughan, 1983).

C'est L.-H. Keeley qui par des examens microscopiques à fort grossissement est le premier à déterminer avec précision la *nature de la matière travaillée.* Il étudie au microscope à lumière incidente les « cicatrices » laissées par l'usage sur les outils qu'il fabrique et utilise. Il conclut « qu'à chaque type d'utilisation de l'outil, qu'il serve à couper ou à tailler du bois, à couper des os, à découper de la viande ou à gratter des peaux, correspond un *poli* d'un genre différent » (L.-H. Keeley, 1978, p. 16).

FIG. 42 — *Tranchant lustré d'une lame de faucille.* Danemark. Néolithique. Long. 87 mm.

Chaque poli, bien visible à des grossissements de 200 à 400 et donnant une réflexion particulière de la lumière incidente, altère « en profondeur et de façon permanente la microtopographie du silex ».

Pour montrer la précision des réponses fournies, L.-H. Keeley observant des outils préparés et utilisés par un autre préhistorien (N.-H. Newcomer) écrit l'anecdote suivante :

« Newcomer avait découpé de la viande fraîche sur une planche à découper.... je pus distinguer la micro-usure, due au découpage de la viande, de l'usure supplémentaire due au contact du silex avec la planche à découper. »

Pour la détermination du *mode d'action de l'outil* la précision des réponses est grande. L'orientation des *stries* et la répartition des autres microtraces d'usure donnent le sens du mouvement, la position de l'outil pendant le travail, l'importance de la pénétration dans la matière travaillée (D. Cahen et C. Karlin, 1980, a, p. 26). « Ainsi lorsqu'on relève des traces de microusure des deux côtés du tranchant et également des stries parallèles au tranchant, on peut être certain que l'outil servait à scier ou à découper » nous dit L.-H. Keeley (1978, p. 18).

On peut aussi découvrir des traces de préhension ou supposer la présence d'un système d'emmanchement. L'emmanchement ne doit pas laisser de traces d'usure s'il est correctement réalisé (L.-H. Keeley, 1980, p. 225), mais de petits mouvements entre manche et silex inséré ont pu créer des microtraces et D. Cahen et J. Gysels, 1983, p. 44) reconstituent « un emmanchement comportant un manchon en cuir entourant l'instrument en silex fiché dans un manche creux en matière osseuse ».

Avec de très forts grossissements, au microscope électronique à balayage, d'autres phénomènes peuvent être mis en évidence comme la présence de « résidus ». P. Anderson-Gerfaud étudiant des tranchants de faucilles observe des résidus organiques silicifiés ou phytolithes, « véritables "moulages" de certaines cellules végétales par de la silice » qui seraient selon elle « les témoins durables, fixés sur l'outil, des plantes travaillées qui peuvent dès lors être spécifiquement déterminées » (M.-C. Cauvin, 1981, p. 168). P.-A. Gerfaud (1983, p. 55) examinant un éclat finement denticulé provenant d'un dépôt lacustre de Charavines (Isère) découvre un « résidu accroché dans un creux d'un denticule qui ressemble au tissu du périoste qui entoure les os » et fait penser à un découpage de la viande sur un os.

Il a même été possible à T.-H. Loy (1983), d'identifier des traces de sang sur des outils préhistoriques canadiens et par des analyses biochimiques de déterminer leur origine animale et même humaine.

Ce très bref survol de la « tracéologie » montre l'immense champ d'investigation qui s'ouvre pour l'étude des outillages et comme premières réponses indique que bien des éclats ou des lames « brutes », considérés comme des rejets du débitage sont des outils : « outils bruts de débitage » (C. Perlès) et peuvent être fabriqués intentionnellement pour un usage précis ; que des outils de morphologie variée ont servi à une même tâche ou que des objets identiques ont des utilisations diverses.

Mais l'analyse fonctionnelle est complexe et les incertitudes nombreuses.

En pratique, l'outil préhistorique doit être parfaitement choisi pour subir un tel examen et n'avoir reçu qu'un minimum de traumatismes depuis son abandon car il est « particulièrement difficile d'établir des critères permettant de distinguer les microesquillements dus à des causes naturelles ou accidentelles et ceux résultant d'un usage intentionnel » (P. Vaughan, 1983, p. 1232). Lors d'usages variés ou prolongés, la lecture des microtraces est partielle, l'action sur des corps plus durs effaçant les traces précédentes. Les polis d'usure peuvent varier selon la façon dont on se sert de l'outil et il existe des ressemblances entre des polis obtenus sur des matériaux différents (P. Vaughan, 1983). La diversité des matières dont est fait l'outil, l'intensité et la durée du travail, le taux d'humidité de la substance travaillée modifient l'aspect des polis d'usure et rendent encore plus délicates les interprétations.

L'outil, témoin ethnologique

Le site de Pincevent près de Montereau (Seine-et-Marne) est une vaste aire d'habitats réalisant un remarquable modèle de fouilles à caractère ethnologique.

Une succession de conditions favorables : occupations de courte durée, sols recouverts assez rapidement par un limon d'inondation qui fixe mais ne déplace pas les structures, a permis à A. Leroi-Gourhan et M. Brézillon (1966 et 1972) et leur équipe de faire des observations qui resteront un exemple par leur qualité.

L'étude de l'outillage lithique a montré que les chasseurs de rennes arrivent avec un matériel de base peu encombrant, en silex « étranger » à la région. Ils ramassent des rognons de silex local dans les environs du campement pour les débiter sur le lieu d'habitat. Ils utilisent, usent, abandonnent des outils avant de quitter la région après un séjour de quelques mois. C'était il y a 10 000 ans avant J.C. Des nucléus, des « déchets » de taille, des outils (grattoirs, burins, becs, couteaux, lamelles à dos, perçoirs) sont trouvés à l'endroit exact de leur rejet et cartographiés grâce à une dissection minutieuse.

L'examen de tout ce matériel de pierre permet de mieux connaître les techniques de taille et l'économie de la matière première, et surtout précise les déplacements, les relations entre les outils et leurs éclats d'affûtage ou de fracture, ainsi que leur nucléus d'origine. Cela offre une vision dynamique de l'habitat, permet d'établir une chronologie relative des divers foyers entre eux et sert de base pour un essai « d'urbanisme magdalénien », première tentative de ce genre.

Nous allons brièvement citer deux méthodes qui font que « la couche archéologique cesse d'être un présentoir de vestiges inanimés pour redevenir un sol d'habitat organisé » (D. Cahen, C. Karlin, L.-H. Keeley, F. Van Noten, 1980, p. 210).

1) Les remontages

Les remontages consistent à raccorder les négatifs et les positifs des éclats successifs et à reconstituer des blocs de silex à partir de leurs éclats et lames ainsi que des outils à partir de leurs déchets de taille ou leurs éclats d'affûtage.

Cela permet de connaître un peu plus de l'histoire d'un outil, depuis le nucléus au sein duquel sa lame ou son éclat d'origine peut être replacé, jusqu'à son abandon après d'éventuelles transformations.

Le remontage est essentiel dans la compréhension de l'organisation du travail et « permet de décrire le mouvement des hommes par celui des débris d'un même objet qui ont été abandonnés au cours d'un séjour » (A. Leroi-Gourhan, 1976, p. 58).

Nous prendrons comme premier exemple l'histoire du nucléus D 22-240 de l'habitat n° I de Pincevent (Seine-et-Marne) déjà décrit p. 19 et figuré avant et après le remontage de 80 éclats retrouvés (Fig. 13). La figure 43 montre la silhouette du nucléus entièrement

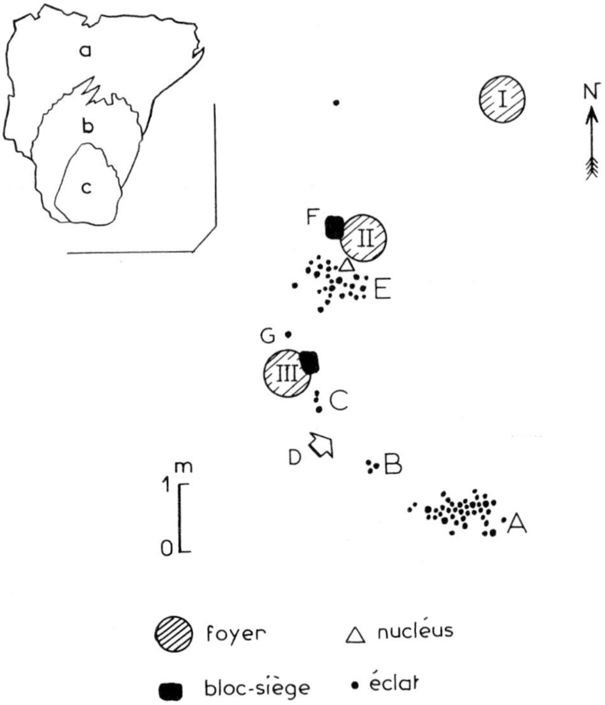

FIG. 43 — *Le nucléus D 22-240 de l'habitation n° I de Pincevent (Seine-et-Marne).* D'après C. Karlin (1980).
Répartition au sol des produits de débitage. En cartouche silhouette du rognon remonté (a), du nucléus préparé pour l'extraction des lames (b) et du nucléus abandonné (c).

remonté (a) et pour les deux phases techniques principales : nucléus préparé (b) et nucléus débité (c). L'emplacement de tous les éclats sur le sol est connu et C. Karlin (1980) mène une extraordinaire enquête pour reconstituer positions et gestes du tailleur. Ses conclusions sont que la préparation a pu se faire près du foyer III et les déchets transportés en A où ils constituent un amas. En B et C sont trouvés des éclats correspondant à plusieurs phases de la préparation de crêtes et qui ont pu être projetés lors du travail par un tailleur placé en D et regardant vers le Nord-Est.

Le nucléus préparé est transporté et le débitage laminaire réalisé près du foyer II en E. On imagine le chasseur assis sur le gros bloc de pierre F regardant vers le Sud et « laissant tomber devant lui les déchets de son activité ». Une seule lame provenant du débitage est transformée en outil, elle est abandonnée en G.

Cette analyse montre que le travail de taille s'est fait près des foyers sous la tente et elle permet de différencier une aire de débitage (D et F) d'une aire de rejet (A).

Le second exemple est celui des burins de l'habitation n° I et de la section 36 de Pincevent, témoins d'activités et de mouvements des chasseurs magdaléniens.

L'habitation n° I comprend trois « foyers domestiques » avec à côté de deux d'entre eux un bloc de pierre considéré comme un siège. L'ensemble formerait une habitation commune et la répartition des burins et des chutes détachées pour leur fabrication et leur affûtage est en faveur de cette hypothèse.

Les burins sont surtout abandonnés autour des foyers et particulièrement près des blocs-sièges. Ce groupement indique « qu'il s'agit bien d'une évacuation et non d'un abandon désordonné » (A. Leroi-Gourhan et M. Brézillon, 1966, p. 342).

A peu près un tiers des burins peuvent être raccordés à leurs chutes avec pour certains, trois affûtages successifs. A. Leroi-Gourhan pense que les chutes ne sont pas projetées très loin lors de la taille des burins et leur emplacement semble « plutôt témoigner du mouvement des hommes » (p. 344). Certaines chutes se rencontrent à peu de distance du burin d'origine, près du foyer et cela confirme « que le travail au burin avait lieu principalement près des foyers II et III », auprès des « blocs-sièges » (p. 345).

Mais d'autres chutes sont découvertes à distance de leur burin et cela indiquerait « que les burins se sont souvent éloignés de leur lieu de fabrication et que des échanges sont attestés entre les trois foyers » (p. 345).

Dans la section 36, les burins sont également retrouvés abandonnés autour des foyers principaux, ou plus à distance, rejetés devant l'entrée des habitations.

La carte de répartition des chutes dont on connaît les burins d'origine montre que des chutes restent localisées dans l'habitat, là où se déroulaient les activités techniques, alors que d'autres sont découvertes plus à distance, peut-être transportées dans des aires d'évacuation. Surtout il est noté une absence d'échanges entre les deux foyers domestiques principaux (V 105 et T 112) ce qui indiquerait « l'indépendance des deux champs d'opération pourtant contemporains » car partageant, en particulier, un même « dépotoir » (A. Leroi-Gourhan et M. Brézillon, 1972, p. 261).

2) L'étude des traces d'utilisation

L'étude des traces d'usure et en particulier des microtraces telles que micropolis, microstries, et microenlèvements (L.-H. Keeley, 1980, p. 224) permet de reconstituer avec une certaine précision l'action de l'outil et de déterminer la matière travaillée.

Ainsi l'examen d'un burin permet de savoir quelle est sa partie agissante et comment il était tenu. On reconnaît la nature de la matière travaillée, le type de travail effectué (rainurage par exemple et l'on peut savoir le dessin de la section, la profondeur de la rainure) et aussi l'intensité du travail par « le degré de développement du poli d'usage » (L.-H. Keeley, 1980, p. 225). Mais pour obtenir de telles précisions il faut un matériel particulièrement bien conservé et des outils dont la fonction a été simple. Bien des outils ont eu de multiples usages et F. Bordes (1984, b, p. 432) énumère quelques fonctions possibles du burin : rainurer le bois de renne avec le biseau, régulariser la baguette obtenue avec un angle de la facette du coup de burin, percer, couper avec les bords du reste de la lame et bien entendu plusieurs affûtages peuvent compliquer l'analyse !

Réalisée sur des séries d'outils, la recherche de la fonction « conduit à aborder les pratiques artisanales en vigueur dans un site donné » (L.-H. Keeley, 1980, p. 225).

Ainsi P. Vaughan (1983, p. 1232) qui étudie le matériel d'une couche magdalénienne ancienne de la grotte de Cassegros (Lot-et-Garonne) fouillée par J.-M. Le Tensorer, nous apprend « que l'activité principale des habitants de la grotte était le travail des peaux puis le façonnage d'outils en os et en bois ». Le plan de répartition des silex ainsi utilisés montre que « ces activités avaient lieu plutôt à l'intérieur de la grotte, dans la première chambre non loin d'un foyer, plutôt que devant l'entrée de la grotte sur la terrasse ».

Dans les pages qui vont suivre d'autres exemples palethnologiques seront cités concernant la recherche et le choix de la matière première, l'économie du débitage, la production en série, l'exportation, bien des problèmes qui se sont posés et ont trouvé des réponses.

Très anciens outils de pierre

L'Afrique de l'Est livre les plus anciens outils

Les plus anciens outils actuellement connus proviennent de la Rift Valley, région très privilégiée de l'Est de l'Afrique, longue de 5 000 km, s'étendant du Nord au Sud depuis la Mer Rouge jusqu'au Mozambique et correspondant à une zone de grande fragilité de l'écorce terrestre.

Des phénomènes de fracture de cette écorce, des éruptions volcaniques, un remplissage des fossés d'effondrement par des sédiments de cours d'eau et de lacs vont se succéder. Des êtres, taillant la pierre, vécurent au bord des lacs. Leurs traces ainsi que la faune comtemporaine furent recouvertes et fossilisées par des cendres volcaniques et des coulées de laves. Ces phénomènes se produisirent avec suffisamment de fréquence pour que se superposent de nombreuses couches. L'érosion fluviale, la bascule des panneaux volcaniques disséquèrent ces couches qui livrent à présent leurs fossiles animaux, végétaux et humains.

La possibilité de dater les roches volcaniques par des procédés physicochimiques permet d'évaluer l'âge des dépôts avec une certaine précision.

C'est en Éthiopie que l'on reconnaît et date les plus vieux outils connus.

— dans l'Afar, partie septentrionale éthiopienne du Rift, le géologue M. Taieb découvre Hadar qui est un bassin sédimentaire dont les couches déposées par un « lac fluctuant » sont datées de 4 à 2,5 millions d'années. H. Roche (1982, p. 165) y découvre des outils vieux de 2,9 à 2,4 millions d'années. Ce sont des « galets ou petits blocs de roches volcaniques taillés sur une ou deux faces, polyèdres partiels, nucléus grossiers, éclats au talon lisse ou cortical » (Fig. 44).

— dans la basse vallée de l'Omo la formation de Shungura a donné à J. Chavaillon (1976 et 1982, a et b) une industrie très ancienne, de 2 millions d'années. Il s'agit en

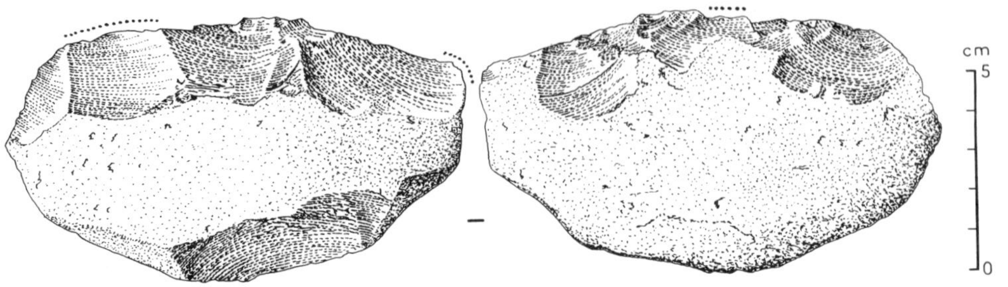

FIG. 44 — *Galet taillé sur les deux faces, daté de 2,6 millions d'années,* trouvé par H. Roche en 1976 sur le site d'Hadar (Afar, Éthiopie). S. Beyries constate des traces d'utilisation du type raclage du bois (en pointillé). D'après H. Roche.

particulier d'un galet de quartz taillé et bien daté de 2,3 millions d'années provenant du site Omo 71. Il présente 5 enlèvements alternes qui forment un tranchant sinueux sur lequel on constate des traces de choc.

Dans les sites Omo 57, 84 et 123 une production originale comprend de nombreux produits de débitage. Ce sont des nucléus, des éclats, des fragments de galets de quartz. Les éclats sont très petits (! à 4 cm), mais « certains portent des traces d'utilisation et quelquefois des retouches » et ils révèlent l'existence d'une véritable technique de débitage, certains montrant sur leur face supérieure des négatifs de plusieurs enlèvements (J. et N. Chavaillon, 1967, p. 44). Mais ces « premiers outils » ne sont peut être pas les plus anciens car ils « dénotent déjà une étape techniquement assez avancée » (J. Chavaillon, 1982, a, p. 73).

Le galet taillé, un des premiers outils

Bloc ou galet de rivière en quartz ou en roche volcanique sur lesquels sont reconnues des traces de leur transformation en objet tranchant, J. Chavaillon (1976, p. 50) les appelle « choppers » selon le terme de H. Movius, ce qui peut se traduire par « hachoirs » ou « tranchoirs » et les définit comme « des pièces façonnées sur galet qui présentent un tranchant obtenu par des enlèvements unifaces ou bifaces ». C'est Hélène Roche (1980, p. 67) qui les nomme « galets taillés », terme général qui s'adapte bien à des objets « simplement partiellement modifiés par quelques gestes élémentaires de taille » et qui « englobe toutes les sortes de galets taillés, sans préjuger d'une classification ».

Le geste le plus simple est de détacher à l'aide d'un autre galet ou percuteur un éclat. D'autres gestes identiques peuvent suivre et le galet est taillé sur une face. En utilisant ces premières surfaces d'enlèvements comme plans de frappe, une deuxième série de gestes détachent des éclats sur l'autre face et le galet est taillé sur deux faces (Fig. 45 et 46). Un galet ainsi taillé par J. Tixier est exposé dans une vitrine du Musée de l'Homme à Paris.

Si quelques gestes suffisent pour donner un tranchant à un galet, il semble qu'ils se font de façon ordonnée et des « schémas de taille », certes élémentaires, sont décrits par H. Roche (1980). Trois schémas principaux (1980, p. 208) sont une « taille linéaire

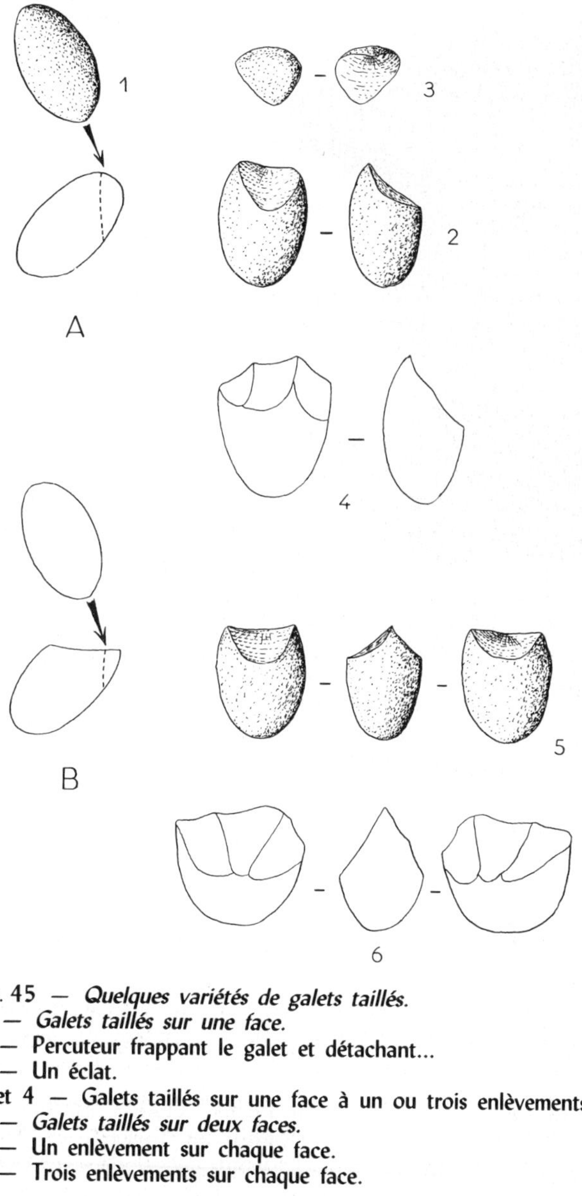

FIG. 45 — *Quelques variétés de galets taillés.*
A — Galets taillés sur une face.
1 — Percuteur frappant le galet et détachant...
3 — Un éclat.
2 et 4 — Galets taillés sur une face à un ou trois enlèvements.
B — Galets taillés sur deux faces.
5 — Un enlèvement sur chaque face.
6 — Trois enlèvements sur chaque face.

ordonnée » d'un bord à l'autre, d'une face puis l'autre, une « taille non ordonnée » sur une seule face ou sur une face puis l'autre et une taille dite « alternante ».

Il apparaît donc une certaine unité dans la conception et la réalisation de ces outils malgré l'aspect variable de leur support. Ce même chercheur, étudiant plusieurs séries de galets taillés d'Afrique de l'Est et d'Afrique du Nord nous précise leur dimension : ces objets « tiennent aisément dans une main semblable à celle d'un homme (ou d'une femme) moderne ou un peu plus petite » (1980, p. 97). Un galet moyen d'Afrique du Nord est

FIG. 46 — *Galet taillé sur les deux faces.* El Goléa (Algérie). Long. 68 mm.

plus large (7,5 cm) que long (7 cm), épais de 5 cm et pèse de 200 à 250 g. Finalement c'est un outil robuste dont l'angle du bord taillé est proche de 90° et qui paraît pour J. Chavaillon plus apte à écraser qu'à couper.

L'évolution de cet outil, observée dans des couches déposées durant un million d'années, montre que l'angle du bord taillé devient plus aigu et que la longueur du tranchant augmente et J. Chavaillon (1982, p. 74) note que « la tendance est à l'utilisation maximale des possibilités d'un galet ».

La panoplie oldowayenne

L'immense période d'un million d'années pendant laquelle un même outillage est fabriqué en abondance en Afrique est appelée Pré Acheuléen ou Paléolithique archaïque (F. Hours, 1982).

Parmi les industries, l'Oldowayen ou Pebble Culture est actuellement la mieux connue, décrite par la famille Leakey à Olduvai en Tanzanie et datée de 1,8 million d'années pour sa phase ancienne. En Éthiopie, l'Oldowayen est bien représenté dans le site de Melka Kunturé dans la haute vallée de l'Awash où J. et N. Chavaillon ont dégagé des sols d'occupation, livrant outils de pierre et d'os, faune, traces d'habitats et d'aires d'activité. Nous citerons les principales variétés d'outils de pierres reconnues par ces auteurs (1976) dans le site de Gomboré I B. Il y a de nombreux percuteurs, galets percutés, galets brisés et blocs de roches volcaniques présentant des traces de chocs répétés. Les galets taillés représentent presque la moitié des outils proprement dits. J. Chavaillon les classe en « choppers latéraux » dont « c'est un des bords les plus longs qui a été façonné en partie ou en totalité », en « choppers distaux », en « choppers périphériques » si le tranchant est étendu à une grande partie ou à tout le périmètre, et bien d'autres encore.

Parmi les autres outils faits sur galets sont décrits des polyèdres, des rabots, des grattoirs épais, des becs, des encoches, denticulés, trièdres, et encore d'autres galets sommairement aménagés.

Les polyèdres sont des blocs de forme globuleuse, facettés par l'enlèvement d'éclats et dont on ignore le rôle : nucléus ou pièce tranchante, ou bien, « nucléus d'abord, outil ensuite », pour J. Chavaillon (1982, a, p. 75).

Les rabots sur galets qui se distinguent des grattoirs épais par un angle tranchant plus ouvert, proche de 90°, sont caractéristiques du gisement et leur fonction paraît peut-être plus « spécialisée » que pour les galets taillés, outils « à tout faire » (J. et N. Chavaillon, 1976, p. 66).

Le reste du matériel comprend des nucléus, des éclats et des outils faits à partir d'éclats comme des racloirs, encoches, denticulés.

Il y a donc toute une typologie de ce matériel Pré-Acheuléen, vieux de peut-être 1,7 million d'années.

Les premiers artisans

« Qui fit quoi ? » est la question passionnante posée par Y. Coppens (1982) à la recherche des premiers fabriquants d'outils.

Les connaissances actuellement acquises en préhistoire nous permettent de supposer que l'Afrique de l'Est et l'Afrique du Sud sont le « berceau » des hommes et de leurs ancêtres.

Durant les cinq derniers millions d'années l'histoire des hominidés montre la succession de trois genres : le genre Pré-Australopithecus (avec Australopithecus afarensis dont « lucy » est le représentant le plus complet), le genre Australopithecus et le genre Homo (Y. Coppens, 1982).

Lorsqu'un genre donne naissance à un nouveau genre, il persiste encore longtemps avant de s'éteindre d'où la cœxistence possible d'hominidés différents.

Homo descend très certainement d'un Australopithèque dont on connaît trois espèces : Australopithecus africanus qui est le plus ancien et qui est dit « gracile », Australopithecus robustus et Australopithecus boisei qui sont dits « robustes ».

Pas aussi redressés que les Homo, au cerveau de volume réduit, possédant une denture spécialisée, essentiellement végétariens, avec des membres antérieurs permettant le grimper aux arbres, les Australopithèques sont « des êtres fascinants qui nous révèlent ce à quoi ont pu ressembler des hominidés qui ne sont pas encore des Hommes » (Y. Coppens, 1983, p. 85).

Homo a une station plus droite, une denture d'omnivore, mais sa caractéristique principale « est sans doute son extraordinaire développement cérébral » (Y. Coppens, 1982).

Trois types vont se succéder : Homo habilis apparaît peut-être il y a 4 millions d'années et vit en Afrique, Homo erectus apparaît il y a 1,5 million d'années et se rencontre en Afrique, Asie et Europe, enfin, Homo sapiens qui vit en toutes régions apparaît il y a 100 000 ans.

Parmi les anciens outillages, ceux découverts dans la basse vallée de l'Omo par

J. Chavaillon (faciès de Shungura) et datant d'au moins 2,2 millions d'années sont associés à Australopithecus qui pourrait bien être le fabricant (Y. Coppens, 1982) comme pour les os travaillés de Makapansgat en Afrique du Sud. L'Oldowayen d'Olduvai par contre est associé dans de nombreux sites à Homo habilis.

La réponse d'Yves Coppens (1983, p. 107) est que « l'Homme ne peut à proprement parlé être défini par l'outil, les premiers d'entre eux (de 4 millions d'années) n'ayant probablement pas commencé à retoucher le moindre objet et les Australopithèques (dès 3 millions d'années) s'y étant au contraire essayés ». Mais Y. Coppens nous dit que « l'Homme n'en demeure pas moins, à partir d'un certain stade, le seul primate que caractérise son association avec un outillage permanent et abondant qu'il a délibérément aménagé pour son propre usage. Cet équipement artificiel, dès lors, ne cessera plus de croître ».

Bifaces

I — MORPHOLOGIE

Une définition des bifaces nous est donnée par F. Bordes (1979, p. 61). Ce sont « des outils de types variés, généralement taillés à partir de rognons de silex, mais aussi à partir de gros éclats de silex, de quartzite, de grès lustrés, etc. Leur caractéristique commune est d'être taillés sur leurs deux faces, par retouche totale ou au moins envahissante ».

Un biface, comme celui de la figure 47 présente une base (a), une extrémité

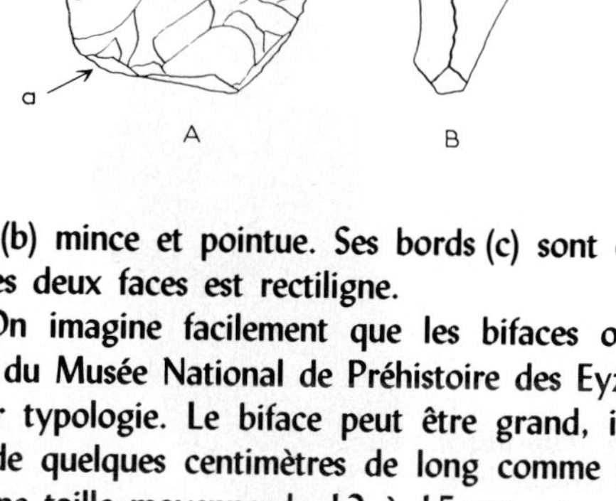

FIG. 47 — *Morphologie d'un biface.*
A — Vue de face.
B — Vue de profil.
a — Base.
b — Extrémité distale.
c — Bord.
d — Arête latérale.

distale (b) mince et pointue. Ses bords (c) sont convexes et l'arête latérale (d), à l'intersection des deux faces est rectiligne.

On imagine facilement que les bifaces ont des aspects très variés et une grande vitrine du Musée National de Préhistoire des Eyzies (Dordogne) nous donne un bon aperçu de leur typologie. Le biface peut être grand, il en existe de plus de 20 cm de long ou petit, de quelques centimètres de long comme sur la figure 52. M. Brézillon (1969) propose une taille moyenne de 12 à 15 cm.

FIG. 48 — *Biface dont la base conserve du cortex et une saillie du rognon d'origine.* Verberie (Oise). Paléolithique inférieur. Long. 130 mm.

FIG. 49 — *Aspect de l'arête latérale d'un biface exposé de profil.* Moru (Oise). Paléolithique inférieur. Long. 115 mm.

Selon leur forme générale, sont décrits des bifaces lancéolés, amygdaloïdes, cordiformes, triangulaires, ovalaires, discoïdes pour citer les principaux. Leur section montre tous les intermédiaires entre les bifaces épais et les bifaces minces et plats.

La base peut être entièrement et finement retouchée, le tranchant s'étendant à toute la pièce, ou au contraire elle garde du cortex du rognon d'origine comme sur la figure 48.

Les bords sont convexes, rectilignes ou concaves et l'arête latérale est sinueuse ou plus ou moins rectiligne en fonction de l'importance de la retouche (Fig. 49).

L'extrémité distale est pointue ou arrondie comme pour les limandes ou les bifaces discoïdes (Fig. 50 et 51).

FIG. 50 — *Biface à pointe dégagée.* Tassilly (Calvados). Paléolithique moyen. Long. 110 mm.

FIG. 51 — *Biface ovalaire.* Tassilly (Calvados). Paléolithique moyen. Long. 95 mm.

La retouche peut être faite de gros éclats laissant des contre-bulbes marqués ou bien faite d'éclats plats avec contre-bulbes discrets. Son étendue est variable et F. Bordes (1979, p. 81) décrit des bifaces partiels comme celui de la figure 53.

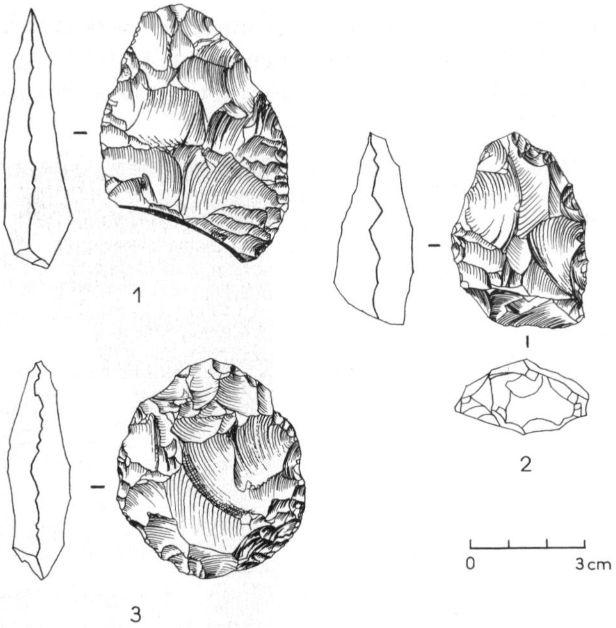

FIG. 52 — *Très petits bifaces.* Tassilly (Calvados). Paléolithique moyen.

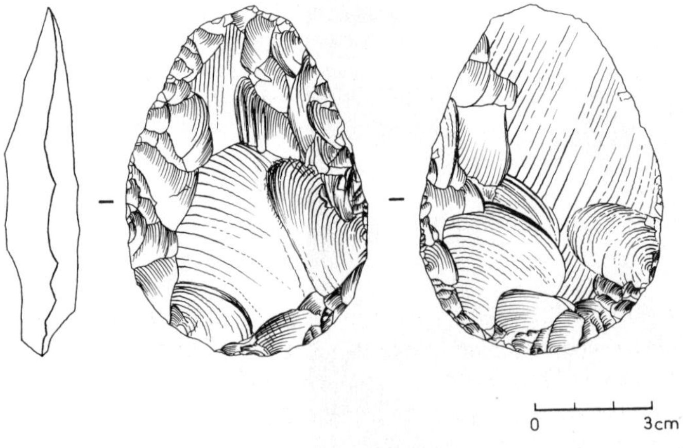

FIG. 53 — *Biface sur éclat.* Une face n'est que partiellement retouchée. Tassilly (Calvados). Paléolithique moyen.

II — LES INDUSTRIES A BIFACES

C'est dans la vallée de la Somme que le « père » des Préhistoriens français, Jacques Boucher de Crévecœur de Perthes ramasse au milieu du XIXe siècle ses premiers bifaces.

Les gisements d'Abbeville et de Saint-Acheul (Somme) vont devenir célèbres et donner leur nom aux industries à bifaces du Paléolithique inférieur.

Les bifaces, associés à bien d'autres variétés d'outils, sont découverts dans les alluvions qui réalisent des terrasses en raison des variations climatiques. Ce sont des outils roulés, transportés par les eaux ou bien découverts in situ, mais malheureusement les méthodes de recherches étaient autrefois peu orientées pour des observations palethnologiques.

Les plus anciens bifaces au Nord-Ouest de la France (Pré-Abbevilliens) dateraient de l'interglaciaire Günz-Mindel ou « Complexe Cromérien » débutant vers 750 000 ans (F. Bourdier, 1976, p. 962).

C'est à Abbeville, dans la haute terrasse de la Somme, dans la marne blanche de la carrière Carpentier, que sont trouvés les bifaces caractéristiques de l'industrie Abbevillienne dont les gisements sont cependant très rares. F. Bordes (1984, b, p. 8) les date de la glaciation de Mindel qui débute il y a 500 000 ans.

Puis durant toute l'immense période Acheuléenne qui commencerait à l'interglaciaire Mindel-Riss, voit son apogée « au point de vue du nombre des gisements connus, au cours de la glaciation rissienne » (F. Bordes, 1984, b, p. 13), traverse l'interglaciaire Riss-Würm pour atteindre le début de la dernière glaciation, soit plusieurs centaines de milliers d'années, le biface se présente sous de multiples aspects, mais en quantités variables parmi les autres outils du Paléolithique inférieur.

Au Paléolithique moyen, il est encore présent, parfois en abondance dans certains faciès comme le Moustérien de tradition acheuléenne. Il a peut-être alors une fonction plus spécifique tandis que se développent les outillages sur éclats.

III — DESCRIPTION DE QUELQUES TYPES DE BIFACES

1) Bifaces abbevilliens (Fig. 54)

C'est le type de bifaces de la période Abbevillienne mais cette forme se rencontre dans tout le Paléolithique inférieur et également au Paléolithique moyen.

Pour F. Bordes (1979, p. 83) ils sont « grossiers, épais, à arêtes très sinueuses, à section quadrangulaire ou triédrique, et portent en creux l'empreinte négative des puissants conchoïdes des éclats enlevés par les tailleurs ».

H. Breuil et H. Kelley (1954, p. 14) signalent qu'ils sont fabriqués dans le Nord de la France dans des rognons de silex dont ils gardent la forme générale et du cortex « sur

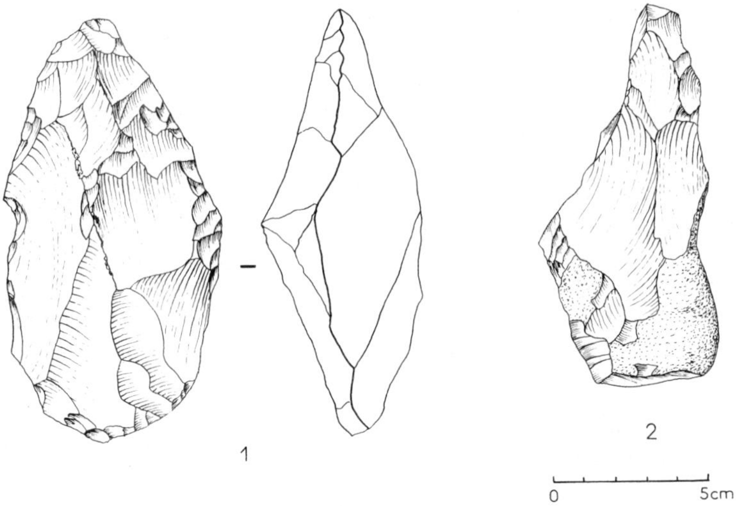

FIG. 54 — *Bifaces abbevilliens.* D'après F. Bordes (1979).
1 — Abbeville (Somme).
2 — Abbeville, stade (Somme).
Paléolithique inférieur.

une large surface, soit à la base, soit sur un côté, et probablement destiné à faciliter la préhension de l'instrument ».

F. Bordes (1971, p. 18) en distingue peut-être deux variétés : pointus, et non pointus avec une extrémité distale large et un tranchant transversal.

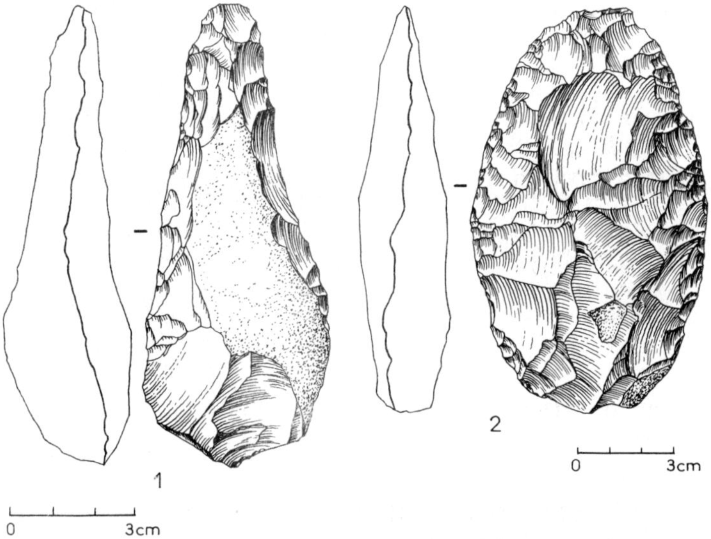

FIG. 55 — *« Ficron » (n° 1) et « Limande » (n° 2).* Cagny-la-Garenne (Somme). Paléolithique inférieur. D'après F. Bordes (1979).

2) *Les « ficrons »* (Fig. 55, n° 1)

Ainsi appelés car ressemblant à l'extrémité en fer des perches servant à déplacer les bateaux dans les marais de Picardie, ce seraient pour F. Bordes (1979, p. 70) les ancêtres des bifaces lancéolés et micoquiens mais leur allure est beaucoup plus grossière avec un talon épais, gardant parfois des zones de cortex. Ils apparaîssent au début de l'Acheuléen et sont fréquents dans la partie ancienne de la phase moyenne.

3) *Les « limandes »* (Fig. 55, n° 2)

Baptisée par les carriers picards, une limande a pour F. Bordes (1984, b, p. 29) comme caractéristiques d'être « ovale, plate, complètement taillée sur les deux faces, habituellement sans talon réservé ». Un aspect volontiers « torse » de leur arête paraît intentionnel pour F. Bordes.

Elles sont typiques dans la phase évoluée de l'Acheuléen moyen, mais se rencontrent dans tout l'Acheuléen et également au Moustérien.

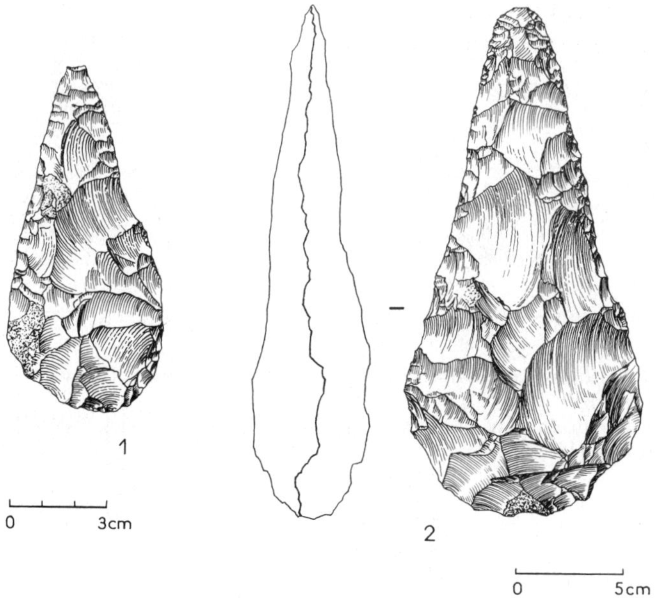

FIG. 56 — *Bifaces micoquiens.*
1 — La Micoque (Dordogne).
2 — Mantes (Seine-et-Oise).
Paléolithique inférieur. D'après F. Bordes (1984 et 1979).

4) *Bifaces micoquiens* (Fig. 56)

Leur originalité est d'avoir une forme lancéolée et des bords concaves (alors qu'ils sont rectilignes ou un peu convexes dans le type lancéolé).

Caractéristiques dans l'Acheuléen supérieur et le Micoquien (époque finale de l'Acheuléen, au début de la dernière glaciation de Würm) ils apparaissent plus tôt à l'Acheuléen moyen et ne sont d'ailleurs pas les plus fréquents au Micoquien (F. Bordes, 1979, p. 70).

5) *Bifaces cordiformes* (Fig. 57, n° 1)

Ayant la forme d'un cœur, F. Bordes (1979, p. 72) les décrit comme « plats, à base arrondie, à extrémité distale parfois pointue, souvent mousse, quelquefois arrondie, mais alors avec un rayon de courbure nettement plus petit que celui de la base ». Ils existent à l'Acheuléen moyen et sont très fréquents dans tout le Moustérien de tradition acheuléenne.

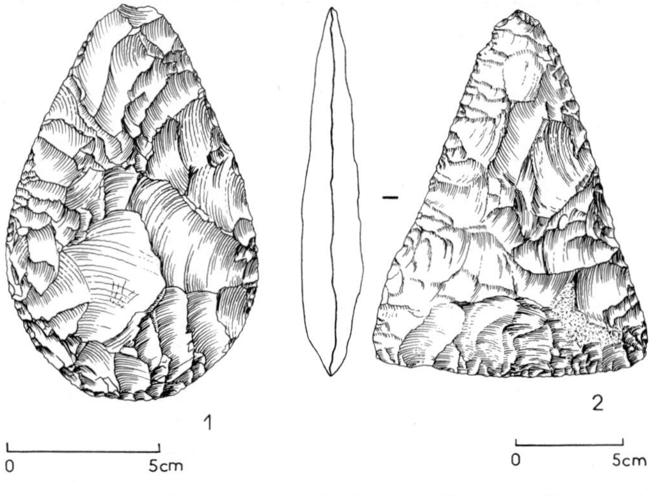

FIG. 57 — *1* — *Biface cordiforme.* Saint-Acheul, atelier Commont (Somme). Paléolithique inférieur.
2 — *Biface triangulaire.* Châtellerault, « La Belle Indienne » (Vienne). Paléolithique moyen. D'après F. Bordes (1979).

6) *Bifaces triangulaires* (Fig.57, n° 2)

Parfois très plats et de grande taille, ils sont d'une grande beauté. F. Bordes (1979, p. 70) signale des sous-types « selon que la base est tranchante, travaillée en "troisième côté" ou bien présente du cortex ou un méplat » ; ou selon l'aspect des côtés latéraux, rectilignes, légèrement convexes, concaves comme dans la variété en « dent-de-requin » copie peut-être de dents fossiles de Carcharodons ramassées par les Paléolithiques comme le suggère F. Bordes ! Ces bifaces sont fabriqués à la fin de l'Acheuléen et au début du Moustérien de tradition acheuléenne.

IV — FABRICATION

La différence morphologique qui existe entre le biface Abbevillien et le biface Acheuléen s'explique par le mode de fabrication. Le premier est taillé au percuteur dur, le second est souvent le témoignage de l'utilisation d'un percuteur tendre du moins pour sa retouche finale.

— Un biface abbevillien peut être expérimentalement fabriqué dans un rognon de silex allongé. La taille se fait avec un percuteur de pierre mais on a aussi constaté la possibilité d'une taille sur enclume.

Le premier coup détache une entame et son négatif sert de plan de frappe pour l'attaque de l'autre face. De larges et épais éclats sont détachés du rognon et l'on obtient une extrémité grossièrement pointue, des arêtes latérales sinueuses. Du cortex est volontiers conservé à l'extrémité qui sera la base et peut-être aussi sur une partie d'un bord.

— La fabrication du biface acheuléen du type « limande » par exemple, débute comme précédemment et le rognon ou un volumineux éclat sont dégrossis au percuteur de pierre. C'est cette ébauche qui est sculptée au percuteur tendre en bois animal ou végétal selon une méthode précise et ordonnée, détachant des éclats plats, filant loin. Le percuteur frappe tangentiellement (Fig. 58) sur un point du bord qui est préparé par abrasion en le

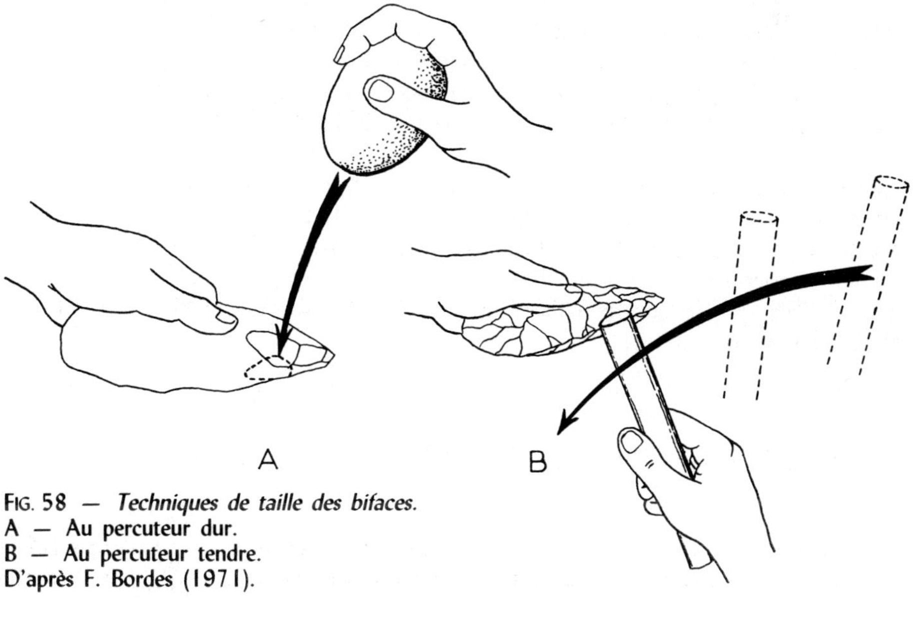

FIG. 58 — *Techniques de taille des bifaces.*
A — Au percuteur dur.
B — Au percuteur tendre.
D'après F. Bordes (1971).

frottant avec un galet ou par percussion fine et ainsi « le contact avec le percuteur lors du choc est alors meilleur et l'éclat mieux contrôlé » (J. Pelegrin et E. Boëda, 1983, p. 9).

Ce travail dure une « vingtaine de minutes », mais demande « plusieurs mois d'entraînement à un tailleur moderne débutant » nous disent ces deux expérimentateurs.

Certains bifaces sont particulièrement beaux tant pour leur forme que pour leur finesse ou régularité d'exécution et A. Leroi-Gourhan (*L'Express*, mars 1983) nous dit que « si les premiers hommes ont taillé des outils aussi beaux que le biface, ce silex en forme d'amande, alors que le moindre éclat informe aurait suffi pour couper, c'est qu'ils recherchaient non seulement la fonction de l'objet, mais aussi la beauté de sa forme ».

V — UTILISATION

Si le nombre de bifaces produits est considérable « nous ignorons presque complètement leur utilisation » (F. Bordes, 1979, p. 84).

Les bifaces volumineux, au talon épais gardant le cortex du rognon d'origine, avec une extrémité pointue étaient vraisemblablement tenus à la main, d'où le nom de « coup de poing » autrefois proposé. « Il peut s'agir aussi bien d'armes que d'outils très grossiers du genre pic » (J. Chavaillon, 1979, p. 75).

Les bifaces minces, à extrémité distale arrondie, avec une base elle-même amincie, devaient être utilisés plus pour leur tranchant : ce sont de véritables « bifaces-couteaux ».

Les objets les plus élaborés dans le sens de la symétrie et de la minceur sont les bifaces triangulaires dont la base peut être tranchante. F. Bordes (1979, p. 71) a même soulevé, en raison de certaines traces de fracture, l'hypothèse d'un emmanchement du type hache.

Mais une étude plus précise de traces d'usure est faite par L.-H. Keeley (1978) sur des bifaces et des éclats de leur fabrication provenant de Hoxne en Angleterre, site qui a d'ailleurs livré le premier biface reconnu œuvre humaine par J. Frere en 1797.

L.-H Keeley ne perçoit des traces d'utilisation que sur à peine un éclat sur dix. Ils servaient « pour la boucherie, pour travailler le bois et les peaux, et percer le bois et les os ».

Parmi les bifaces examinés, deux portent des traces caractéristiques « d'outils de boucherie ». L'observation d'un autre biface trouvé à Clacton-on-Sea montre une microusure « due à un mouvement rotatif tel que le forage dans du bois ». Keeley précise même que l'outil a tourné dans le sens des aiguilles d'une montre ! Cela confirme l'idée de F. Bordes (1979, p. 71) que les bifaces sont des « outils à usage multiple, chaque partie ayant son utilisation propre ».

Racloirs

« L'outillage des Paléanthropes est surtout fait d'éclats transformés par des retouches, sur un bord ou sur les deux, en un outil tranchant robuste appelé racloir ; il peut servir aussi bien à racler qu'à couper », telle est la définition que nous donnent B. et G. Delluc (1979, a, p. 14).

Morphologie

Les racloirs sont donc essentiellement des éclats dont un des grands côtés est transformé en tranchant.

Plusieurs types de retouches qui forment le tranchant sont décrits par F. Bordes (1979). La figure 59 en schématise trois principaux aspects. La retouche en écaille (n° 1) enlève des éclats larges et courts comme « des écailles d'un poisson ». La retouche parallèle (n° 3) détache des éclats allongés, étroits, peu épais, à bords parallèles. Elle est souvent dite sub-parallèle (n° 2) car moins régulière.

Le tranchant est habituellement convexe mais peut être rectiligne, concave ou sinueux ; modifications dues parfois aux affûtages successifs.

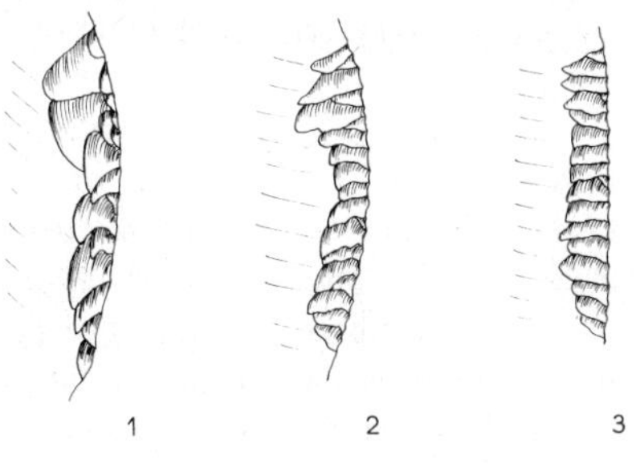

FIG. 59 — *Quelques types de retouches de bords de racloirs.*
1 — En écaille.
2 — Sub-parallèle.
3 — Parallèle.
D'après F. Bordes.

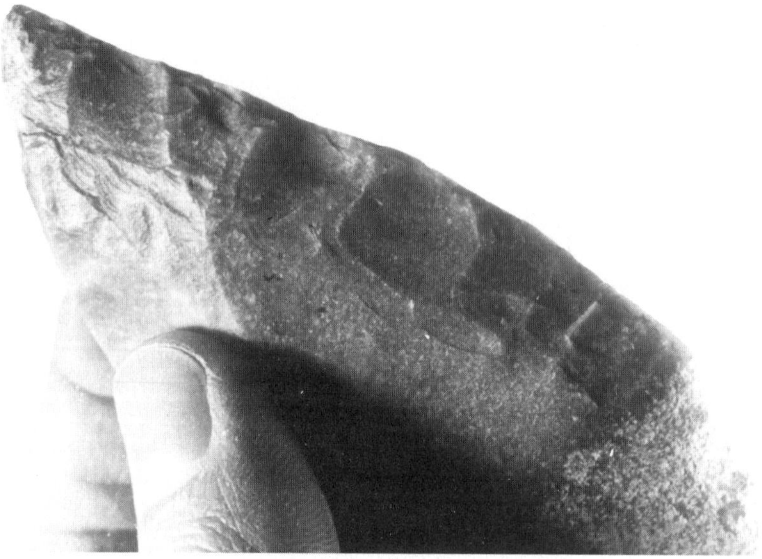

FIG. 60 — *Aspect du tranchant d'un racloir latéral.* Lisieux (Calvados) Paléolithique moyen. Long. 95 mm.

FIG. 61 — *Aspect du tranchant d'un racloir transverse, épais.* Verberie (Oise). Paléolithique moyen. Long. 95 mm.

Une classification des racloirs peut se fonder sur la position du tranchant par rapport à l'axe de l'éclat et sur le nombre unique ou multiple des tranchants (M. Brézillon, 1968, Fig. 208).

Il existe ainsi des *racloirs latéraux* dont le tranchant est plus ou moins parallèle à l'axe de l'éclat (Fig. 60), des *racloirs transversaux* avec un tranchant opposé au talon de l'éclat (Fig. 61) et des *racloirs déjetés* si « l'axe de l'outil forme avec l'axe de l'éclat un angle sensible (plus de 25°) » pour F. Bordes (1979, p. 14) (Fig. 63).

Si le racloir n'a qu'un bord retouché il est dit *simple.* Mais il peut présenter plusieurs tranchants et si deux bords retouchés se rejoignent à l'extrémité distale de l'éclat, comme sur la figure 62, le racloir *double* est dit *convergent.*

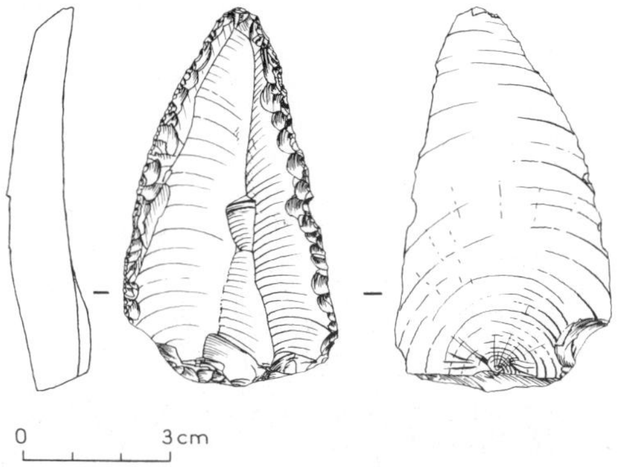

FIG. 62 — *Racloir double, convergent.* Olendon (Calvados). Paléolithique moyen.

Fabrication

En frappant avec un percuteur dur ou tendre sur la face inférieure de l'éclat-support, on détache de petits éclats et l'on régularise ainsi le bord choisi comme tranchant.

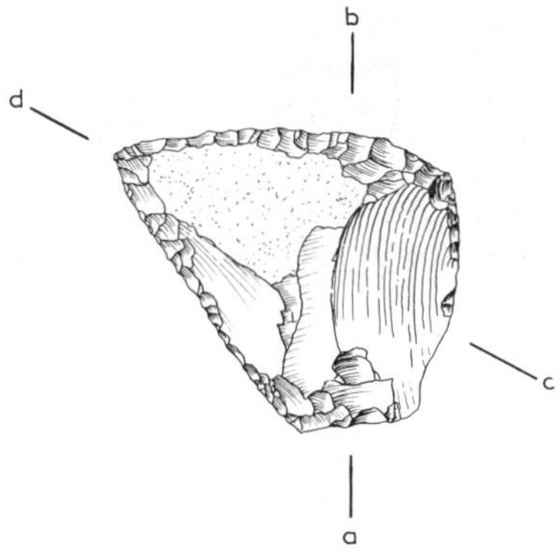

FIG. 63 — *Racloir double déjeté.* Oissel (Seine-Maritime).
a-b : Axe de l'éclat.
c-d : Axe de l'outil.
D'après F. Bordes (1979).

Certains racloirs ont une retouche bien particulière, obtenue par des méthodes spéciales. C'est le cas des racloirs moustériens du type Quina (gisement de La Quina, commune de Gardes-Le-Pontaroux, Charente) dont le tranchant convexe présente une retouche « écailleuse » et formant des « marches d'escalier » (F. Bordes, 1979, p. 9 et 32) (Fig. 64).

M. Lenoir (1973) à propos de leur fabrication nous dit qu'il faut choisir un support épais de morphologie adaptée, préparer le bord et frapper selon des gestes calculés. Cette retouche n'est donc pas fortuite et indique « une volonté bien nette de l'obtenir de la part de l'artisan ».

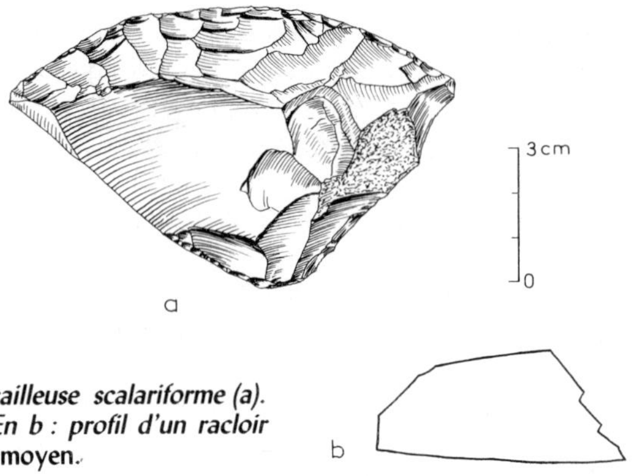

FIG. 64 — *Racloir transversal à retouche écailleuse scalariforme (a).* La Quina (Charente). D'après A. Debénath. *En b : profil d'un racloir de ce type.* D'après F. Bordes. Paléolithique moyen.

Utilisation

« Contrairement à une opinion assez répandue, nous pensons que la retouche du racloir ne tend nullement à l'aiguiser (rien n'est aussi tranchant que le bord brut d'un éclat frais de silex ou d'obsidienne), mais au contraire à l'émousser partiellement tout en le régularisant, et à lui donner ainsi plus de résistance pour un travail de raclage, travail effectué perpendiculairement à l'allongement de l'objet » (F. Bordes, 1979, p. 31).

Le racloir peut servir également à couper et c'est ce que nous montre A. Leroi-Gourhan (1983, c) dans son étude des petits racloirs Châtelperroniens trouvés dans la grotte du Renne à Arcy-sur-Cure (Yonne) à une époque de transition entre le Paléolithique moyen et le Paléolithique supérieur (Fig. 65).

Ces racloirs sont habituellement faits à partir d'éclats détachés lors de la préparation de nucléus à lames et appelés « éclats obliques » car leur axe de débitage fait un certain

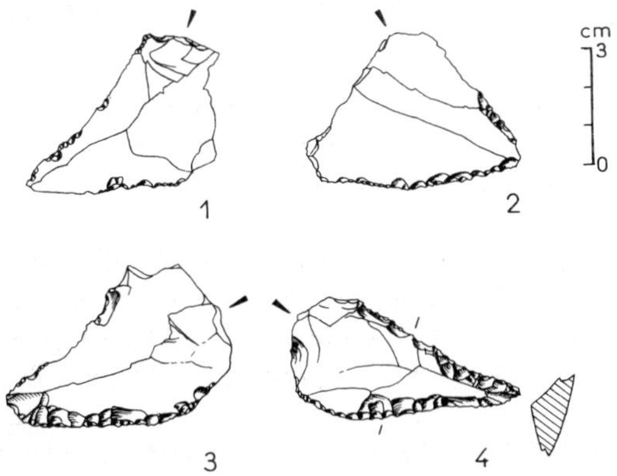

FIG. 65 — *Petits racloirs châtelperroniens de la Grotte du Renne à Arcy-sur-Cure (Yonne).* La flèche indique l'axe de débitage de l'éclat. D'après A. Leroi-Gourhan.

angle avec leur axe morphologique. Ces racloirs présentent un tranchant long convexe, et un tranchant court concave ou rectiligne. Pour A. Leroi-Gourhan ces racloirs devaient servir à couper et non à « racler » car les supports sont choisis autant à pointe orientée à gauche qu'à pointe orientée à droite. « Le sens n'intervient donc pas dans la fonction », « l'avers et le revers se prêtant également à la présentation du fil du tranchant » ce qui est « incompatible avec l'exercice d'actions transversales » (A. Leroi-Gourhan, 1983, c, p. 218 et 223).

Les modifications du grand tranchant sont également en faveur d'une telle action et plusieurs types de traces d'affûtage sont reconnus comme de fines retouches dispersées ou groupées, des retouches plus importantes écailleuses, ou des retouches sous corniches : les « réaffûtages entraînant la formation d'une corniche au-dessus de la dernière série de retouches fines ». Expérimentalement A. Leroi-Gourhan coupe du cuir avec de tels racloirs. Il doit les affûter et finalement « le racloir, au départ simple éclat de forme appropriée, est devenu un objet très agréablement façonné, mais impropre à tout effet tranchant ».

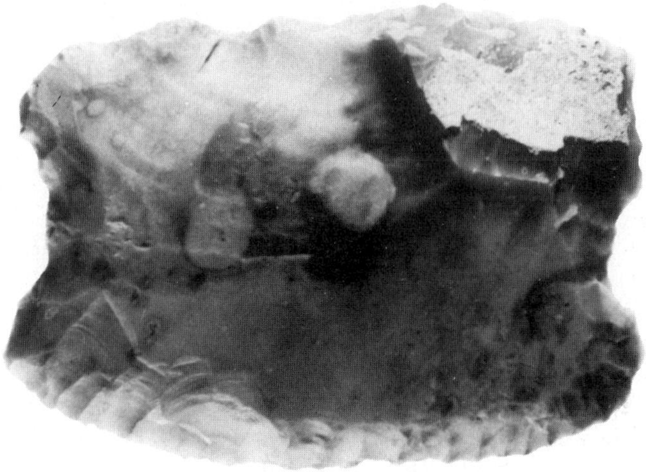

FIG. 66 — *Racloir à coches latérales.* Nesles-la-Vallée (Val-d'Oise). Néolithique. Long. 75 mm.

L'aspect du tranchant court ou « récurrent » suit dans trois quarts des cas les mêmes modifications que celles du tranchant long ce qui fait penser à A. Leroi-Gourhan qu'il devait avoir la même utilisation mais en agissant différemment car sa concavité augmente avec les réaffûtages.

Nous ne savons pratiquement rien sur les emmanchements des racloirs, mais une variante « moderne » : le racloir à coches latérales fait suspecter la possibilité d'un tel dispositif. La figure 66 représente un exemplaire du Néolithique du Bassin Parisien. Son tranchant est fait d'une retouche du type « parallèle ». Chaque enlèvement crée sur le bord libre une concavité séparée par une nervure de l'enlèvement suivant comme pour nos couteaux-scies en acier. Les deux coches latérales sont certainement destinées à la fixation de la lame dans un manche dont on ne connaît pas d'exemples conservés dans cette région.

Des modèles proches sont fabriqués en grand nombre dans les ateliers de la région du Grand-Pressigny (Indre-et-Loire). Faits sur fragments de grandes lames ou sur éclats

(Fig. 67) ils sont retrouvés dans de nombreux départements français et même au-delà jusqu'en Suisse par exemple. On les appelle souvent « scies à encoches » mais ils servaient vraisemblablement de lames de couteaux.

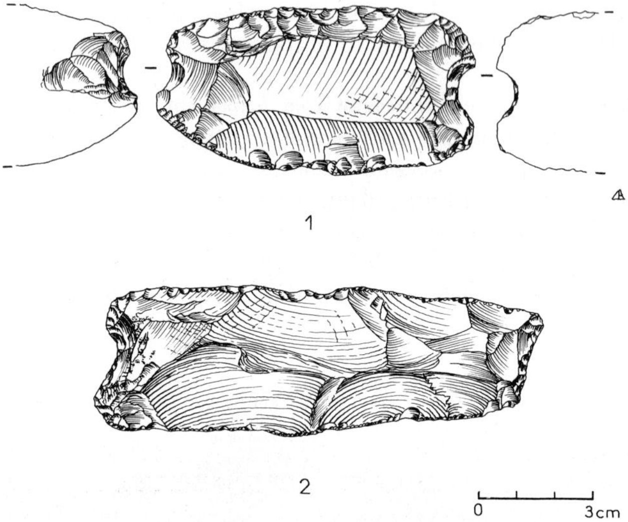

FIG. 67 — *Racloirs à coches latérales.*
1 — Petit-Paulmy (Abilly, Indre-et-Loire).
2 — La Claisière (Abilly, Indre-et-Loire).
Néolithique.

Coches et denticulés

Dans ce chapitre sont décrits des outils peu spectaculaires comme nous le dit F. Bordes mais dont la fréquence est certaine, en particulier dans la panoplie d'hommes du Paléolithique moyen comme le Moustérien dit « à denticulés ».

Outils appelés « coches »

Ce sont des outils très anciens, certainement apparus avec les premiers éclats, dont un coup de percuteur porté sur l'un des bords fait sauter un petit éclat, ce qui réalise une encoche, autre nom donné à l'objet.

J. et N. Chavaillon (1976) en décrivent dans l'Oldowayen de Melka-Kunture faits sur éclats ou sur galets et qui sont vieux de plus de 1,5 million d'années.

Ces outils à « larges encoches obtenues d'un seul coup de percuteur, parfois régularisées par de petites retouches secondaires, qui peuvent aussi être dues à l'utilisation » sont reconnues par F. Bordes (1979, p. 43) à Clacton-on-Sea (Angleterre) et nommées « encoches clactoniennes » (Fig. 70, n° 1). Ils datent de plus de 400 000 ans et sont fabriqués pendant toute la période Acheuléenne puis Moustérienne.

Une autre manière de faire une coche est d'encocher le bord d'un éclat ou d'une lame par de nombreuses retouches à partir d'une face. L'entaille réalisée est plus ou moins large, plus ou moins profonde. Nous en figurons de petites datant du Mésolithique (Fig. 71, nos 1 et 2) et de plus grandes datant du Néolithique (Fig. 69).

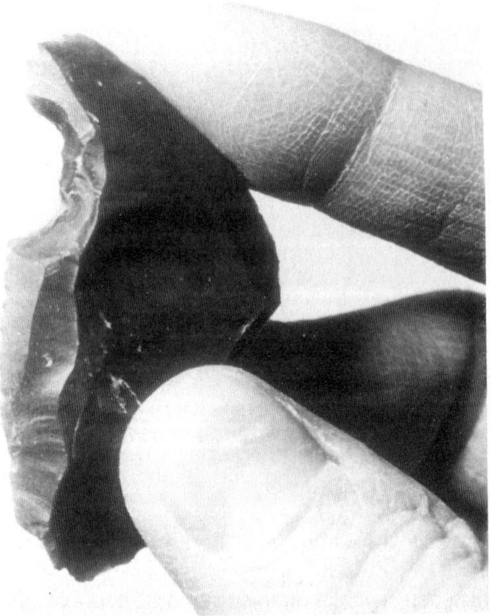

FIG. 68 — *Éclat à coche.* Le côté sur lequel s'appuie l'index est retouché et présente un poli d'usure. Vendeuvre (Calvados). Néolithique. Long. 53 mm.

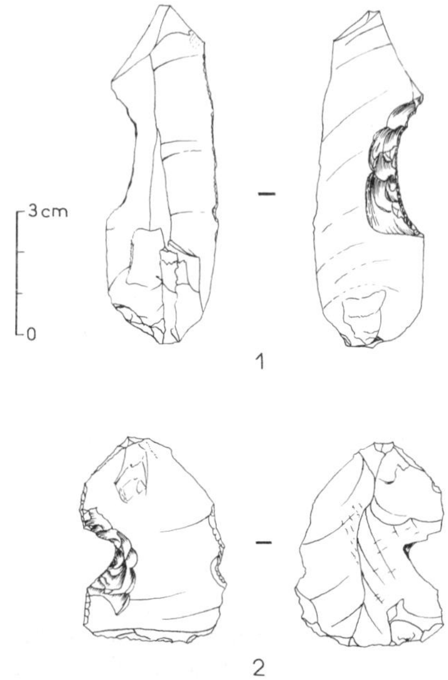

FIG. 69 — *Lame et éclat à coche.*
1 — Tassilly (Calvados).
2 — Davron (Yvelines).
Néolithique.

Outils denticulés

F. Bordes (1974, p. 44) nous donne leur définition : « outils sur éclat ou lame, présentant sur un ou plusieurs bords non adjacents une série d'encoches contiguës ou presque contiguës, faites soit par petites retouches, soit par larges encoches de type Clactonien ».

Ces outils peuvent représenter jusqu'à la moitié de l'outillage dans certains gisements du Paléolithique moyen comme le Moustérien dit « à denticulés » (F. Bordes, 1974, p. 44). Ici aussi les dimensions et la disposition des encoches sont variables comme on peut le constater figure 70.

Nous devons à A. Bocquet (1980) une étude de « microdenticulés » datant du néolithique.

« Ce sont toujours des éclats dont un ou deux tranchants ont été retouchés par de minuscules enlèvements contigus, créant ainsi une très fine denticulation, comme une scie » (A. Bocquet et A. Houot, 1982, p. 49).

Les microcoches ont moins de 1 mm de large et moins de 1 mm de profondeur.

Ces microdenticulés représentent près de 40 % de l'outillage d'une couche dans l'habitat littoral néolithique des Baigneurs à Charavines (Isère). Nous en dessinons d'un peu plus anciens qui semblent correspondre à cette définition (Fig. 71, n°s 5 et 6).

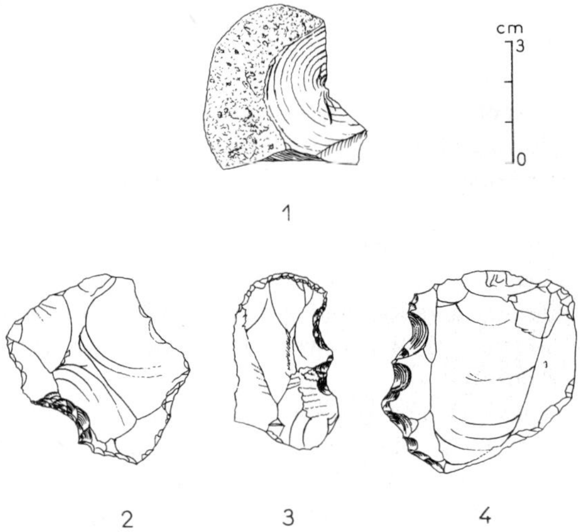

FIG. 70 — *Coches et denticulé du Paléolithique.*
1 — Coche clactonienne. Roc-de-Marsal (Campagne, Dordogne).
2-3 — Coche simple et double coche. Tassilly (Calvados). Paléolithique moyen.
4 — Denticulé sur éclat Levallois. Tassilly (Calvados). Paléolithique moyen.

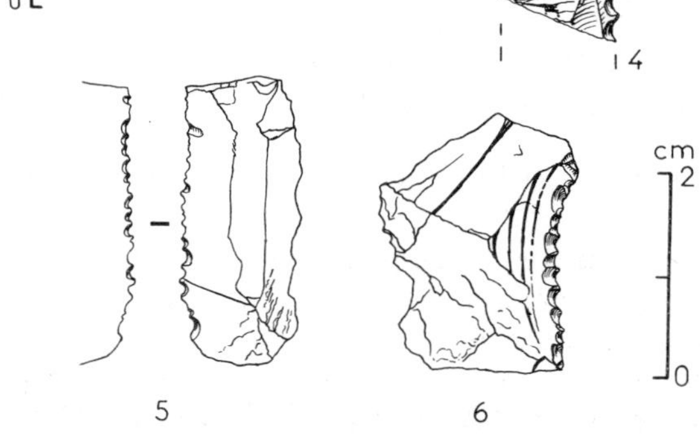

FIG. 71 — *Coches (1-2), denticulés (3-4) et microdenticulés ou « scies » (5-6) Montoume (Chéronnac, Haute-Vienne).* Mésolithique.

Utilisation

Tous les auteurs sont unanimes pour donner un rôle de « grattoir concave » (A. Leroi-Gourhan, 1966) aux coches faites d'enlèvements multiples. Elles permettent de « racler, calibrer, apointer des objets en bois, en os, voire en ivoire » (J. Tixier, 1976, a, p. 31).

Les lamelles à coches sont particulièrement nombreuses au Mésolithique, certainement utilisées pour façonner les hampes en bois des flèches.

Les coches clatoniennes auraient pour F. Bordes (1979, p. 43) une utilisation différente. Elles « peuvent servir à couper nettement une tige de bois, en effectuant un mouvement alternatif de rotation ».

Une coche clactonienne de la Caune de l'Arago (Tautavel, Pyrénées-Orientales) faite sur un bloc de quartz, examinée au microscope électronique à balayage par l'équipe de H. de Lumley (R. K. Pant, 1979, p.89), montre des traces d'une action de raclage bien localisée dans la concavité de l'encoche comme pour régulariser une branche.

Quant aux « microdenticulés », l'étude des traces d'usure au microscope électronique pour un exemplaire montre qu'il « avait détaché de la viande en raclant un os » (A. Bocquet et A. Houot, 1982, p. 49).

Mais de nombreux outils ont des coches dont la signification est différente et certaines sont probablement faites pour assurer la fixation dans un manche. C'est le cas des racloirs à coches latérales (Fig. 66 et 67).

Enfin, une coche peut simplement résulter du travail sur une matière dure, elle est peut-être alors moins marquée. Des chocs accidentels, comme ceux de machines agricoles, réalisent de parfaites coches sur les lames qu'elles remontent à la surface du sol. Lorsque les chocs sont anciens, on conçoit les difficultés de reconnaissance d'une coche comme outil intentionnel.

Couteaux

Le couteau est certainement l'outil le plus banal, d'usage quotidien. Il peut être très simple dans sa conception car n'importe quel éclat ou lame de silex par ses bords tranchants peut servir à couper. Les galets taillés, les bifaces, les racloirs avec leurs tranchants rendus robustes par la retouche sont sûrement aussi habituellement utilisés comme couteaux.

Pourtant c'est un outil difficile à identifier, nécessitant l'étude de sa partie tranchante à un fort grossissement afin de mettre en évidence des traces d'usure, parfois très discrètes, laissées par une action sur des matières « tendres ».

Les typologistes du Paléolithique appellent couteaux certains éclats ou lames dont la forme semble convenir à cet usage.

Ainsi pour le Paléolithique inférieur et moyen F. Bordes (1979, p. 41) nomme « couteaux à dos » des éclats ou lames dont un des bords est brut (ou montre de possibles traces d'utilisation) et l'autre bord est, soit abattu par des retouches, soit conserve du cortex (couteaux à dos naturel ou cortical) (Fig. 72).

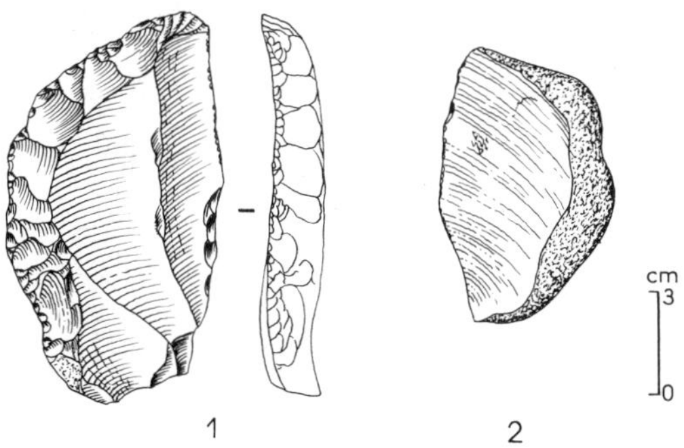

FIG. 72 — *Couteaux à dos du Paléolithique inférieur.*
1 — Dos formé par des retouches.
2 — Dos cortical.
« Atelier Commont », carrière Bultel-Tellier, Saint-Acheul (Somme). D'après F. Bordes et V. Commont.

Pour le Paléolithique supérieur A. Leroi-Gourhan et M. Brézillon (1966 et 1972) appellent ainsi des « lames tranchantes brutes de débitage » et décrivent sous forme « d'écaillures fines » les traces provoquées par leur utilisation.

Chaque lame, chaque éclat devient donc suspect d'une telle utilisation, ce qui montre bien la difficulté de l'étude de l'outillage d'un gisement (Fig. 73).

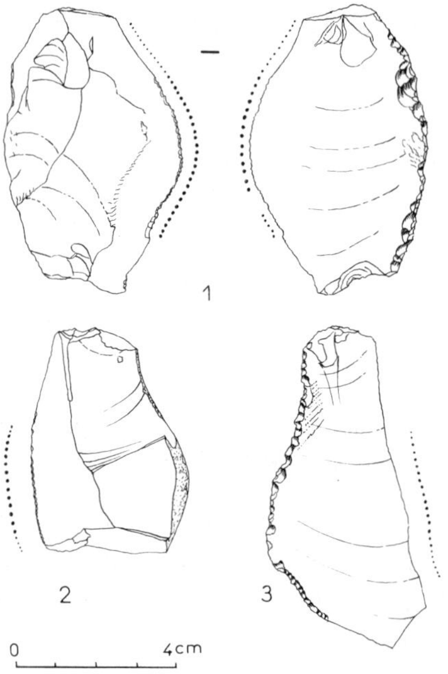

FIG. 73 — *Éclats utilisés comme couteaux.* Dos partiellement ou totalement retouchés. Les pointillés marquent l'extension des traces d'usure visibles à l'œil nu sur le tranchant. Saint-Nom-la-Bretèche (Yvelines). Néolithique.

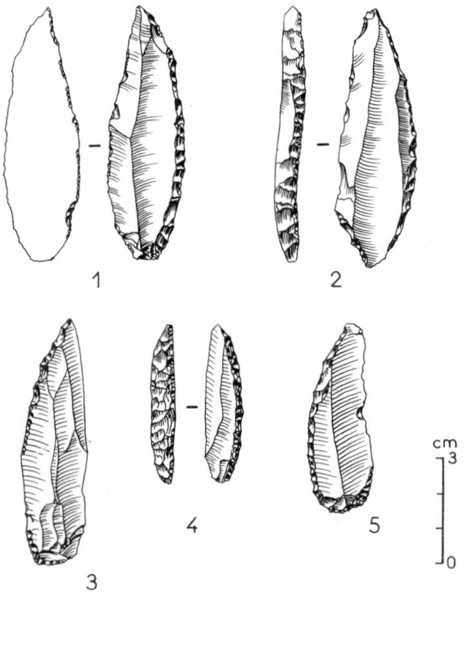

FIG. 74 — *Quelques variétés de couteaux ou pointes de Châtelperron.*
1-2 : Grotte du Renne, Arcy-sur-Cure (Yonne). D'après A. Leroi-Gourhan (1964, a).
3-4-5 : Fontéchevade (Charente). D'après G. Henri-Martin et J. Bouyssonie (1957).

Nous allons décrire plus en détail des objets du début du Paléolithique supérieur appelés *couteaux de Châtelperron* qui ont été étudiés avec précision par plusieurs auteurs.

Description

Nommés également « pointes de Châtelperron » ils sont habituellement considérés, mais sans certitude, comme ayant servi de couteaux.

On peut les définir simplement comme une « lame pointue à bord courbe abattu par retouches abruptes » (Art et Civilisations des chasseurs de la Préhistoire, 1984, p. 34) et on en distingue différentes variétés selon la longueur de la lame ou l'épaisseur du bord retouché ou dos (D. de Sonneville-Bordes et J. Perrot, 1956, p. 547). Nous représentons figure 74 une forme « courte et trapue » (n° 4) et une forme « allongée et élancée » (n° 3).

G. Henri-Martin (1957, p. 192) pour la série provenant de Fontéchevade (Charente) donne une longueur moyenne de 45 à 50 mm avec des extrêmes de 33 à 75 mm. Le dos, pour 440 couteaux de la Grotte du Renne à Arcy-sur-Cure (Yonne) est situé tant à gauche qu'à droite (A. Leroi-Gourhan, 1983, c, p. 218). S'il n'est pas retouché sur toute la longueur de la lame, s'il est très mince ou si la pointe est dans l'axe de la pièce, les couteaux sont alors décrits comme « atypiques » (D. de Sonneville-Bordes et J. Perrot, 1956, p. 547).

D'autres particularités, concernant les retouches de la base sont notées par G. Henri-Martin (1957), comme des retouches enlevant le bulbe et donnant à la base un aspect de petit grattoir (Fig. 74, n° 5) ou par A. Leroi-Gourhan (1964, a) qui décrit un aspect en « langue de carpe » du contour de certains talons.

Des couteaux découverts dans des couches plus récentes ont une forme plus symétrique avec un dos moins arqué, retouché à partir des deux faces, une base plus mince, marquant pour F. Bordes (1969, p. 118) une « évolution vers le type pointe de la Gravette ».

Tous ces outils sont caractéristiques du Châtelperronien datant de —34 000 à —30 000 ans, époque de transition entre le Paléolithique moyen et le Paléolithique supérieur mais que l'on considère comme un « faciès tardif des civilisations moustériennes » (Art et Civilisations des chasseurs de la Préhistoire, 1984, p. 13).

L'aspect de ces couteaux aux nombreuses variantes paraît pour A. Leroi-Gourhan (1983, c, p. 203) dériver des « couteaux sur éclats à dos courbe naturel » des époques antérieures moustériennes.

Utilisation

L'étude des microtraces d'usure sur le tranchant de ces lames à bord abattu apportera certainement beaucoup de renseignements sur leur fonction. Actuellement l'hypothèse d'une utilisation comme couteaux est retenue par beaucoup de préhistoriens en raison de leur aspect en « lame dissymétrique » (F. Bordes, 1952, p. 646) et de l'existence de traces d'usure visibles à l'œil nu.

Pour la série de Fontéchevade (Charente) G. Henri-Martin (1957, p. 192) note que « la plupart portent des traces d'usage sur le bord opposé au dos ce qui semble bien con-

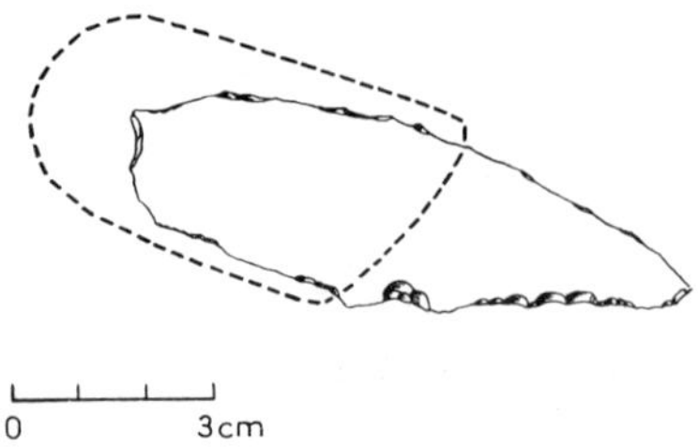

FIG. 75 — *Hypothèse d'emmanchement d'un couteau de Châtelperron* d'après A. Leroi-Gourhan (1964, a).

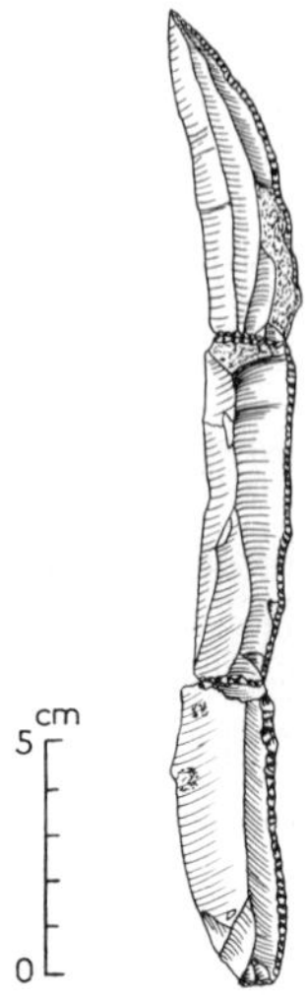

FIG. 76 — *Hypothèse d'un montage de lames en série réalisant un couteau composite*. La Ferrassie (Dordogne). Paléolithique supérieur. D'après D. Peyrony (1934).

firmer qu'il s'agit de couteaux et non de pointes ». A. Leroi-Gourhan (1964, a, p. 41) soulève même la possibilité d'un emmanchement en observant les tranchants, les talons et les dos de 550 exemplaires de la Grotte du Renne à Arcy-sur-Cure (Yonne). Il pense à un « revêtement qui recouvrait la lame obliquement, dégageant la pointe et les deux tiers du tranchant » (Fig. 75). Une ligature pourrait expliquer la présence d'une encoche sur le tranchant près de la base (Fig. 74, nos 1 et 2). Il décrit également une réutilisation comme burins d'un assez grand nombre de couteaux peut-être usés.

Quant aux lames de Châtelperron plus symétriques et plus élancées, on peut imaginer une utilisation comme pointes de projectiles.

La possibilité d'un emmanchement des lames de couteaux a été également soulevée par D. Peyrony (1934, p. 87) pour des lames à bord abattu et à troncature comme celles découvertes dans une couche gravettienne de La Ferrassie (Dordogne). D. Peyrony représente « trois d'entre elles, rencontrées à proximité les unes des autres et mises bout à bout représentèrent une sorte de grand couteau dont le dos pouvait être encastré dans une monture » (Fig. 76).

Au Néolithique, les couteaux peuvent avoir les mêmes aspects que dans les périodes précédentes : couteaux à dos naturel (Fig. 77, n° 1), couteaux à bord abattu (Fig. 77, n° 2). Mais le dos peut être poli comme sur l'exemplaire figure 79 ce qui élimine les aspérités encore désagréables pour la main et surtout il existe des manches conservés comme ceux provenant des stations littorales des Alpes de France ou de Suisse.

Les manches sont en bois et souvent en écorce comme le constate M. Egloff (1984) à Auvernier (Lac de Neuchâtel, Suisse). La lame de silex est soit simplement insérée, soit collée dans une rainure. La colle est habituellement un goudron extrait de l'écorce de bouleau, « seule colle dont on soit sûr qu'elle tienne plus de 5 000 ans ! » (M. Egloff).

Le manche possède parfois un trou de suspension et une cordelette passée dans l'orifice s'est conservée pour l'exemplaire figure 80, n° 2.

Pour faciliter l'emmanchement et peut être aussi le démontage de la lame, un dos fait d'un « coup de burin » a été signalé et nous avons constaté cette « astuce » sur des exemplaires normands (Fig. 77, n° 3).

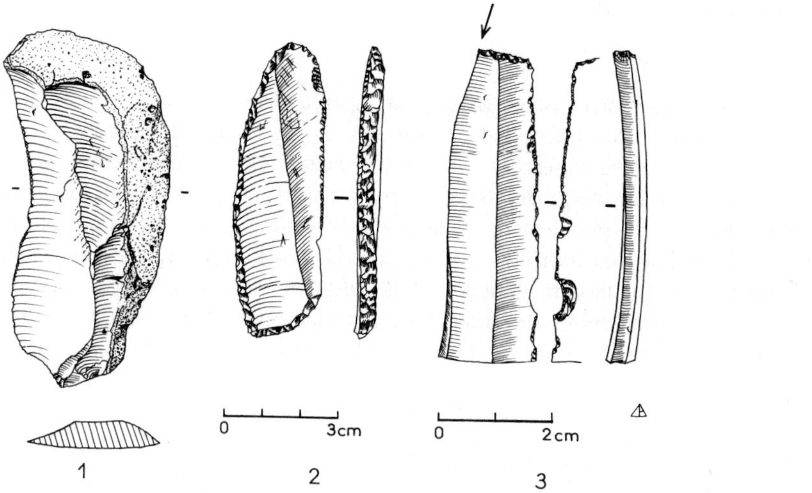

FIG. 77 — *Couteaux néolithiques.*
1 — A dos cortical. Davron (Yvelines).
2 — A dos avec extrémités abattues par des retouches abruptes (le tranchant présente de fins esquillements et un poli d'usure). Falaise (Calvados).
3 — A dos préparé par un « coup de burin ». Tassilly (Calvados).

FIG. 78 — *Couteau entièrement retouché sur les deux faces.* Néolithique. Long. 93 mm. Fayoum (Égypte).

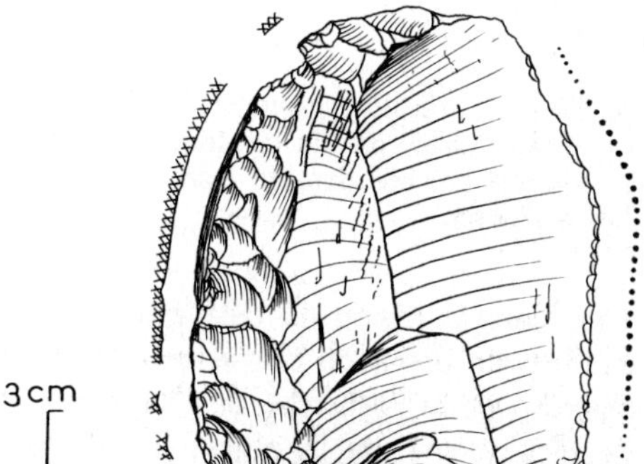

FIG. 79 — *Couteau à dos partiellement poli.*
xxxxx traces de polissage.
••••• poli d'usure.
Davron (Yvelines). Néolithique.

Utilisation des couteaux

Quelques indices nous donnent un aperçu de l'utilisation d'outils divers comme couteaux. Ce sont des traces laissées sur des os au cours de travaux de boucherie, et des microtraces d'usure observées sur des tranchants. Le Docteur Henri-Martin (1908) a analysé au début du siècle des traces laissées par le silex sur des os provenant des couches moustériennes du gisement de la Quina (commune de Gardes-Le-Pontaroux, Charente).

Il attribue ces incisions, visibles sur différents os de rennes, chevaux, bovidés à des « manœuvres de désarticulation » et la fréquence des traces de coupures, leur siège en regard des ligaments et des interlignes articulaires montrent qu'il s'agit de techniques précises. Il peut reconstituer la désarticulation tibio-tarsienne de pattes de rennes faite en

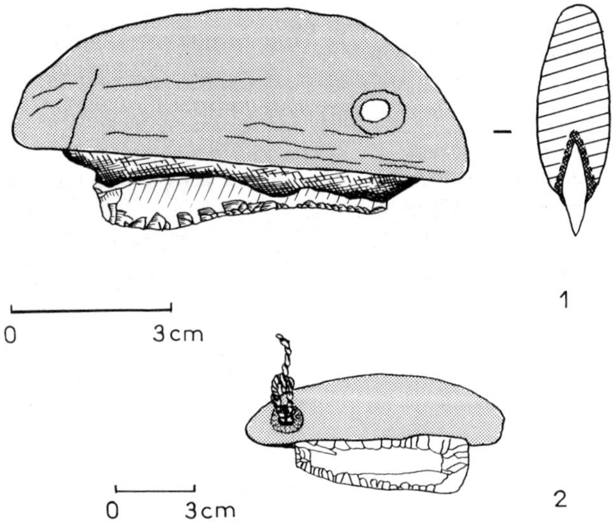

FIG. 80 — *Couteaux à manche de bois.*
1 — Lame collée par du goudron. Montilier, lac de Morat (Suisse).
2 — Lame coincée dans le manche. Une cordelette est passée dans le trou. Feldmeilen, lac de Zurich (Suisse).

« abordant la région du côté externe, le pied étant en extension ». Il en résulte des stries en un point précis du calcanéum sur l'éminence bilobée qui semblent « être des entailles de repère pour la recherche de l'interligne et probablement aussi des terminaisons de coups de silex venant de la région antérieure ». Les traces sur l'astragale sont situées sur la même ligne horizontale (Fig. 81).

Parmi les traces de coupures relevées sur des os de rennes magdaléniens de la section 36 de Pincevent, F. David (*in* A. Leroi-Gourhan et M. Brézillon, 1972, p. 317) malgré une mauvaise conservation des surfaces osseuses note des stries transversales, parallèles, sur des premières phalanges qui seraient des « traces de dépouillement de la peau et de sectionnement des tendons ». Il y a aussi dans la région cotyloïdienne d'un bassin et autour d'articulations radio-cubitales supérieures des traces de désarticulation.

L'utilisation d'outils de silex pour ce travail de boucherie provoque des microtraces

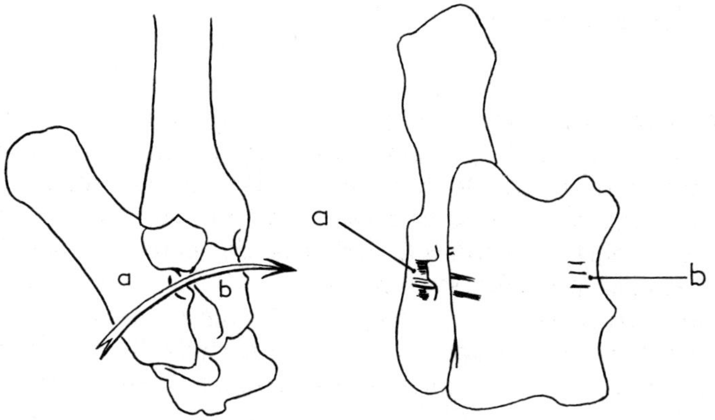

FIG. 81 — *Désarticulation tibiotarsienne d'une patte de renne par les Moustériens de La Quina (Charente) reconstituée par le Dr Henri-Martin (1908).*
Des traces de coupures sont visibles sur le calcanéum en — a — (éminence bilobée) et sur l'astragale en — b —. Ces deux os sont replacés en position anatomique.

d'usure sur leur tranchant. Elles sont reconnues par L.-H. Keeley (1978, p. 19) sur des éclats et sur des bifaces du Paléolithique inférieur de Clacton-on-Sea et Hoxne en Angleterre. Dans le site magdalénien du Buisson Campin à Verberie (Oise) c'est une grande lame brute de débitage (Fig. 82) qui a servi de « couteau à viande » (F. Audouze, 1981, p. 141).

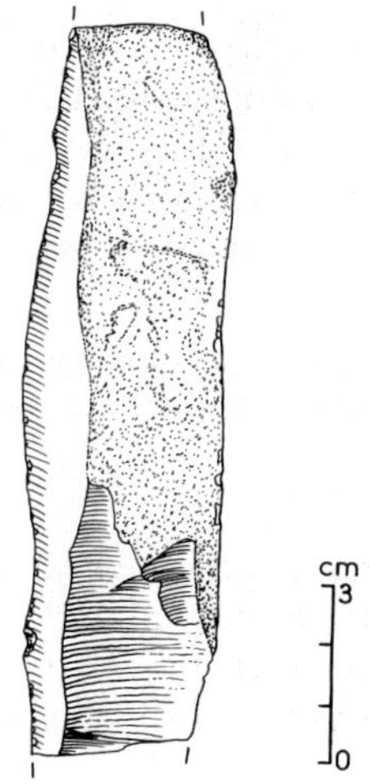

FIG. 82 — *Lame utilisée comme couteau à viande.* Site du Buisson Campin, Verberie (Oise). Magdalénien. D'après F. Audouze (1981).

Grattoirs

Morphologie

F. Bordes (1967, p. 34) définit les grattoirs comme des « objets présentant une retouche dégageant un front de forme plus ou moins semi-circulaire ». Le front détermine avec la face de fracture du support une arête tranchante et un angle tranchant dont la mesure varie autour d'une médiane de 60° (Fig. 83 et 84).

Les variétés de grattoirs sont nombreuses, fonction de la nature du support, éclat ou lame, de son épaisseur, de l'étendue du front qui peut être étroit ou au contraire étendu à toute la périphérie d'un éclat (grattoir circulaire) (Fig. 92).

La retouche formant le front a divers aspects : courte ou longue et lamellaire. Le reste du support peut être diversement aménagé, limitant le front, régularisant les bords de

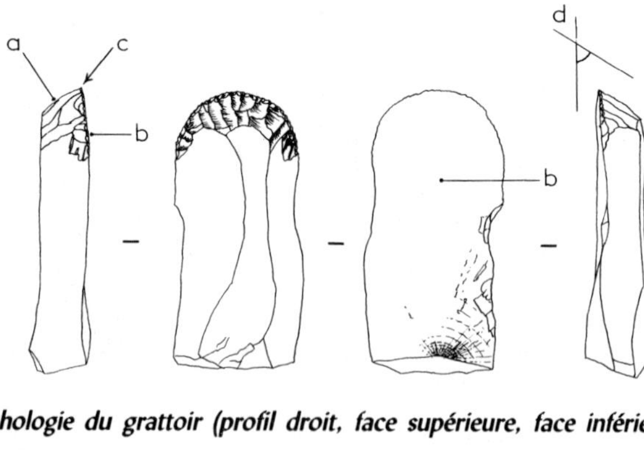

FIG. 83 — *Morphologie du grattoir (profil droit, face supérieure, face inférieure, profil gauche).*
a — Front.
b — Face de fracture du support.
c — Arête tranchante.
d — Angle tranchant.

la lame pour permettre une meilleure préhension ou pour réaliser sur le même support un second outil du type « racloir » (F. Bordes, 1967, p. 29), façonnant le support comme pour favoriser un emmanchement (Fig. 85). Ces multiples aspects sont visibles dans la salle de typologie du Musée National de Préhistoire des Eyzies-de-Tayac (Dordogne).

Plusieurs types pour leur originalité méritent attention comme les grattoirs aurignaciens, les grattoirs multiples et les grattoirs composites.

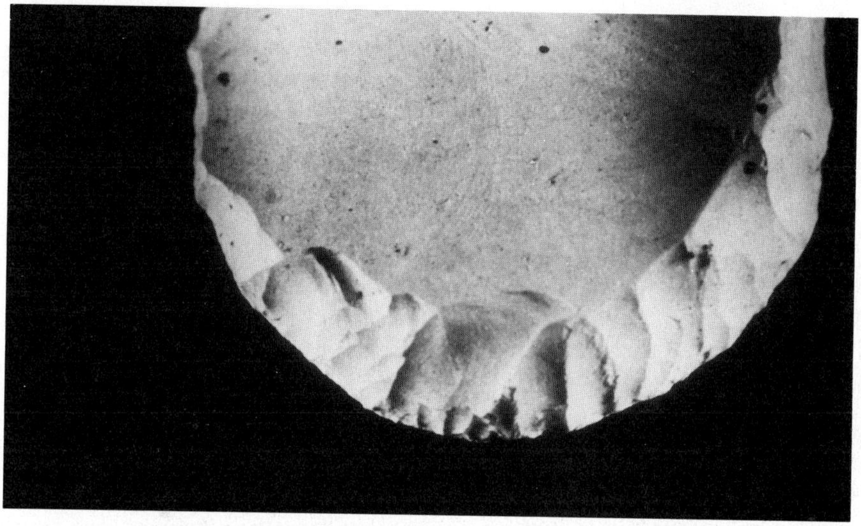

FIG. 84 — *Front d'un grattoir.* Pont (Calvados). Néolithique.

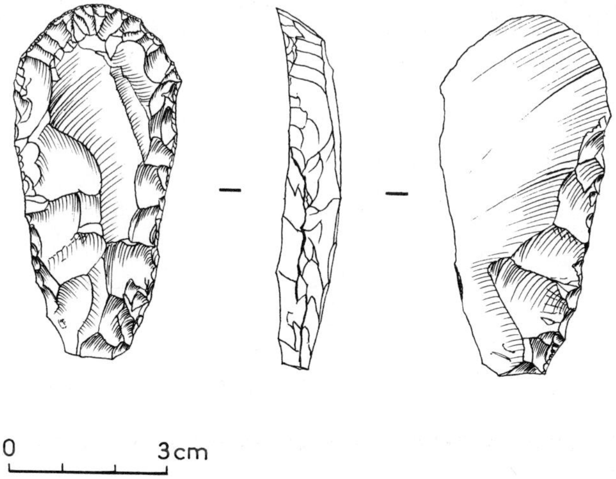

FIG. 85 — *Grattoir dont le talon est modifié par des retouches certainement pour faciliter l'emmanchement.*
Davron (Yvelines). Néolithique.

Les grattoirs aurignaciens ont une morphologie particulière comme le « grattoir caréné » qui est épais avec un front obtenu par de retouches lamellaires volontiers longues et étroites formant comme une carène renversée (Fig. 88, n°s 1-2-3) et le « grattoir à museau » également épais, avec un front étroit, le plus souvent fait de retouches lamellaires, limité de chaque côté par des retouches pouvant réaliser deux encoches (Fig. 88, n° 4).

H. Delporte (1977, p. 346) constate dans les couches aurignaciennes du Grand Abri de la Ferrassie (commune de Savignac-de-Miremont, Dordogne) un remplacement des grattoirs à museau par des burins busqués qui sont peut-être un équivalent fonctionnel.

Le grattoir est parfois un outil « multiple » comme une lame ou un éclat présentant deux fronts opposés et réalisant un « grattoir double » (Fig. 86 et 92, n° 9).

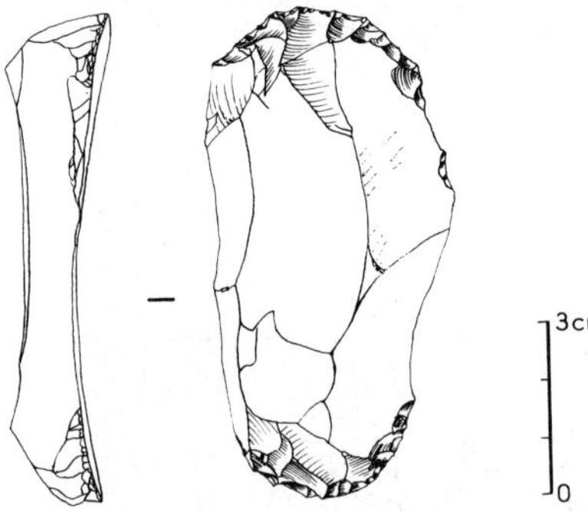

FIG. 86 — *Grattoir double.* Tassilly (Calvados). Néolithique.

Le grattoir peut être un outil « composite » et le grattoir-burin est une association fréquente (Fig. 87).

A. Rigaud (1977) étudiant les grattoirs-burins du gisement magdalénien de la Garenne à Saint-Marcel (Indre) note que la fabrication du grattoir a précédé celle du burin car l'enlèvement par coup du burin emporte une partie du front. Il souligne également que le front est sur la partie distale de la lame et le burin sur sa partie proximale. Cette association, peut-être faite pour utiliser au maximum un support de bonne qualité montre certainement l'emploi complémentaire de ces deux outils.

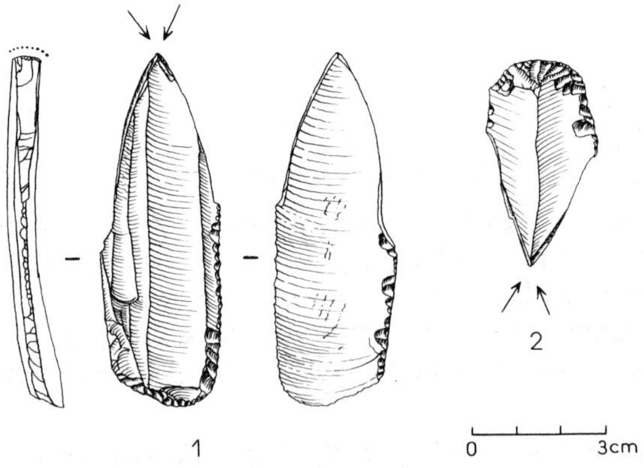

FIG. 87 — *Grattoirs-burins.* La Madeleine (Tursac, Dordogne). Magdalénien.

Fabrication

Fabriquer un grattoir sur lame est simple. On frappe avec un percuteur dur ou tendre sur la face de fracture de l'extrémité distale de la lame pour créer un arrondi, bien régulier, en arc de cercle qui formera le front.

A. Rigaud (1977, p. 17) obtient des grattoirs carénés de type aurignacien à enlèvement lamellaire avec un support épais posé sur une enclume en bois dur.

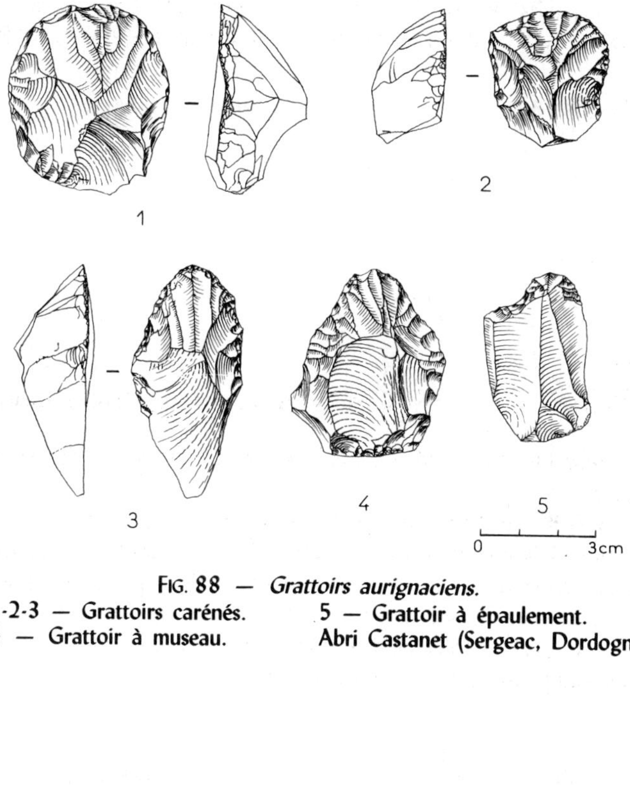

FIG. 88 — *Grattoirs aurignaciens.*
1-2-3 — Grattoirs carénés. 5 — Grattoir à épaulement.
4 — Grattoir à museau. Abri Castanet (Sergeac, Dordogne).

Utilisation

On décrit deux façons de « gratter » (A. Rigaud, 1977) :

— en « poussant » le grattoir, action appelée « coupe positive » (Fig. 89, B). Le front du grattoir est la surface d'attaque, sa face plane est la surface en dépouille. Des traces d'usure du type esquillures se verront sur la face plane ;

— la deuxième manière est dite en « coupe négative » (Fig. 89, A). Le travail peut produire des esquillures vers le front mais elles sont quasiment indiscernables des traces d'affûtage à l'œil nu.

Pour A. Leroi-Gourhan (1983, p. 108) l'usage du grattoir « n'est pas connu avec certitude ; les chasseurs s'en servaient probablement pour gratter les peaux, comme les Eskimos et les Fuégiens le faisaient encore au siècle dernier ».

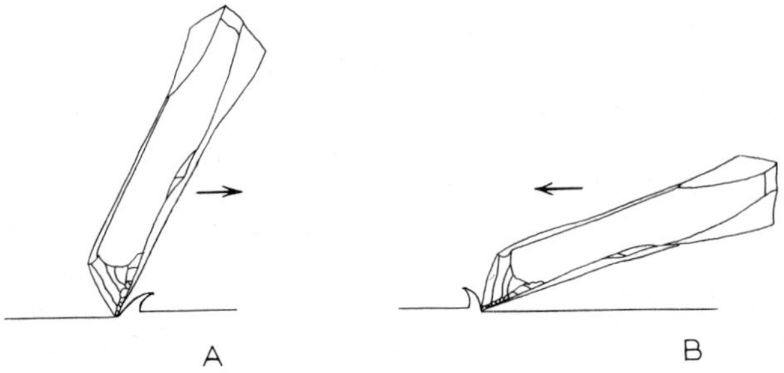

Fig. 89 — *Deux manières de se servir d'un grattoir :*
A — En coupe négative.
B — En coupe positive.
D'après A. Rigaud (1977).

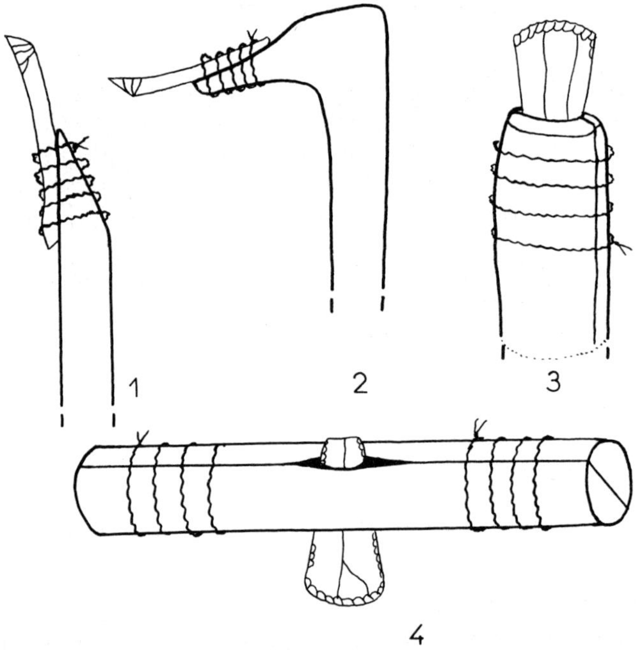

Fig. 90 — *Types d'emmanchements de grattoirs utilisés par A. Rigaud (1977).*
1 — Fixation par la face supérieure sur un manche droit.
2 — Fixation sur un manche coudé à la manière d'une herminette.
3 — Manche du type « navette ».
4 — Manche en forme de pince.

Cette hypothèse se confirme par les études de microtraces d'usure et l'examen de grattoirs magdaléniens de Verberie (Oise) par L.-H. Keeley (1981, p. 138), de la grotte de Cassegros (Lot-et-Garonne) par P. Vaughan (1983) montre une utilisation courante pour gratter des peaux sèches.

Le tranchant, particulièrement solide du grattoir, permet certainement aussi de travailler des matières résistantes comme l'os, le bois animal ou végétal. F. Bordes (1967, p. 51) pense que des grattoirs périgordiens de Corbiac (Dordogne) ont servi de « ciseaux à bois » car il observe des « esquillures sur la face plane ».

Pour expliquer certaines fractures et les « esquillages importants » sur la face inférieure résultant d'un choc brutal, A. Rigaud (1977) envisage un emmanchement pour des grattoirs magdaléniens de la Garenne à Saint-Marcel (Indre). Il expérimente différents modèles d'emmanchements comme sur la figure 90, se sert d'un grattoir comme lame d'herminette (Fig. 90, n° 2) et peut « abattre et façonner des baliveaux pouvant atteindre 10 cm de diamètre ». Il vérifie également la possibilité d'un emmanchement dans un objet en bois de renne appelé « navette » (Fig. 236 et 237) caractéristique de l'outillage de cette même grotte.

L'affûtage du grattoir peut être suspecté sur le caractère court de la lame à l'extrémité de laquelle il se trouve, mais aussi par une modification de l'angle tranchant et le front de grattoirs épais peut présenter « une retouche sous corniche redonnant un biseau aigu » (A. Leroi-Gourhan et M. Brézillon, 1966) (Fig. 91).

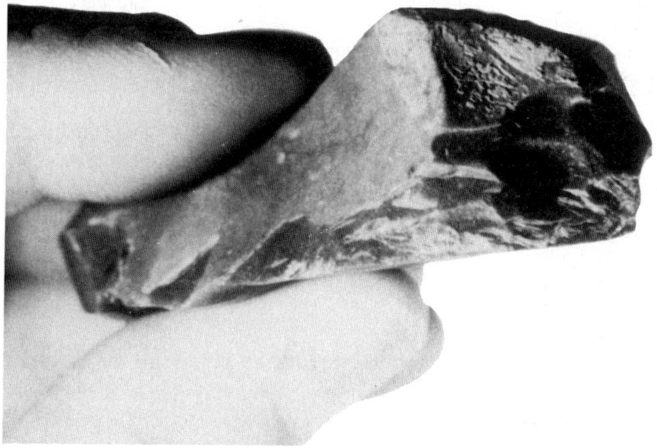

FIG. 91 — *Front de grattoir modifié par le réaffûtage.* Vendeuvre (Calvados). Néolithique.

Le grattoir a donc des usages variés mais on ne peut bien entendu généraliser les résultats obtenus pour un site et une époque déterminée. C'est l'outil domestique universel, extrêmement répandu pendant tout le Paléolithique supérieur et jusqu'à la fin de l'âge de la pierre, mais « il en est d'excellents dans le Moustérien, voire l'Acheuléen, pour lesquels il n'y a aucune raison de penser à un usage différent » (F. Bordes, 1967, p. 51).

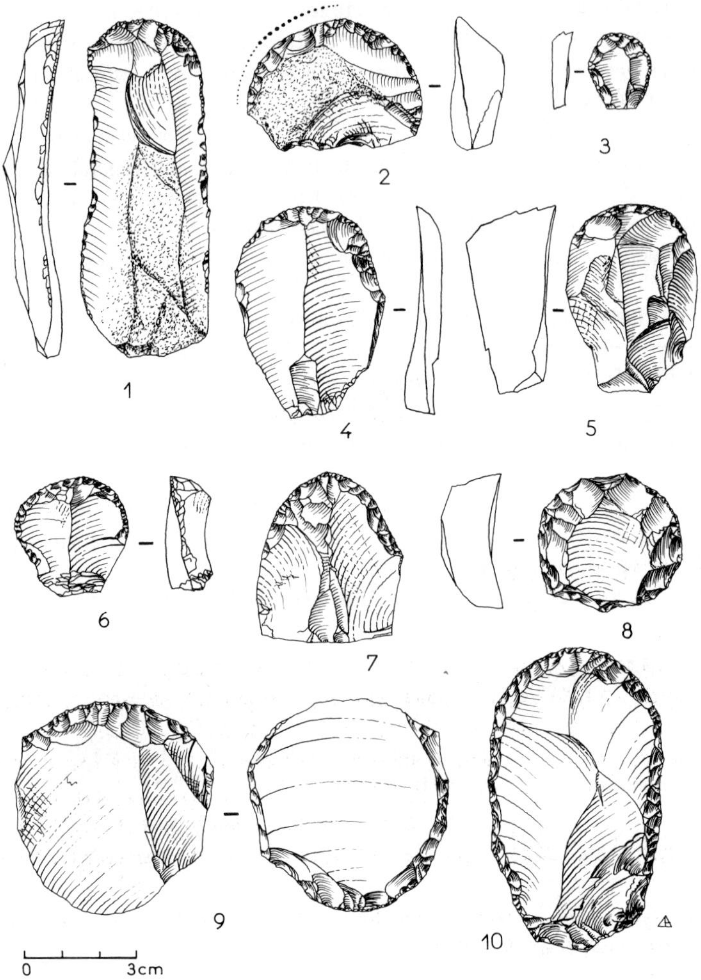

FIG. 92 — *Types de grattoirs néolithiques provenant du Calvados.*

Burins

Description et fabrication

L. Leguay avait remarqué puis écrit en 1877 qu'il fallait pour tracer un sillon dans de l'os, un bois de cervidé ou de l'ivoire, un outil présentant un robuste tranchant comme un ciseau de métal (H. L. J. Movius, 1966). Les gisements livrant de nombreux os et bois d'animaux ainsi travaillés donnaient aussi des outils que l'on appela burins et la définition classique de A. et J. Bouyssonie et L. Bardon (1910, p. 8) nous précise qu'ils « présentent un biseau plus ou moins tranchant et plus résistant à la rupture que le bord d'une lame ordinaire ; ce biseau est obtenu par l'enlèvement d'une ou plusieurs lamelles, grâce au coup du burin ».

Mais pour mieux comprendre la morphologie du burin regardons d'abord la manière d'en fabriquer un comme sur la figure 93.

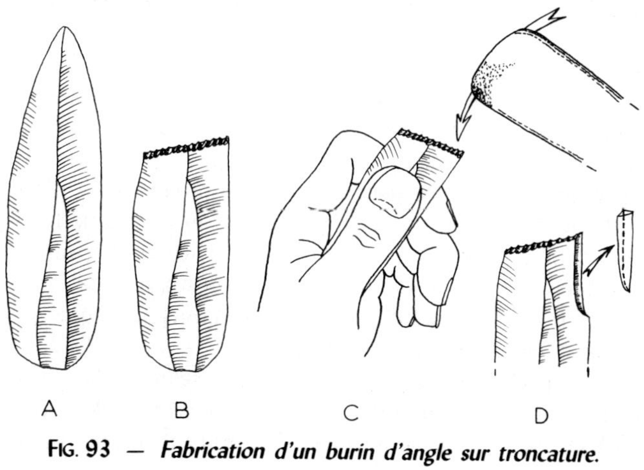

FIG. 93 — *Fabrication d'un burin d'angle sur troncature.*

L'expérimentateur choisit une lame (A) et il retouche son extrémité distale comme sur la figure 4 pour obtenir ce que l'on appelle une troncature, qui est rectiligne ou un peu concave et volontiers oblique comme en (B). Il frappe à une extrémité de la troncature avec son percuteur (C) et détache une lamelle, emportant une portion du bord de la lame. C'est la technique « du coup du burin » et la lamelle est appelée « chute de burin ».

Le burin obtenu est un burin d'angle sur troncature, comprenant donc une troncature (Fig. 94, a) dont une ou les deux extrémités servent de plan de frappe pour détacher une « chute » laissant une surface négative ou « pan » (Fig. 94, b). La rencontre du pan et de la troncature forme le « biseau » ou « dent » (Fig. 94, c). Le pan, obtenu dans l'épaisseur de la lame ou de l'éclat peut être perpendiculaire à la face de fracture du support mais aussi plus ou moins oblique voire presque parallèle comme dans le cas d'un burin « plan ».

Un certain nombre d'angles sont ainsi créés et seront les parties actives de l'outil. Ce sont l'angle dièdre terminal ou biseau (Fig. 94, c), deux dièdres latéraux (Fig. 94, d) et deux trièdres (Fig. 94, e) (A. Rigaud, 1972, p. 104).

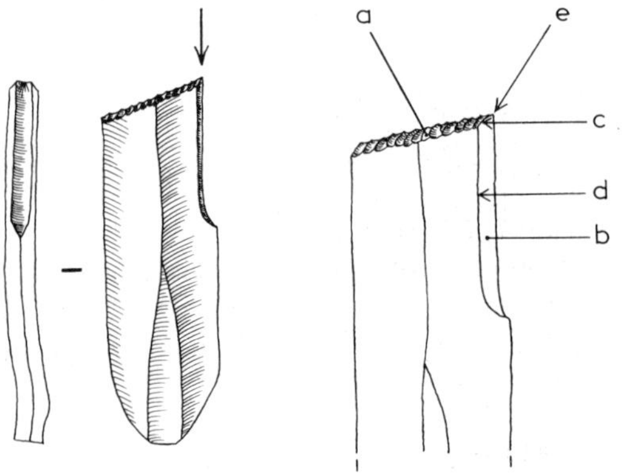

FIG. 94 — *Morphologie d'un burin d'angle sur troncature.*
a — Troncature.
b — Pan.
c — Dièdre distal ou biseau.
d — Dièdre latéral.
e — Trièdre.

Un deuxième grand type de burin est représenté à la figure 97 c'est le burin « en bec de flûte » ou burin « dièdre ». On peut le fabriquer à partir d'une troncature oblique, comme pour le précédent, puis on enlève la troncature « par un deuxième coup de burin prenant le premier enlèvement comme plan de frappe ». (F. Bordes, 1947, p. 11). La figure 97 représente un burin dièdre dans sa variété « droite » ou « d'axe ». La rencontre de deux surfaces d'enlèvements ou pans (Fig. 97, a et b) détermine le biseau ou « dièdre terminal » (Fig. 97, c). Il y a 4 dièdres latéraux (Fig. 97, d) et 2 trièdres (Fig. 97, e).

Nous représentons figure 98 un burin dièdre provenant des fouilles de A. Leroi-Gourhan et M. Brézillon (1972) à Pincevent (Seine-et-Marne) sur lequel sont replacées trois chutes détachées par la technique du coup de burin.

Les chutes (Fig. 100) ont des formes variées selon qu'il s'agit d'une « chute première » ou d'une « recoupe » (Fig. 99), selon qu'elles portent des traces d'une préparation du bord de l'éclat ou de la lame avant le détachement comme sur la figure 99, a. Il

FIG. 95 — *Burin double sur troncature.* Tassilly (Calvados). Néolithique. Noter, sur le côté gauche de la photo, qu'au moins deux enlèvements ont été faits, le dernier détachant une « chute réfléchie » marquée sur le burin par une sorte de crochet.

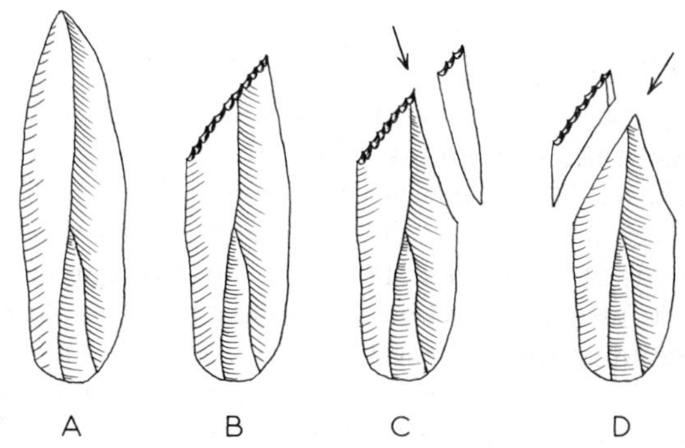

FIG. 96 — *Fabrication d'un burin dièdre en « bec-de-flûte ».*

ne faut pas les confondre avec une lamelle à bord abattu comme le précise J. Tixier (et coll., 1980, p. 81) : la face de fracture de la chute du burin n'est pas modifiée par des retouches.

A côté de ces deux grands types de burins : « burin obtenu par une troncature et un seul "coup de burin" et burin obtenu par deux "coups de burin" qui se recoupent »

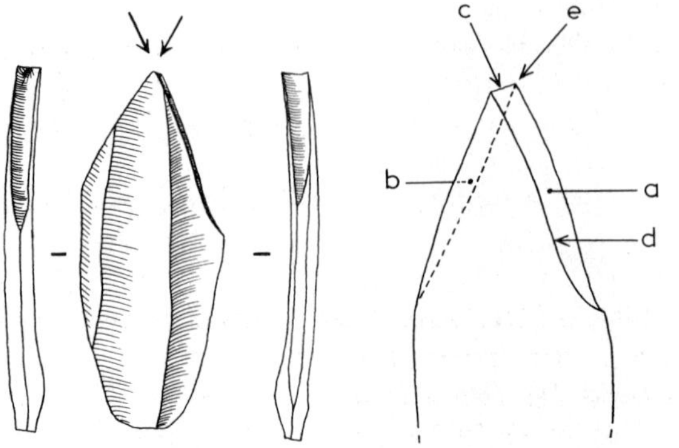

FIG. 97 — *Morphologie d'un burin dièdre en « bec-de-flûte ».*
a et b — pans.
c — biseau ou dièdre terminal.
d — dièdre latéral.
e — trièdre.

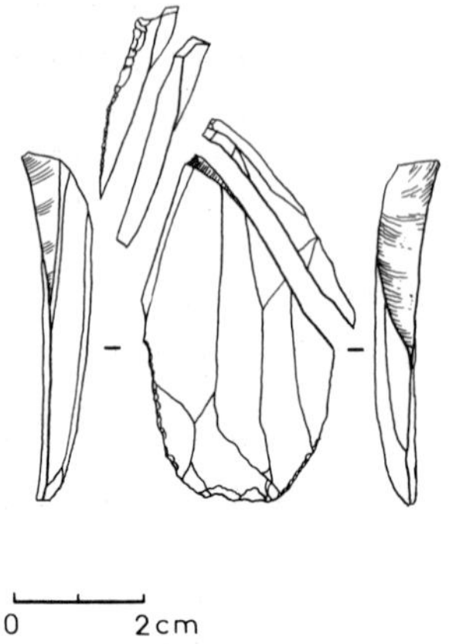

FIG. 98 — *Exemple de « remontage » d'un burin dièdre : burin V 107.95 de la section 36 de Pincevent (Seine-et-Marne).*
D'après A. Leroi-Gourhan et M. Brézillon.

(F. Bordes, 1969, p. 108) existent de nombreuses variantes selon l'origine des enlèvements, leur direction, leur nombre, la manière de les arrêter. Nous n'entrerons pas dans le détail des classifications et ne citerons que quelques types particuliers comme les très nombreux burins « multiples » associant jusqu'à 4 formes de burins sur le même support (Fig. 95), les outils composites que réalisent les grattoirs-burins (Fig. 87) que nous avons décrits au chapitre des grattoirs.

Sur la figure 101 sont représentés 3 types spéciaux, caractéristiques de périodes déterminées du Paléolithique supérieur.

Le burin busqué figure 101, n° 1, date de l'Aurignacien, c'est un burin dièdre (a) dont le côté transversal a des enlèvements généralement multiples, convexes (b) et souvent arrêtés par une encoche (c) (D. de Sonneville-Bordes et J. Perrot, 1956, p. 410).

Le burin de Noailles (Fig. 101, n° 2) est un burin d'angle sur troncature (d) dont la chute est arrêtée par une coche (e). Il se rencontre à une époque du Gravettien.

Le burin « bec de perroquet », rare, est cependant typique du Magdalénien VI avec un enlèvement fait sur troncature nettement convexe (Fig. 101, n° 3, f) et formant avec elle un angle aigu.

Utilisation

Le burin est un outil robuste car les angles ouverts des taillants permettent le travail de matières résistantes comme l'os ou les bois de cervidés.

En fin d'année scolaire, à l'école, on nous faisait gratter nos tables tachées par l'encre avec des fragments de vitres brisées par nos jeux de ballons. On utilisait naturellement l'arête la plus solide, celle formée par une cassure perpendiculaire à la surface de la vitre, mécaniquement identique au dièdre latéral des burins !

Le burin est un outil complexe et la diversité des formes traduit peut-être la recherche du modèle le mieux adapté pour des travaux déterminés. M. Dauvois (1974, p. 83) pour façonner les fines barbelures rapprochées de certains harpons doit retoucher ses burins qui finalement ressemblent aux burins du type « Lacan ».

Nous représentons figure 102 trois façons de se servir d'un burin en « bec de flûte ».

En A, il sert pour un rainurage comme nous l'avons décrit p. 212 afin d'extraire des baguettes en bois de renne (Fig. 103). Deux angles dièdres latéraux attaquent les bords et un angle tièdre creuse le fond de la rainure dont la section est en V.

En B, c'est le dièdre terminal ou biseau qui creuse la rainure et les dièdres latéraux qui l'élargissent. La section de la rainure est en U. M. Dauvois (1977, p. 282) pense que c'est une manière probable de se servir du burin busqué comme celui figure 101, n° 1.

En C, est utilisé l'angle dièdre formé par une face du support et un pan pour façonner une sagaie. Cela semble être l'utilisation préférentielle des burins magdaléniens de la Garenne (Indre) pour le tronçonnage et le façonnage comme nous le prouve A. Rigaud (1972) en étudiant les traces relevées sur les os du gisement.

L'étude des traces d'usure au microscope permet de connaître avec précision les parties agissantes de cet outil et de découvrir d'autres possibilités d'utilisation. A Verberie (Oise) L.-H.-Keeley (1981) constate que dans près de la moitié des cas le burin en bec de flûte sert à forer. Il détermine aussi les matériaux travaillés : os et bois de rennes et ceci est d'autant plus instructif que les matières osseuses ne se sont pas conservées dans l'habitat.

Mais l'utilisation du burin ne se résume pas au travail seul de l'os ou des bois de cervidés et F. Bordes (1967, p. 53) s'étonne d'ailleurs qu'à certaines époques du Paléolithique supérieur où les burins sont très nombreux, l'outillage osseux est rare et il évoque un emploi possible pour travailler le bois.

Ce travail sur le bois a d'ailleurs été constaté dans le Néolithique ancien d'Abu Hureyra en Syrie par E. Moss (J. Cauvin, 1983, p. 261). Il n'y a donc pas une fonction précise pour cet outil, mais « chaque type de burin présente en fait une possibilité d'instruments assez variés non seulement quant à la matière œuvrée, mais quant au geste lui-même et au maniement de l'outil » (J. Cauvin, 1983, p. 261).

Transformer une lame ou un éclat en burin détache des « chutes premières » (Fig. 99, a). L'affûter détache par les nouveaux coups de burin des chutes dites

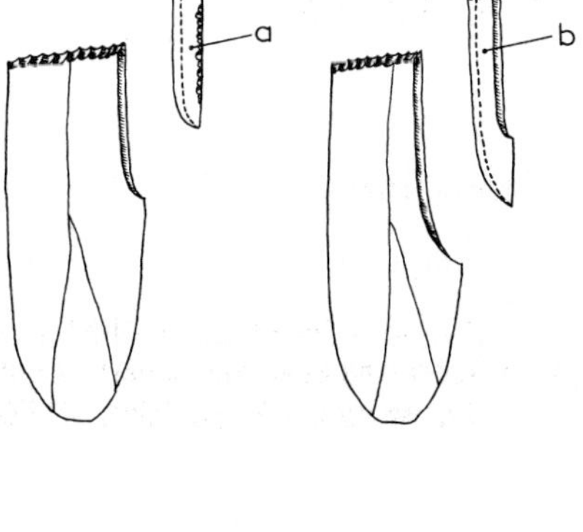

FIG. 99 — *Affûtage d'un burin d'angle sur troncature.*
a — Chute première.
b — Recoupe.

« recoupes » (Fig. 99, b) qui portent la trace des premières chutes et parfois encore une portion d'un bord du support.

L'étude des chutes, le remontage des chutes entre elles et sur le burin, reconstituant son aspect initial permettent dans des cas privilégiés de connaître un peu plus son histoire. Dans l'habitation magdalénienne n° 1 de Pincevent (Seine-et-Marne) deux burins ont eu chacun au moins six et huit enlèvements et l'affûtage peut même transformer un burin sur troncature en burin bec-de-flûte (A. Leroi-Gourhan et M. Brézillon, 1966, p. 293).

FIG. 100 — *Chutes de burins.* La Madeleine (Tursac, Dordogne). Magdalénien. Musée national de Préhistoire des Eyzies.

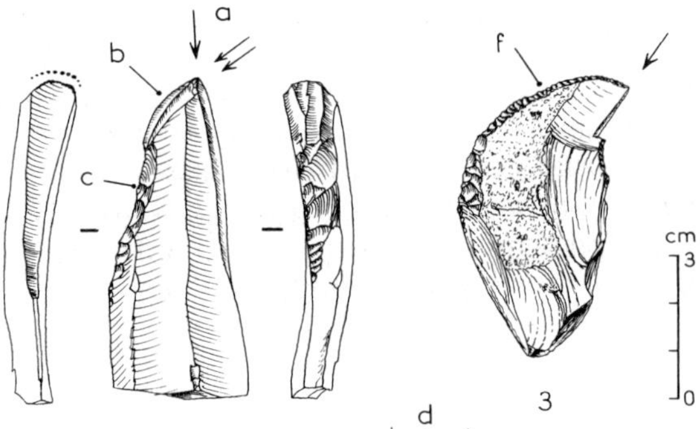

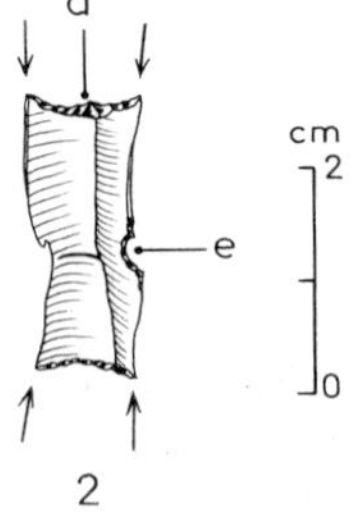

FIG. 101 — ***Quelques types spéciaux de burins du Paléolithique supérieur.***
1 — Burin busqué de l'Aurignacien. La Ferrassie (Le Bugue, Dordogne).
2 — Burin de Noailles du Gravettien. La Forêt (Tursac, Dordogne).
3 — Burin bec-de-perroquet du Magdalénien VI. La Madeleine (Tursac, Dordogne).

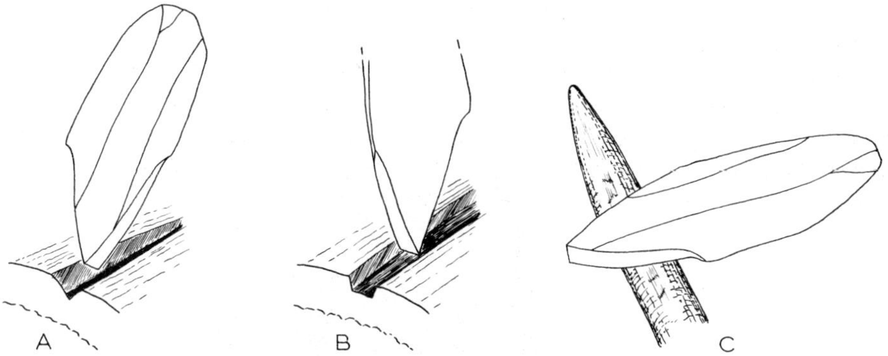

FIG. 102 — *Quelques utilisations du burin dièdre en « bec-de-flûte ».*

Retailler un burin peut avoir un double but : soit réellement l'affûter car il est usagé et dans ce cas les chutes de recoupe peuvent présenter des traces d'usure, soit obtenir un meilleur burin en le modifiant jusqu'à réaliser l'outil paraissant adapté au travail entrepris (M. Dauvois, 1977, p. 280). M. Brézillon (1966, p. 301) souligne qu'« il semble bien que les distinctions typologiques que l'on est conduit à établir... correspondent essentiellement aux diverses solutions techniques choisies pour fabriquer des outils de même destination ».

D'autre part, la technique du « coup du burin » ne se limite pas à la seule fabrication d'outils-burins.

— J. Tixier (1966) a décrit des pointes de flèches « appointies par la technique du coup du burin » (Fig. 155) et il semble que dès le Paléolithique supérieur on ait de la même façon retouché des pointes de la Font-Robert.

— Nous avons dessiné figure 77 n° 3, ce qui semble être un « couteau » dont le dos est le résultat d'un coup de burin. La régularité du dos ainsi obtenu facilite peut-être un emmanchement et un démontage comme pour une lame interchangeable, fait signalé par D. Cahen et J. Gysels (1983) dans le Néolithique de Belgique.

Le burin est un instrument ancien, connu dans le Paléolithique inférieur (Acheuléen), présent au Paléolithique moyen. C'est un outil de base au Paléolithique supérieur et il sera fabriqué jusqu'à la fin de l'âge de la pierre.

FIG. 103 — *Débitage d'un merrain de bois de renne.*
Rainurage (a) à l'aide d'un burin dièdre pour détacher une baguette (b) transformée en sagaie (c). Expérience A. Rigaud. Musée de Préhistoire de l'Ile-de-France à Nemours (Seine-et-Marne).

FIG. 104 — *Extrémité d'un burin dièdre en « bec-de-flûte ».* Des traces d'usure sont visibles sur un dièdre latéral. Il a pu servir comme en C de la fig. 102. Tassilly (Calvados). Néolithique.

Pointes du Paléolithique supérieur

Les objets que nous appelons « pointes » comprennent des instruments variés ayant comme caractère commun d'être pointus. Cela ne signifie pas obligatoirement leur usage comme éléments fixés à l'extrémité d'un fût et servant de projectile. Certaines pointes sont certainement utilisées comme couteaux dont une extrémité est amincie.

Avec l'outillage sur lames et lamelles du Paléolithique supérieur, les pointes vont paraître plus adaptées à un usage de projectiles. Elles sont souvent représentatives de faciès régionaux et portent le nom du gisement où elles abondaient.

I — POINTES DE LA GRAVETTE

Description

Une pointe de la Gravette est une « lame appointée et à dos abattu rectiligne » caractéristique de la civilisation gravettienne entre — 27 000 et — 19 000 ans (Art et Civilisation des Chasseurs de la Préhistoire, 1984, p. 15).

Une définition plus précise est donnée par D. de Sonneville-Bordes et J. Perrot (1956, p. 547) : « pointe généralement très aiguë, sur lame étroite et élancée à un dos rectiligne, ou très légèrement incurvé, abattu, par retouches très abruptes partant souvent des deux faces, avec parfois des retouches supplémentaires directes ou inverses sur l'autre bord, à la base ou à la pointe ». Nous en figurons quelques exemplaires : figures 105 et 106.

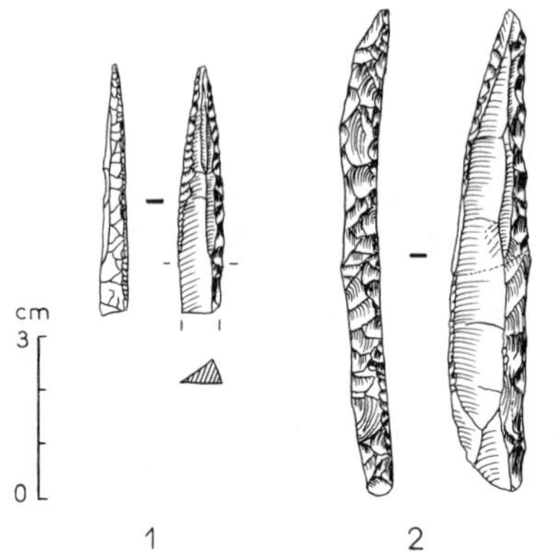

FIG. 105 — *Pointes de la Gravette.*
1 — La Ferrassie (Le Bugue, Dordogne).
2 — Les Vachons (Voulgézac, Charente). Musée national de Préhistoire des Eyzies (Dordogne).

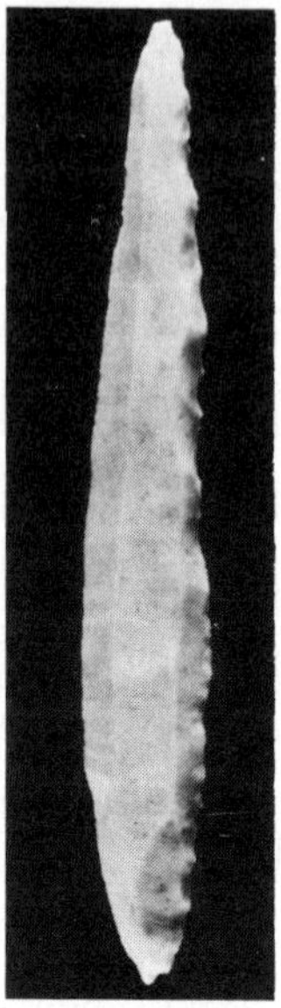

FIG. 106 — *Pointe de la Gravette.* Long. 68 mm. Musée National de Préhistoire des Eyzies.

Il existe des formes dites « atypiques » selon que le dos n'est pas retouché sur toute la longueur, qu'il est particulièrement mince ou que la pièce est large (D. de Sonneville-Bordes et J. Perrot, 1956, p. 547).

F. Lacorre (1960, p. 152) constate que le bord droit est le plus souvent retouché (82 % des cas) dans la série de la Gravette (Bayac, Dordogne) et cela s'explique peut-être par la technique de fabrication.

La médiane des longueurs de ces pointes est d'environ 80 mm avec une largeur de 12 mm dans le gisement de Corbiac (Lembras, Dordogne) (F. Bordes, 1967, p. 32).

Sont décrites sous le nom de microgravettes de petites pointes de la Gravette, souvent faites à partir de lamelles. Leurs dimensions dans la même série de Corbiac sont inférieures à 45 mm pour la longueur et 7 mm pour la largeur avec une médiane d'environ 30 mm pour la longueur et 4 mm pour la largeur (F. Bordes, 1967, p. 32).

Fabrication

Les pointes typiques sont faites à partir de lames, les plus rectilignes possible (J. Tixier, 1984, a, p. 15) et il semble même que F. Bordes (1967, p. 45) ait repéré un type de nucléus donnant de telles lames. Ce serait, à Corbiac, un nucléus à deux plans de frappe avec « un angle net en son milieu, ou au deux tiers » afin que les lames « sortent du nucléus avant de prendre la courbe ».

La retouche d'un bord donne un dos souvent très plat avec des enlèvements abrupts, détachés parfois des deux côtés (retouche croisée). Elle est alors faite par « percussion "écrasée" sur le bord d'une enclume dure, avec un percuteur dur » (F. Bordes, 1969, p. 109). Mais si la retouche pénètre trop la lame, un accident survient : c'est une cassure en « coup du microburin » (voir p. 144).

Utilisation

Une grande quantité de pointes de la Gravette semblent être des pointes de jet, très pénétrantes en raison de leur pointe aiguë, soigneusement retouchée, de leur bord tranchant et d'une section parfois triangulaire.

Forme et poids conviennent bien et F. Bordes (1952, p. 647) lance avec un propulseur (voir p. 251) une sagaie de 250 g armée d'une telle pointe jusqu'à 100 m et avec une bonne précision jusqu'à 30 m.

Nous signalons la belle découverte de R.F. Aquilas-Wauters (1956) : celle d'un fragment de pointe à dos fichée dans une mandibule de Cervus giganteus (Fig. 107) et

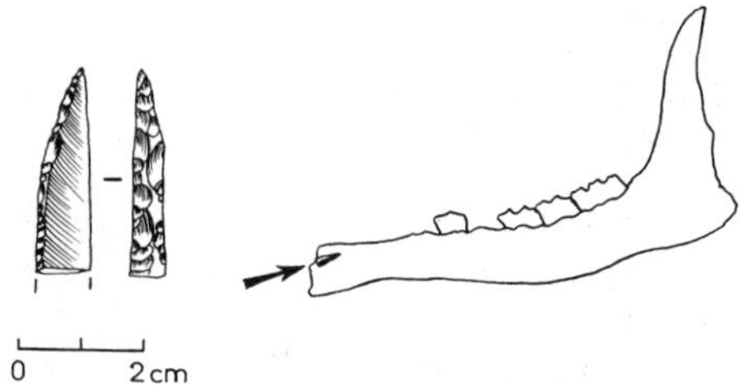

FIG. 107 — *Pointe à dos ayant pénétré la mandibule gauche d'un Cervus giganteus.* Ruremonde (Belgique). Épipaléolithique. D'après R.-F. Aquilas-Wauters (1956).

recueillie lors d'un dragage de la Meuse près de Ruremonde en Belgique. En fait, si cette pointe ressemble à une pointe de la Gravette, elle est plus récente, datant certainement du Tjongérien (Epipaléolithique) vers — 9 000 ans, mais c'est un exemple unique de l'utilisation d'une telle pointe de jet.

II — POINTES DE LA FONT-ROBERT

Ces pointes sont aussi appelées « pointes à soie périgordiennes » car possédant une soie ou pédoncule long et étroit, axial et « nettement dégagé par retouches abruptes ou semi-abruptes ». Le reste de la pointe a une forme « sub-losangique parfois triangulaire, parfois arrondie, à retouches souvent envahissantes, parfois de type solutréen, plus rarement bifaciales et, dans ce cas, intéressant surtout l'extrémité distale » (D. de Sonneville-Bordes et J. Perrot, 1956, p. 547) (Fig. 108 et 109).

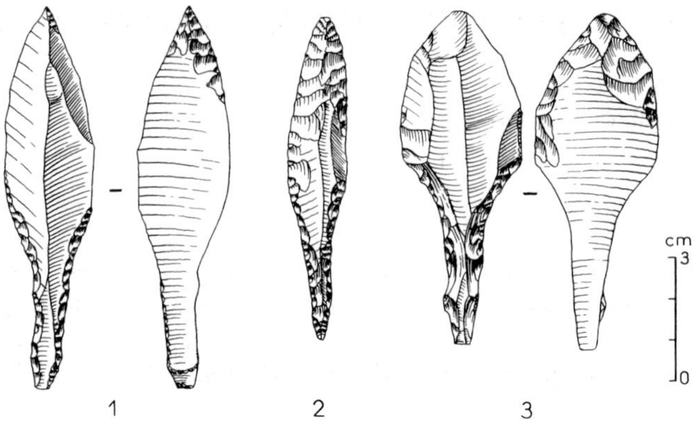

FIG. 108 — *Pointes de la Font-Robert*. Abri n° 2 des Vachons (Cne de Voulgézac, Charente). D'après J. Bouyssonie et D. de Sonneville-Bordes.

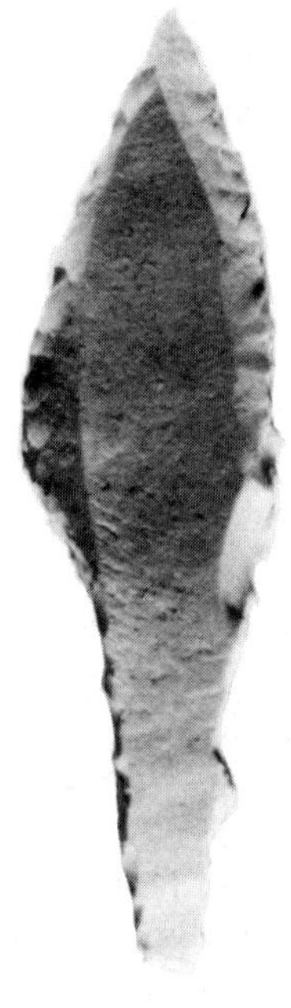

FIG. 109 — *Pointe de la Font-Robert*.
La Ferrassie (Le Bugue, Dordogne). Long. 67 mm. Musée National de Préhistoire des Eyzies (Dordogne).

Trouvées en abondance dans la grotte de la Font-Robert (commune de Brive, Corrèze), le pédoncule permettait certainement leur emmanchement et une utilisation comme armature de projectile (F. Bordes, 1969, p. 118).

III — POINTES A CRAN SOLUTRÉENNES

Description

Ce sont des pointes présentant un cran qui est formé par une ligne régulière d'enlèvements entaillant brusquement un bord et se prolongeant jusqu'à la base (J. Tixier, M.-L. Inizan, H. Roche, 1980, p. 82). Elles sont retouchées sur une face ou sur les deux et d'une manière bien particulière, caractéristique du Solutréen (Fig. 110 et 111).

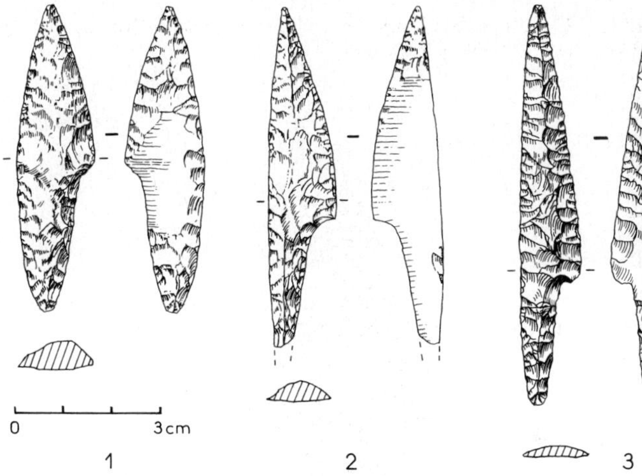

FIG. 110 — *Pointes à cran solutréennes.*
1 et 2 — Fourneau-du-Diable (Bourdeilles, Dordogne).
D'après P. Smith et P. Laurent (1966).
3 — Badegoule (Bersac, Dordogne).
D'après A. Cheynier (1949).

Il existe plusieurs classifications. Celle de A. Cheynier (1949, p. 154) se fonde surtout sur l'aspect du cran. Celle de P. Smith (1966, p. 53) comprend 4 sous-types et tient essentiellement compte de la forme générale et du degré de retouche et celle de F. Bordes (1965, p. 373) distingue des pointes « typiques, à retouche couvante » et des pointes « atypiques, à retouche non couvrante ».

Le cran est plus ou moins marqué, localisé le plus souvent au tiers moyen ou à l'union tiers moyen-tiers proximal et habituellement sur le bord droit de la pièce (celle-ci étant placée pointe vers le haut, reposant sur la face inférieure du support).

C'est le cas à Badegoule (Dordogne) où A. Cheynier (1949) ne compte que moins de 1 pour cent de crans à gauche. Cependant, P. Smith (1966, p. 54) fait un sous-groupe des pointes à cran senestre et qui correspondent à des « variations régionales » dans le Nord de la Dordogne et le Sud de la Charente (M. Brézillon, 1973, p. 124).

Les dimensions moyennes des pointes de Badegoule données par A. Cheynier (1949) sont de 50 à 60 mm pour la longueur et 12 à 15 mm pour la largeur. Mais de grandes

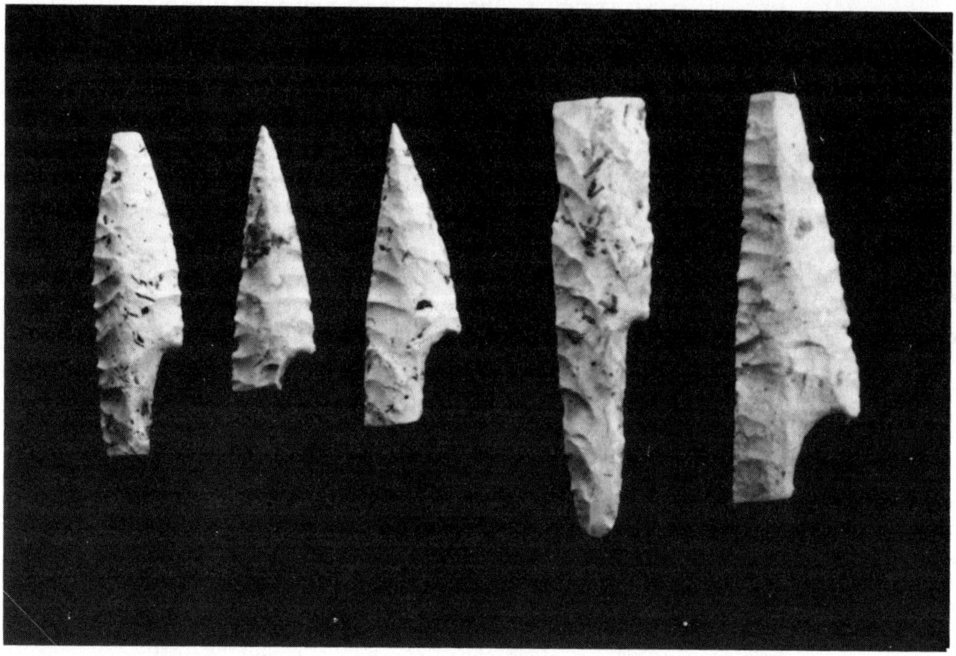

FIG. 111 — *Pointes à cran solutréennes.* Fourneau-du-Diable (Bourdeilles, Dordogne). La troisième à partir de la droite mesure 44 mm de long. Musée National de Préhistoire des Eyzies.

pointes atteignent 100 à 200 mm de long, étroites et finement retouchées sur les deux faces (Fig. 110, n° 3).

Toutes ces pointes sont caractéristiques du Solutréen supérieur. A. Cheynier (1949, p. 154) et L. Pradel (1982, p. 112) pensent qu'elles dérivent des feuilles de saule, outil également typique de cette époque du Solutréen, car ils remarquent des formes de transition. Au Fourneau-du-Diable (Commune de Bourdeilles, Dordogne), F. Bordes (1984, b, p. 268) décrit leur évolution morphologique avec un type « encore primitif », à cran peu marqué dans les niveaux anciens, puis à cran plus net et une retouche qui « couvre le plus souvent toute la face supérieure et parfois aussi la face inférieure » dans les couches supérieures.

Fabrication

Nous avons décrit p. 49 la retouche plate, typique du Solutréen. Les pointes à cran sont ainsi retouchées parfois de manière très soigneuse avec des enlèvements parallèles et allongés comme sur la figure 39, n° 2. F. Bordes (1947, p. 20 et 1967, p. 47) en fabrique expérimentalement à partir de lames et il pense que la majorité d'entre elles ont été retouchées par pression.

La matière première est le silex mais F. Bordes (1967, p. 47) souligne l'interêt que portent les Solutréens pour le jaspe, peut-être parce qu'il se retouche parfaitement bien par pression.

Il semble même exister de véritables ateliers de production comme Badegoule où A. Cheynier en trouve près d'un millier ou comme au Placard (Vilhonneur, Charente) où l'on en découvre plus de 5 000 ce qui fait penser à P. Smith (1966, p. 46) « qu'elles n'ont pas été toutes fabriquées pour la consommation locale ».

Utilisation

La pointe à cran est considérée comme une pointe de trait (F. Bordes, 1984, a, p. 246) qui devait être fixée à l'extrémité de sagaies (A. Leroi-Gourhan, 1983, b).

IV — POINTES DU MAGDALENIEN FINAL

Un certain nombre de types de pointes, très certainement également pointes de traits, sont individualisées pour la période finale du Magdalénien. Ce sont (Fig. 112) :

Les pointes de Laugerie-Basse

De forme foliacée, faites sur une petite lame ou lamelle, elles ont une retouche généralement semi-abrupte, souvent alterne et dans tous les cas intéressant au moins la face inférieure du support (retouche inverse). La moyenne des longueurs, calculée sur les pointes de l'abri Morin (Pessac-sur-Dordogne, Gironde), est de 53 mm (F. Bordes, R. Deffarge et D. de Sonneville-Bordes, 1973).

les pointes de Teyjat

Appelées aussi, « pointes à soie Magdaléniennes » elles ont un « pédoncule axial relativement court » et une « tête généralement en forme de triangle allongé dont les côtés ne portent habituellement de retouches qu'à la pointe » (D. de Sonneville-Bordes, et J. Perrot, 1956, p. 517).

Les pointes à cran

Elles sont peu fréquentes, avec un cran « très long », s'étendant sur « toujours plus de la moitié de la pièce » (F. Bordes, 1984, b, p. 293), plus ou moins profond et le plus souvent dextre (M. Lenoir, 1975, p. 107). L'extrémité pointue est plus ou moins retou-

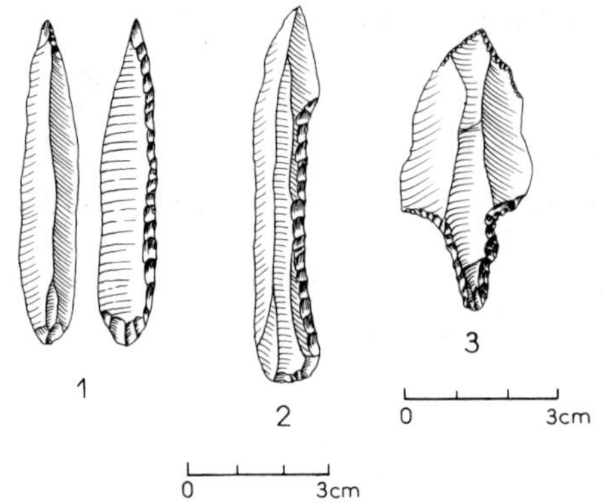

FIG. 112 — *Pointes du Magdalénien final.* D'après D. de Sonneville-Bordes.
1 — Pointe de Laugerie-Basse. Laugerie-Basse (Les Eyzies, Dordogne).
2 — Pointe à cran. La Madeleine (Tursac, Dordogne).
3 — Pointe de Teyjat. Grotte de la mairie (Teyjat, Dordogne).

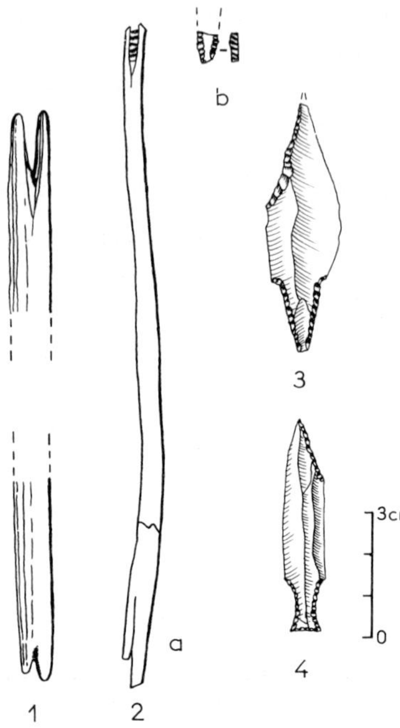

FIG. 113 — *Hampes de flèches et armatures arhensbourgiennes.* Stellmoor (Allemagne). D'après G. Clark (1975).
1 — Hampe en bois de pin de 73 cm de long.
2 — Hampe (a) avec fragment de pédoncule (b) de pointe encore fixé dans une rainure.
3 et 4 — pointes pédonculées.
Épipaléolithique.

chée ou reste brute. La retouche délimitant le cran est semi-abrupte et peut aussi se voir, inverse, sur l'autre bord.

Les pointes d'Ahrensbourg

Plus récentes (épipaléolithiques), les pointes d'Europe du Nord, dites *pointes d'Ahrensbourg* (Allemagne) sont pédonculées avec une pointe résultant de la rencontre d'une troncature avec un des bords tranchants (Fig. 113, n°s 3 et 4).

On connaît des exemplaires conservés de leur hampe (Fig. 113, n°s 1 et 2) avec une encoche à la base témoignant de l'usage de l'arc. Cette invention de l'arc daterait peut-être du Magdalénien supérieur comme le pense F. Bordes (1969, p. 122)

V — POINTES AZILIENNES

Ces pointes ont fait l'objet de récentes analyses tant morphologiques que fonctionnelles.

Ce sont de petites lames à un bord abattu et plus ou moins courbe, dont une extrémité est pointue et l'autre diversement aménagée. Elles ont aussi été appelées « canifs » (Fig. 114).

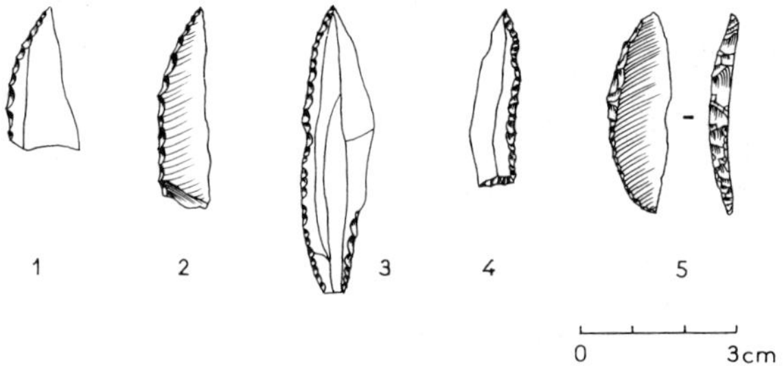

FIG. 114 — *Quelques variétés de pointes aziliennes.*
1 — Pointe courte à base non retouchée. Grotte de Rochereil (Grand-Brassac, Dordogne). D'après P. Boutin et coll. (1977).
2 — Pointe plus longue à base non retouchée. Le Mas-d'Azil (Ariège). D'après S.-J. Péquart.
3 — Pointe à base rétrécie. Grotte de Rochereil (Grand-Brassac, Dordogne). D'après P. Boutin et coll. (1977).
4 — Pointe à base tronquée. Abri Malaurie (Rocamadour, Lot). D'après M. Lorblanchet.
5 — Segment de cercle. Abri de Villepin (Tursac, Dordogne). D'après J.-M. Bouvier.

Leur description donnée par D. de Sonneville-Bordes et J. Perrot (1956) résume une assez grande variété de formes : « pointe de petites dimensions sur lame, tantôt courte et trapue, tantôt peu allongée et élancée, à dos généralement courbe ou même arqué, plus rarement rectiligne, abattu par retouches abruptes partant d'une face ou des deux, à base quelquefois tronquée, aboutissant parfois au segment de cercle ».

Appliquant des techniques de l'analyse des données à 255 pointes aziliennes de la Grotte de Rochereil (Commune de Grand-Brassac, Dordogne) P. Boutin, B. Tallin et A. Chollet (1977) concluent que tous les intermédiaires existent entre des pointes élancées à dos faiblement courbe et des pointes courtes et trapues. Ils confirment la réalité de sous-types déjà reconnus comme le segment de cercle, les pointes à base rétrécie formant pédoncule et les pointes de Malaurie dont la base est une troncature perpendiculaire à un dos qui est faiblement courbe.

Ces pointes sont connues au Paléolithique supérieur final et deviennent caractéristiques d'une culture de l'Epipaléolithique : l'Azilien, qui succède au Magdalénien final.

Il s'agit de la fin des temps glaciaires, marquée par la migration définitive des rennes. L'homme reste un chasseur (prédateur), et son équipement paraît alors adapté à un gibier de plus petite taille. Les pointes aziliennes peuvent représenter presque le quart de l'outillage élaboré (21 pour cent dans l'abri Pagès à Rocamadour, Lot).

Deux modes d'utilisation sont possibles pour ces pointes, soit comme couteau, soit comme armature de sagaie ou de flèche.

Pour P. Boutin et coll. (1977) leur forme et principalement le déjet important de la pointe écarte l'hypothèse d'utilisation comme pointe de trait. Ce serait plutôt un petit couteau pointu.

Mais l'étude des traces d'utilisation sur 85 pointes provenant de l'abri de Pont-d'Ambon (Bourdeilles, Dordogne) faite par E.-H. Moss (G. Célèrier et E.-H. Moss, 1983) montre pour toutes « un usage comme pointes de projectile ». C'est l'existence de « traces microscopiques d'impact linéaire et/ou de fractures d'impact » qui permettent cette déduction. Pour cet auteur la grande variété de formes de ces pointes s'explique encore toujours mal.

Feuilles de laurier

Description

« Pointe foliacée biface, totale ou presque totale, à section symétrique, à retouches plates obtenues par percussion directe ou, dans certains cas, indirecte (retouches en écharpe), et régularisée parfois par retouches par pression ». Cette définition de D. de Sonneville-Bordes et J. Perrot (1954) nous introduit dans la technologie de la belle retouche du Solutréen.

Les formes, les dimensions, l'aspect de la retouche de ces pointes, comparées à une feuille de laurier, sont très variées, comme a dû l'être certainement leur utilisation (Fig. 115 et 116).

P. Smith (1966) en décrit 13 sous-types selon que l'on considère les dimensions, la symétrie, l'aspect des bases. Si cette classification est « hautement empirique », « néanmoins, nous avons trouvé que ces sous-types étaient utiles en pratique et semblaient marquer des discontinuités réelles dans le « continuum des feuilles de laurier ».

Les plus petites feuilles mesurent un peu plus de 30 mm et les plus grandes, celles de la cachette de Volgu (Commune de Rigny, Saône-et-Loire) ont de 232 à 350 mm de long, 60 à 88 mm de large et seulement 6 à 9 mm d'épaisseur.

Fabrication

Dans le film « L'art au monde des ténèbres » (1983) J. Tixier nous explique combien les solutréens étaient des « maîtres tailleurs ». Son disciple, J. Pelegrin parvient à tailler de grandes feuilles comme celles de Volgu. Il lui faut 5 heures de travail, mais surtout un savoir et une dextérité qui ne peuvent s'acquérir qu'au long de nombreuses années d'apprentissage.

« Les objets exceptionnels comme les feuilles de laurier, demandent une préparation du bloc, une première préforme, puis une deuxième préforme affinée et enfin les derniers coups qui donnent cette minceur extraordinaire à ces pièces. »

Mais regardons J. Pelegrin qui fait une telle démonstration (J. Pelegrin et E. Boëda, 1983). Il réalise tout d'abord une « sorte de biface plat à partir d'un bloc de silex brut » avec un percuteur de pierre, puis un percuteur tendre en bois de renne. Frappant toujours avec le percuteur de bois de renne il affine l'ébauche : « chaque éclat doit être précisément calculé et l'endroit du bord à frapper soigneusement préparé (abrasion, encoches...) pour un contrôle optimum du détachement ». « Il faut aussi prévoir des séquences de plusieurs éclats à l'avance, à agencer astucieusement afin de respecter symétrie et rectitude des bords. »

J. Pelegrin insiste sur la façon de tenir l'objet pour éviter un accident de taille.

Si l'expérimentateur utilise le percuteur de bois de renne, le solutréen en a également apprécié ses qualités. Cet outil est, pour F. Bordes « presque indispensable en tout cas commode pour fabriquer les feuilles de laurier » (Fig. 7).

En effet, expérimentalement, F. Bordes (1967) obtient régulièrement au percuteur tendre des feuilles de laurier très plates. La retouche par pression a certainement aussi été utilisée mais pour la fabrication de certaines feuilles de petites dimensions.

Quant aux feuilles de laurier de très grande taille (comme celle du Pech-de-la-Boissière, Dordogne) « il est possible qu'une méthode de percussion indirecte (au ciseau) ait été employée, bien qu'un artisan très habile puisse arriver à obtenir, par percussion simple, avec l'aide de quelques « tours de main », des résultats surprenants » (F. Bordes, 1967, p. 47).

FIG. 115 — *Feuille de laurier.* Fourneau-du-Diable (Bourdeilles, Dordogne). Long. 108 mm.

C'est également en examinant une feuille de laurier que F. Bordes a décelé des traces d'un chauffage préalable du silex, qui améliore la taille. Cette méthode avait déjà été constatée et expérimentée par des préhistoriens en Amérique.

Utilisation

Pointes de jet pour les plus petites et couteaux pour de plus grandes sont les deux principales hypothèses de leur utilisation.

— La pointe d'une dizaine de centimètres de long est certainement une armature de sagaie. Sa taille et son poids correspondent bien à cet usage et d'ailleurs les exemplaires sont souvent brisés (Fig. 115).

— Des pointes plus longues et plus larges sont considérées par P. Smith (1966) et F. Bordes (1969) comme les lames de couteaux. Ainsi, les feuilles asymétriques de Montaut (Landes) évoquent des couteaux de peuples arctiques.

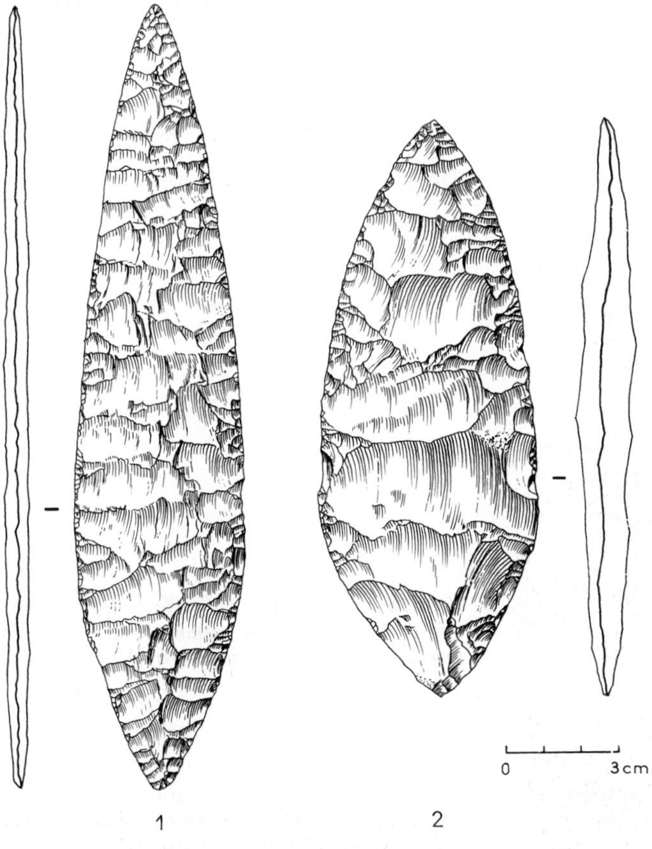

FIG. 116 — *Grandes feuilles de laurier.* D'après P. Smith et P. Laurent (1966).
1 — Pech-de-la-Boissière (Dordogne).
2 — Solutré (Saône-et-Loire).

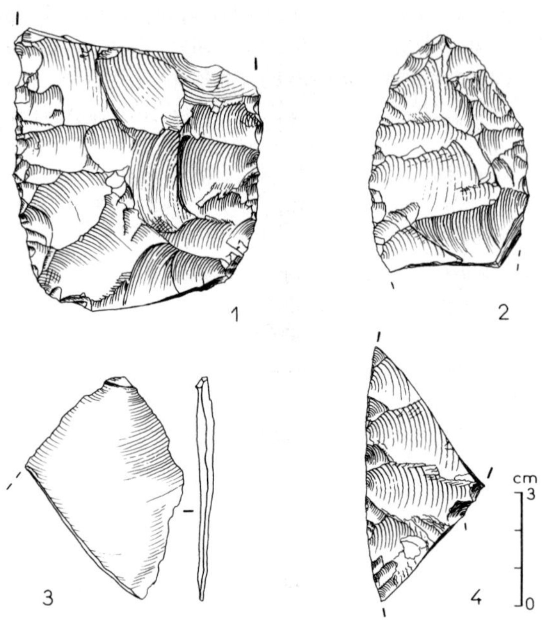

FIG. 117 — *1, 2 et 4 — Ébauches brisées de feuille de laurier. Laugerie-Haute-Ouest (Les-Eyzies, Dordogne).*
3 — Éclat solutréen. Laugerie-Haute-Est (Les Eyzies, Dordogne). D'après P. Smith (1966).

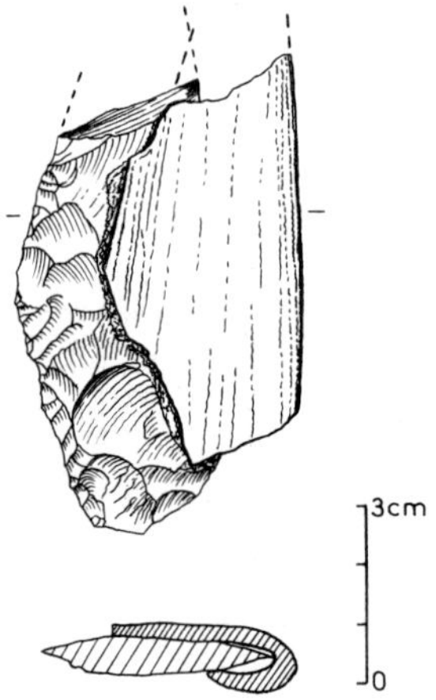

FIG. 118 — *Fragment de feuille de laurier emmanchée dans une branche horizontale de mandibule de renne.* Badegoule (Bersac, Dordogne). D'après A. Cheynier (1956).

A. Cheynier (1956) apporte peut-être un élément dans la comparaison. Il a découvert à Badegoule (Dordogne) une feuille de laurier (dont une extrémité est brisée) emmanchée dans la branche horizontale d'une mandibule de renne (Fig. 118). Mais « elle fut découverte dans un contexte non stratifié près de la surface labourée du site » (P. Smith, 1966).

« Malheureusement, nos connaissances directes sur l'utilisation des feuilles de laurier sont presque nulles » comme le constate P. Smith (1966).

— L'utilisation de très grandes feuilles du type Volgu ou Pech-de-la-Boissière (Fig. 116, n° 1) est par contre bien difficile à comprendre. « On peut se demander si elles avaient un but pratique, ou constituaient des « morceaux de bravoure », des gageures de maître artisan » (F. Bordes, 1969). Nous ne percevons plus aujourd'hui que la grande technicité des tailleurs solutréens.

Lamelles à bord abattu

Ce sont des lamelles ou fragments de lamelles dont un des bords est transformé en un dos rectiligne par une retouche abrupte (Fig. 119). L'autre bord est tranchant mais peut présenter de petites retouches, peut-être secondaires à l'utilisation et dans de rares cas il est denticulé (Fig. 120, n° 4).

Il semble cependant exister tous les intermédiaires entre le bord abattu par retouches abruptes ou obliques et la lamelle à bord simplement légèrement modifié par de minuscules retouches comme l'observe J. Allain (1979, p. 95) pour la série provenant de la Grotte de Lascaux (Dordogne).

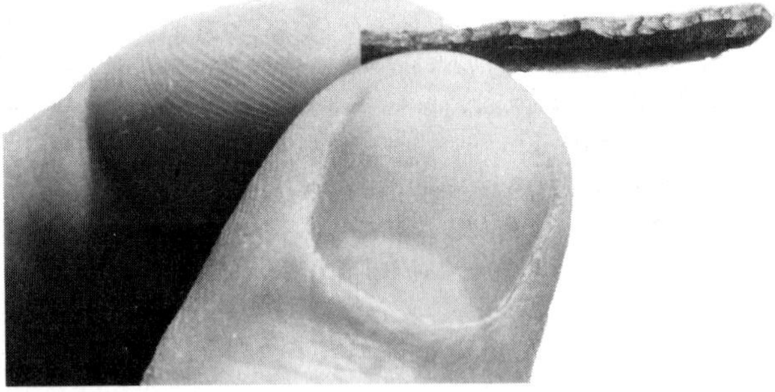

FIG. 119 — *Lamelle à bord abattu.* Fourneau-du-Diable (Bourdeilles, Dordogne). Solutréen. Long. 26 mm.

Les extrémités sont celles naturelles de la lamelle mais peuvent être transformées par cassure ou dans certaines séries en une troncature transversale ou oblique (Fig. 120, n° 3). Mais, surtout, elles ne sont pas retouchées en pointe.

La longueur des lamelles a comme extrêmes 13 à 70 mm pour la série magdalé-

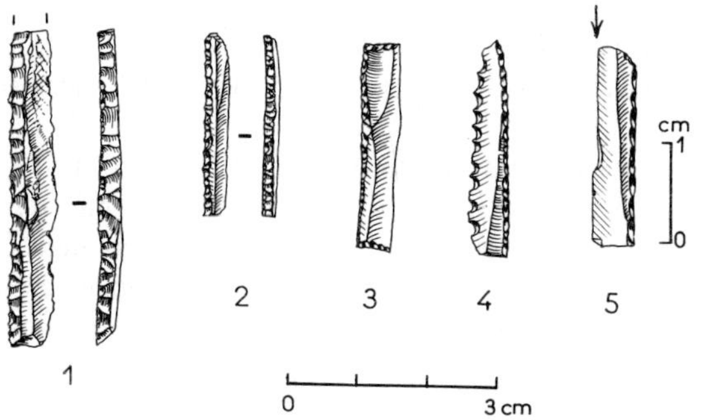

FIG. 120 — *Quelques lamelles à bord abattu.*
1 et 2 — Grande et petite lamelles. Fourneau-du-Diable (Bourdeilles, Dordogne). Solutréen.
3 — Lamelle bitronquée et
4 — Lamelle denticulée du Protomagdalénien de Laugerie-Haute-Est (Les Eyzies, Dordogne). D'après F. Bordes.
5 — Enlèvement du type coup de burin sur une lamelle. Magdalénien. D'après M. Lenoir (1981).

nienne de la section 36 de Pincevent (A. Leroi-Gourhan et M. Brézillon, 1972, p.47) et la moyenne est de 33 mm pour les 66 exemplaires de l'habitation n° 1 de Pincevent (A. Leroi-Gourhan et M. Brézillon, 1966, p. 302).

J. Tixier, M.-L. Inizan, H. Roche (1980, p. 81) nous mettent en garde d'une confusion possible avec certaines « chutes de burins », mais la face inférieure de ces dernières est « vierge de toute retouche ou départ de retouche ».

Fabrication

Pour obtenir un dos bien abrupte F. Bordes (1969, p. 109) pose la lamelle sur un galet servant d'enclume et frappe avec un petit percuteur dur. Il peut aussi « écraser » le bord de la lamelle en faisant rouler le percuteur. La retouche partant de la face inférieure de la lamelle est dite « directe », « inverse » si elle part de la face supérieure. Elle est dite « croisée » si les enlèvements sont détachés des deux faces.

F. Bordes (1957) montre un accident possible de fabrication si « le coup est porté trop à l'intérieur de la lamelle ». C'est la fracture dite « en coup de microburin » que nous décrivons au chapitre des microlithes.

Utilisation

Extrêmement fréquentes au Paléolithique supérieur et formant « une part importante de l'outillage magdalénien » (F. Bordes, 1969, p. 109) leur usage était encore récemment inconnu. Mais grâce aux observations faites à Pincevent (Seine-et-Marne) et à une découverte exceptionnelle dans la grotte de Lascaux (Dordogne) sont proposées des solutions :

A Pincevent (Seine-et-Marne) aussi bien dans l'habitation n° 1 (A. Leroi-Gourhan et M. Brézillon, 1966) que dans la section 36 (A. Leroi-Gourhan et M. Brézillon, 1972), les lamelles sont trouvées « aux abords immédiats des foyers » et également dans le foyer lui-même.

Deux fois elles sont groupées par trois dans l'habitat n° 1, ce qui fait penser aux auteurs à une « éventuelle fixation sur un fût de bois pour former une armature ».

Macroscopiquement, deux sortes de traces d'utilisation sont notées. M. Brézillon (A. Leroi-Gourhan et M. Brézillon, 1972, p. 51) décrit pour des exemplaires de la section 36 « sur le bord tranchant des traces d'utilisation d'une surprenante vigueur sur des objets apparemment aussi fragiles » comme si leur tranchant avait été « parfois utilisé en position oblique et poussé sur un matériaux assez dur pour y laisser de nettes traces d'usure ».

Une autre trace est réalisée par des pseudo-enlèvements en coup de burin observés par M. Lenoir (1981) sur des lamelles magdaléniennes de Gironde comme sur la figure 120, n° 5.

Ces enlèvements résulteraient du choc « lors de l'utilisation de la lamelle fixée comme armature dans une rainure », à moins comme le fait remarquer F. Bordes que de telles cassures se produisent « lors de l'insertion de la lamelle à dos dans une rainure ».

Une première étude des microtraces d'usure est faite par L.-H. Keeley pour des lamelles provenant du site du Buisson Campin à Verberie (Oise) (F. Audouze, 1981) et également fréquemment abandonnées à proximité du foyer.

Sur l'une sont vues des traces de choc à une extrémité ainsi que sur le bord non retouché et sur les autres, un poli fait penser qu'elles ont coupé de la viande. Il peut donc s'agir d'armatures de projectiles et aussi d'éléments de couteaux.

Un témoignage exceptionnel est apporté par les lamelles à dos de Lascaux (Dordogne) trouvées par A. Glory dans le sol même de la grotte peinte et gravée et nous citons J. Allain (1979, p. 100) qui en fait une précise analyse fonctionnelle.

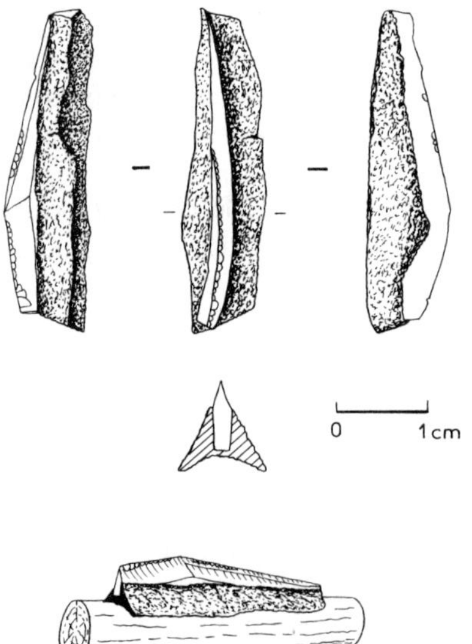

FIG. 121 — *Lamelle à bord abattu découverte par A. Glory dans la grotte de Lascaux (Dordogne).* D'après J. Allain (1979). Un mastic permettait vraisemblablement sa fixation sur un support du type hampe.

En effet des conditions particulièrement favorables ont permis la conservation d'un mastic dans lequel est inclus le bord abattu ou simplement retouché d'une vingtaine de lamelles, laissant leur tranchant libre et confirmant la possibilité de leur fixation sur une hampe et un rôle vraisemblable d'armature de projectile.

La nature du mastic, de couleur rose, n'est pas connu avec précision. Il s'agit peut-être d'un « mélange de résine et d'argile ». (B. et G. Delluc, 1984, p. 60). Un exemplaire remarquable (Fig. 121) montre que le mastic conserve d'une part la trace des doigts qui l'on appliqué sur la lamelle et d'autre part l'empreinte d'un support sur lequel était « collé » le dos de la lamelle : possible tige de bois. L'état du mastic à chaque extrémité de la lamelle ne nous permet pas de savoir si elle était seule ou élément d'une série. La fouille n'a pas précisé la position exacte de ces lamelles, mais il est cependant noté trois fois par A. Glory un groupement par paire, chaque lamelle étant distante de moins de 15 cm de sa conjointe.

Enfin, en 1982 (A. Leroi-Gourhan, 1983, a), une extrémité de tête de sagaie sur laquelle sont collées deux lamelles est découverte à Pincevent (Fig. 122), nous la décrirons au chapitre suivant.

Sagaies et pointes à armature de silex

Pour rendre leurs sagaies plus efficaces les chasseurs ont eu l'idée de fixer sur la pointe d'os ou de bois animal des lamelles de silex. L'association bois de cervidé-silex avait déjà été pressentie par H. Breuil, J. Bouyssonie, D. Peyrony, A. Cheynier pour des microlithes magdaléniens qu'ils décrivent comme éléments de couteaux ou barbelures de harpons.

Les sagaies magdaléniennes composites

Deux découvertes extraordinaires sont les seuls exemples d'une association par collage de silex sur des pointes en bois de renne au Paléolithique supérieur.

1) La tête de sagaie de Pincevent (A. Leroi-Gourhan, 1983, a)

En 1982, P. Bodu, fouilleur de l'équipe de A. Leroi-Gourhan, découvre à Pincevent (Seine-et-Marne) une extrémité de tête de sagaie, fichée verticalement dans le sol à une trentaine de centimètres de la cuvette d'un foyer dans une zone correspondant à la « surface d'activité intérieure » de l'habitat.

Longue de 43 mm, cette portion, peut-être une extrémité proximale, porte deux lamelles de silex, longues de 12 et 21 mm et dont le bord tranchant est finement retouché. Elles sont collées dans ce qui semble être une rainure (Fig. 122, n° 1). Cette sagaie devait ressembler à un autre exemplaire trouvé près d'un autre foyer, longue de 7 cm et portant effectivement deux rainures assez profondes et évasées. Ces rainures permettaient certainement la fixation de lamelles (Fig. 122, n° 2).

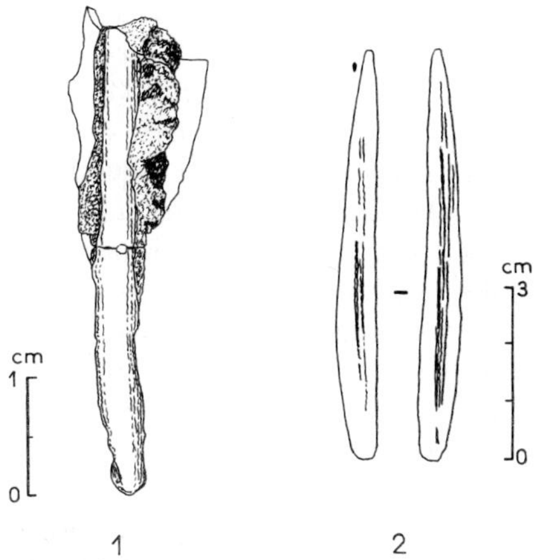

FIG. 122 — 1 — *Fragment de sagaie à rainures et lamelles de silex du foyer 27-M 89 de Pincevent (Seine-et-Marne).*
2 — *Pointe de sagaie à rainures du foyer V 105 de Pincevent.* D'après A. Leroi-Gourhan (1983).

Voici donc la preuve d'association bois de renne-silex avec collage au Magdalénien et de l'utilisation de fines lamelles comme armature de sagaie.

2) La baguette à rainure de Saint-Marcel

Dans la grotte Blanchard (Saint-Marcel, Indre) J. Allain et J. Descouts (1957) découvrent dans une couche de détritus rejetés du Grand Abri situé au-dessus, un fragment de sagaie et ils ont « l'impression qu'il y avait quelque chose dans la rainure ventrale ». Le nettoyage sera très minutieux afin « de ne pas déplacer le remplissage de la rainure ». Espérant trouver des fragments de lamelles à dos abattu, ils dégagent en fait de minuscules

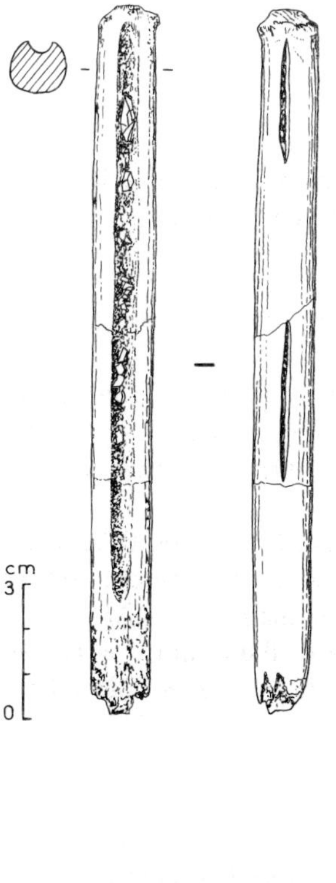

FIG. 123 — *Fragment de sagaie à rainure contenant des esquilles de silex.* Grotte Blanchard, Saint-Marcel (Indre). D'après J. Allain et J. Descouts (1957).

esquilles de silex. Il s'agit d'une baguette de bois de renne de 167 mm de long et 13 mm de diamètre (Fig. 123). La face dorsale corticale a un décor fait de deux traits longitudinaux. Une rainure profonde de 3 mm environ sillonne la face ventrale médullaire. Cette rainure contient les esquilles. En une zone de 10 mm de long seulement, le remplissage paraît complet. Une seule esquille ne dépasse que de moins de un mm le bord de la rainure. Les auteurs insistent sur la position d'abandon de la baguette, rainure face en dessus, car la moindre inclinaison « a toutes les chances après destruction du mastic de vider sa rainure de son contenu désormais impossible à identifier ».

Cette baguette serait une portion de sagaie à rainure longitudinale et l'on comprend une fonction possible de la rainure : « convenablement sertie à l'aide de poix ou de tout autre mastic empoisonné au besoin, ces minuscules esquilles tranchantes devaient constituer des barbelures efficaces et nos sagaies à rainure deviennent fonctionnellement des proto-harpons ».

La découverte de deux autres fragments de sagaies permet d'expliquer que ces baguettes ont été réutilisées comme ciseaux avant d'être jetées. Une extrémité est martelée, l'autre machonnée.

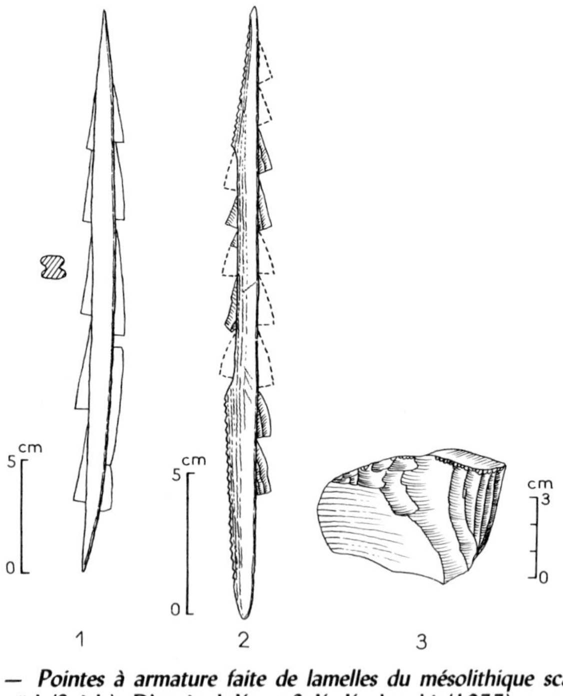

FIG. 124 — *Pointes à armature faite de lamelles du mésolithique scandinave.*
1 — Ageröd (Suède). D'après J.-K. et S.-K. Kozlowski (1977).
2 — Bussjö (Suède). D'après J.G.D. Clark (1936). Musée de Stockholm.
3 — Nucléus à fines lamelles d'armature. D'après J.G.D. Clark (1975).

Pointes à armatures du Mésolithique scandinave

Plus récentes car datant du Mésolithique, leur abandon dans des tourbières a permis une excellente conservation (Fig. 124). Faites en os et bois d'animaux de forêts, elles présentent une ou deux rainures dans lesquelles sont insérées des éléments de silex. Ces éléments lithiques tranchants sont des lamelles et rarement des petits éclats irréguliers, mais ce ne sont pas des microlithes géométriques comme le soulignent L. et U.-K. Larsson (1977, p. 341). Pour certains modèles, les lamelles sont fixées « de biais » et le tranchant peut être retouché. Il semble que les lamelles proviennent d'un type particulier de nucléus appelé « nucléus à poignée » (Fig. 124, n° 3) dont la présence est liée à celle des pointes (L. et U.-K. Larsson, 1977, p. 341).

Perçoirs

Il existe une grande variété d'outils pour percer en raison de la diversité des matériaux à travailler et des types d'orifices à réaliser. Percer une peau nécessite un outil résistant, ne cassant pas dans l'effort de traversée du cuir. Les poinçons d'os ou de bois de cervidés sont parfaitement adaptés à ce travail, nous le reverrons. Percer un os, une pierre tendre, une coquille ou une dent, c'est réaliser une perte de substance. Une pointe de silex, bien que cassante, est ici efficace. L'utilisation d'un tube (os par exemple) et un abrasif (comme du sable) permet des techniques se rapportant à l'emporte-pièce. Mais il n'y a pas que des outils tournants qui peuvent percer ; le raclage, la percussion sont également utilisés.

Description d'un perçoir

L'outil appelé perçoir présente une pointe plus ou moins dégagée du reste du support. Les pointes ont des aspects variés selon leur longueur, leur diamètre, leur orientation par rapport à l'axe de la lame ou de l'éclat, selon l'étendue de la retouche qui les a formées. Les figures 125 et 126 montrent des types de perçoirs très courants, certainement utilisés tenus à la main, directement ou recouverts d'une peau ou d'un revêtement végétal. L'utilisation de ces outils va modifier la partie active c'est-à-dire les bords et l'extrémité de la pointe. Les arêtes s'esquillent et se polissent, une pression exercée dans l'axe peut détacher des microlamelles à partir de l'extrémité distale comme par de minuscules « coups de burin ».

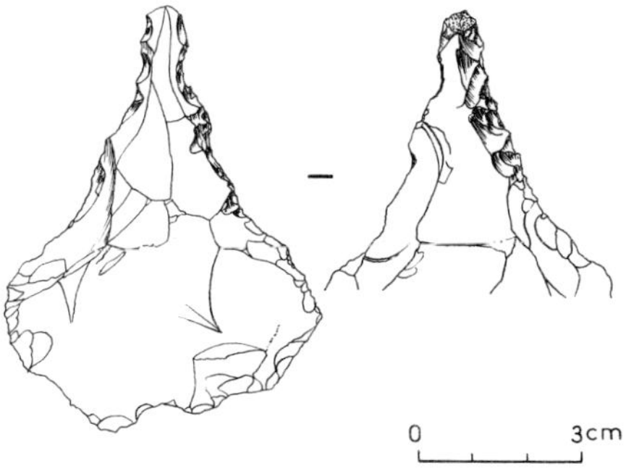

FIG. 125 — *Perçoir.* La Claisière (Abilly, Indre-et-Loire). Néolithique.

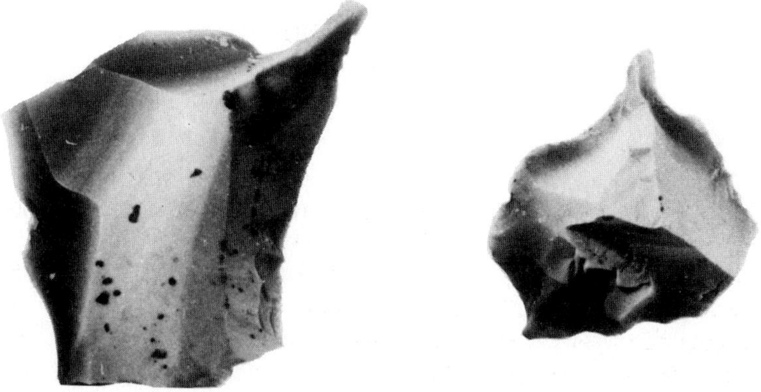

FIG. 126 — *Perçoirs sur éclats.* Le plus petit, d'axe, présente de nettes traces d'usure. Tassilly (Calvados). Néolithique. Long. 43 et 35 mm.

Les microperçoirs

De nombreux perçoirs sont trouvés groupés dans la section 36 de l'habitat magdalénien de Pincevent (Seine-et-Marne). Ils sont appelés microperçoirs lorsque leur longueur est inférieure à 35 mm. La figure 127 en représente quelques-uns (nos 2 à 7). Leur pointe est très fine, retouchée à partir d'une face (nos 1, 2, 3) ou des deux faces (nos 4, 5). Pouvant être double comme le n° 7, ils sont parfois taillés dans une chute de burin (n° 6).

Leur fonction n'est pas connue (A. Leroi-Gourhan et M. Brézillon, 1972). Trop fragiles pour percer des peaux, ils seraient mieux adaptés au percement de matières dures mais on ne trouve pas suffisamment d'objets perforés pour expliquer leur utilisation.

Une partie du mystère est peut-être dévoilée par L.-H. Keeley qui étudie les micro-traces d'utilisation sur les pointes de microperçoirs provenant de l'habitat également magdalénien de Verberie (Oise). Il conclut en leur utilisation possible pour faire de petits trous dans des bois ou peut-être des os de cervidés. Il observe aussi « des particules d'ocre dans de microscopiques fissures et cavités autour de leur extrémité » et pense que la matière travaillée était enduite d'ocre (F. Audouze, 1981)

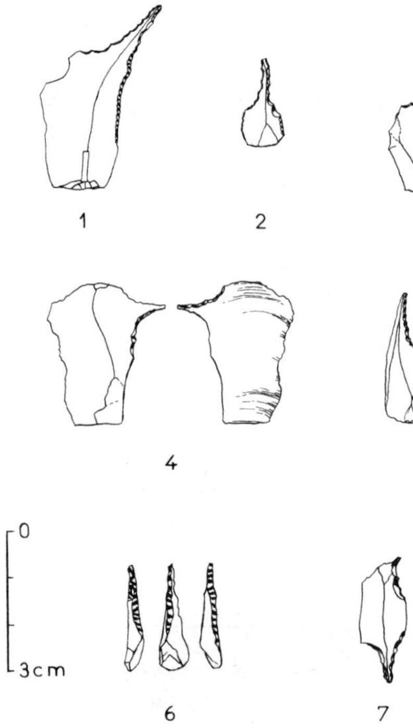

FIG. 127 — *Perçoir (n° 1) et microperçoirs (n° 2 à 7).*
Section 36 de Pincevent (Seine-et-Marne). D'après A. Leroi-Gourhan et M. Brézillon (1972).

FIG. 128 — *Mèches de foret.* El Golea (Algérie), long. 34 mm. Moutoume (Chéronnac, Haute-Vienne), long. 32 mm.

Le foret de Wettolsheim

Une mèche (Fig. 128), fixée à l'extrémité d'un manche que les deux mains font tourner avec un mouvement alternatif (Fig. 131, a) est un autre exemple d'outil pour percer.

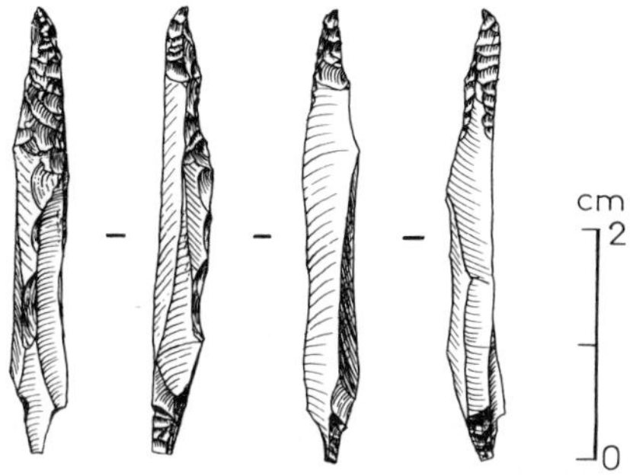

FIG. 129 — *Microforet sur chute de burin.* La Madeleine (Tursac, Dordogne). Magdalénien.

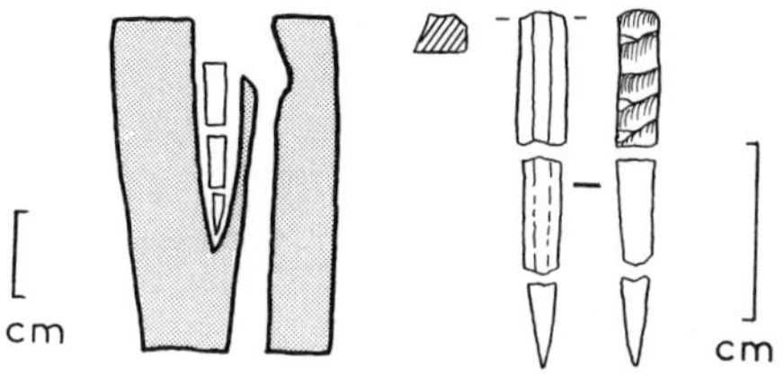

FIG. 130 — *Foret de Wettolsheim (Haut-Rhin).* D'après A. Glory et H. Alimen. Néolithique.

La découverte d'A. Glory à Wettolsheim (Haut-Rhin) illustre parfaitement cette manière de faire. Au cours du percement d'un élément de parure néolithique en coquille de spondyle, la mèche du foret se brise et trois morceaux de l'extrémité distale restent inclus dans le calcaire. L'artisan recommence sa perforation, à côté du premier orifice et, cette fois-ci, avec succès ! (H. Alimen) (Fig. 130).

Diversité des outils pour percer

D'autres types d'outils ont paru bien adaptés pour le percement. Nous avons cité le biface de Clacton-on-Sea qui aurait foré du bois. Le même observateur, L.-H. Keeley, examinant des burins de Verberie (Oise) conclut que des variétés dites en bec-de-flûte ont également servi pour perforer (F. Audouze, 1981), fonction qui paraît d'ailleurs bien adaptée à leur robuste extrémité facettée.

L'observation de J. Tixier (1976, a) est également significative. Il nous montre les photographies de deux pointes de flèches à pédoncule et ailerons découvertes sur le site saharien de Bordj Mellala. Elles sont morphologiquement identiques, mais l'extrémité de l'une est polie, usée par un travail en rotation, comme pour une mèche de foret qui a été certainement sa destinée.

Le témoignage des objets perforés

L'examen d'orifices achevés, mais aussi en cours de perforation ou de ratés, permet de comprendre les différentes phases du percement d'une matière dure et le rôle propre de

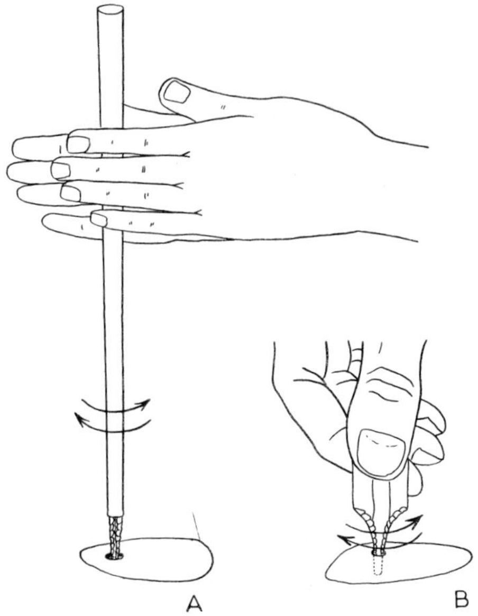

FIG. 131 — *Deux manières de réaliser de petites perforations.*
A — A l'aide d'un foret.
B — A l'aide d'un « perçoir à main ».

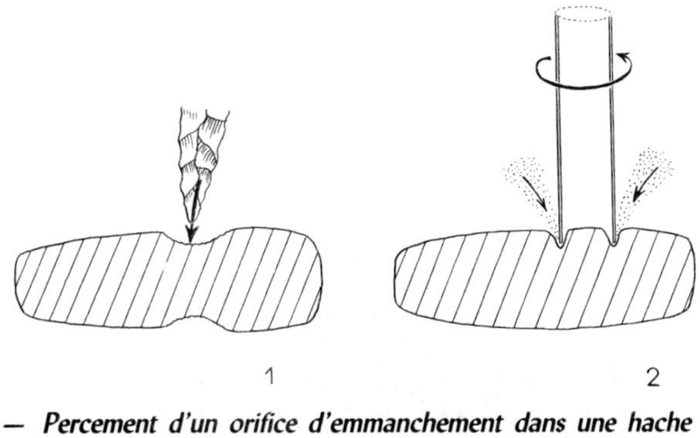

FIG. 132 — *Percement d'un orifice d'emmanchement dans une hache de pierre.*
1 — Par percussion : une cupule est creusée sur chaque face.
2 — A l'aide d'un foret tubulaire et d'un abrasif, découpant une carotte.

la mèche de perçoir qui n'intervient souvent qu'après des étapes préparatoires. Nous prendrons un premier exemple qui est l'étude par Y. Taborin (1977) des perforations de racines de canines de renard et d'incisives de bovinés, dents qui entrent dans la composition de parures au Paléolithique supérieur. Le mode habituel du percement se fait en deux étapes. La première prépare la surface destinée à l'orifice en usant la racine épaisse pour l'amincir. Ailleurs, seules quelques incisions sont tracées pour éviter le dérapage de la pointe du foret. La seconde étape est le percement proprement dit qui ne paraît effectué qu'une fois sur deux à l'aide d'un foret. L'orifice est souvent en forme de sablier en raison de l'attaque faite sur chaque face, mais le lien de suspension de la parure a pu déformer les contours du trou.

Un autre exemple est le percement des chas d'aiguilles dont le diamètre est de l'ordre du millimètre. Il a fait l'objet d'observations et d'expérimentations minutieuses par

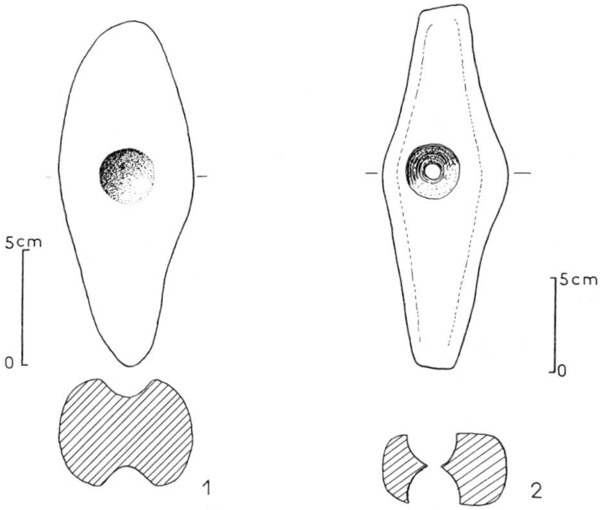

FIG. 133 — *Haches-marteaux présentant des perforations inachevées.*
1 — Rillé (Indre-et-Loire).
2 — Saint-Maurice-la-Souterraine (Creuse).
D'après G. Cordier.

FIG. 134 — *Hache brisée, la perforation n'étant pas achevée et carotte de forage.* Suisse. Muséum d'Histoire Naturelle de Rouen.

D. Stordeur-Yedid (1979). Ces aiguilles vieilles de plus de 10 000 ans, en os ou en bois de cervidés, sont très semblables à nos aiguilles à coudre en acier. On a souvent pensé que le percement se faisait avec un petit perçoir comme ceux figure 127 ou avec une fine mèche de foret comme celle figure 129, mais si des perforations par rotation circulaire sont connues, D. Stordeur-Yedid décrit trois autres procédés habituels que nous décrirons au chapitre consacré aux aiguilles à chas.

Autre témoignage : celui de perforations réalisées dans des roches semi-dures dont sont faites des haches ou des marteaux. Le corps de ces objets comporte un orifice de 25 à 30 mm de diamètre dans lequel était enfoncé un manche de bois. Deux techniques de percement sont visibles sur des pièces inachevées. Dans le premier cas, une cupule est creusée par percussion sur chaque face et bien symétrique l'une par rapport à l'autre (Fig. 132, n° 1). Elles finiront par se rencontrer. Un alésage fait avec un outil tournant, qui peut laisser des stries, régularise l'orifice, mais il conserve souvent un évasement de ses extrémités (C.-T. Le Roux, 1975). Cet auteur signale que sur les ébauches provenant de l'Ouest de la France, les avant-trous coniques ou hémisphériques sont « rigoureusement opposés et au même stade d'avancement de part et d'autre de la pièce ». La seconde technique pour obtenir ce large orifice est celle utilisant un foret tubulaire (une diaphyse osseuse par exemple) et peut-être un abrasif pour détacher une carotte. Cette méthode est reconnue dans les stations littorales néolithiques suisses où l'on trouve de nombreuses carottes et aussi des haches brisées, avant que la perforation ne soit achevée comme sur la figure 134.

Outils d'artistes

Nous allons rapporter l'exemple tout à fait exceptionnel de la découverte d'un outillage qui a servi à un travail précis, celui de graveurs et de peintres qui ont décoré la grotte de Lascaux (Montignac, Dordogne), il y a 17 000 ans.

La reconstitution « copie conforme » de deux galeries de la grotte de Lascaux (Salle des Taureaux et Diverticule Axial) a été un travail considérable qui a permis de comprendre un peu plus les techniques utilisées au début du Magdalénien. Les parois de ce « sanctuaire » sont couvertes d'animaux et de signes peints, gravés ou à la fois peints et gravés par des artistes, certainement des « professionnels » qui ont parcouru la grotte, ont travaillé et abandonné un matériel dont ils se servaient pour dessiner, peindre, graver et s'éclairer. Malheureusement, il n'y a pas eu de fouilles systématiques du sol préhistorique, mais des ramassages d'objets pendant les travaux d'aménagement pour la visite de la grotte et il a fallu aux chercheurs actuels réaliser une enquête difficile pour localiser toutes les trouvailles. Un ouvrage collectif « Lascaux inconnu » sous la direction d'Arlette Leroi-Gourhan et J. Allain (1979) nous livre la somme de ces documents. Les lignes qui suivent puisent dans ce texte, ainsi que dans la synthèse précise « Lascaux » de B. et G. Delluc (1984).

1) Les outils du graveur (J. Allain, 1979)

Grâce aux recherches de l'abbé A. Glory nous possédons 403 silex dont 353 pièces utilisables provenant des trois quarts de la surface du sol de la grotte. L'analyse typologique montre qu'il s'agit de grattoirs, burins, becs, pièces à troncature, un perçoir, des coches, des lames retouchées et une importante série de lamelles à bord retouché et nous avons vu que certaines conservaient un mastic qui a pu permettre un collage sur un manche ou un fût de projectile (Fig. 121).

Et puis il y a un lot de 27 « outils très particuliers » car présentant des traces d'usure du type « doucissement localisé sur un ou plusieurs angles vifs ». Ce sont un burin, un bec, une lame à troncature, des lamelles à bord abattu et surtout des lames et

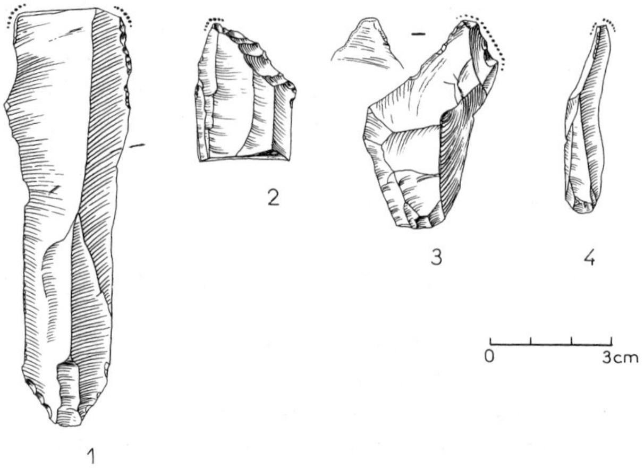

FIG. 135 — *Outils à graver.* Grotte de Lascaux (Montignac, Dordogne). D'après J. Allain (1979).

des éclats. Étant donné le grand nombre de gravures pariétales on pense qu'il s'agit « d'outils à graver la pierre ». A. Rigaud a gravé du calcaire de Lascaux avec un silex de texture proche et obtient les mêmes stigmates d'usure pour « 20 à 50 passages longitudinaux, creusant ainsi une rainure de 1 mm à 2 mm de profondeur ».

« Ces outils ont pu avec beaucoup de vraisemblance être utilisés par les graveurs sur paroi de Lascaux », et J. Allain nous dit que ce ne sont pas forcément des outils définis typologiquement comme les burins, qui ont servi, mais bien souvent « un éclat brut spontanément adapté » (Fig. 135). La localisation de ces outils à graver dans la grotte montre « leur absence dans les zones dépourvues de gravures pariétales » (Salle des Taureaux et Diverticule Axial) ce qui renforce l'hypothèse de leur utilisation.

D'autres exemples d'outils à graver sont connus. Nous citerons ceux de la grotte à gravures de Gouy en Seine-Maritime (la plus septentrionale des grottes ornées) (F. Bordes, M.-J. Graindor, Y. et P. Martin, 1974), ou l'outil découvert « coincé dans une étroite fissure verticale » de la grotte du Pigeonnier de Saint-Front (Domme, Dordogne) et décrit par B. et G. Delluc (1983). C'est un burin qui a pu servir pour ébaucher ou souligner certains détails de figures animales. « Un point de calcite blanche le soudait à la paroi » ce qui montre l'ancienneté de la chute ou du dépôt dans la fissure.

2) La palette du peintre (C. Couraud et A. Laming-Emperaire, 1979)

Des poudres colorantes et des blocs de colorants ont été recueillis dans la couche archéologique et peuvent fournir des indications sur les matériaux employés par les peintres qui ont surtout utilisé à Lascaux des peintures rouges, jaunes ou brunes. Un certain nombre de minerais ou minéraux sont à l'origine de 4 couleurs principales. Le noir est donné par le bioxyde de manganèse, l'oxyde de fer noir et le carbone ; le rouge par l'hématite ; le jaune par la goethite et des argiles ; le blanc par de la calcite. Deux gisements, l'un de fer, l'autre de manganèse sont actuellement connus à 20 et 35 km à vol d'oiseau de la grotte. Parmi les 158 fragments de colorants, 31 blocs (très petits pour les blancs et d'environ 6 cm de long pour les autres) portent des traces d'utilisation. Ce sont des stries et l'on suppose le bloc utilisé comme un crayon ou parfois gratté pour obtenir de la poudre ou bien des traces lisses comme des enlèvements faits au couteau. « Les poudres, mêlées à une charge de sable de quartz et parfois d'argile ou de phosphates de chaux, étaient obtenues par écrasement dans des mortiers ou des godets naturels, à peine aménagés, grâce à des écraseurs ou des pilons de pierre » comme il en a été découvert en certains points de la grotte (Passage, Puits, Nef et Diverticule des Félins).

3) Les lampes (B. et G. Delluc, 1979, b)

Pour réaliser peintures et gravures il a fallu aux artistes ainsi qu'aux visiteurs de cette époque un moyen d'éclairage.

A côté des objets considérés comme lampes et que nous allons décrire, des torches ou des feux sont peut-être aussi utilisés car « la présence de charbon de bois, abondant et volumineux, est attestée dans le paléosol de toutes les galeries ».

Deux types de lampes sont découverts. L'un représenté par un seul exemplaire est le magnifique « brûloir » découvert par A. Glory dans le Puits, au pied de la « scène de l'homme et du bison » (le fragment d'un autre a disparu). L'autre type est une lampe faite avec une plaque de calcaire gardant sa forme naturelle.

Ces lampes « non façonnées » sont finalement au nombre de 34 après une sélection sévère réalisée par B. et G. Delluc sur les 130 pièces recueillies dans la grotte et conservées. Nous reproduisons figure 136, n° 2, un exemplaire typique. C'est une plaque de 21

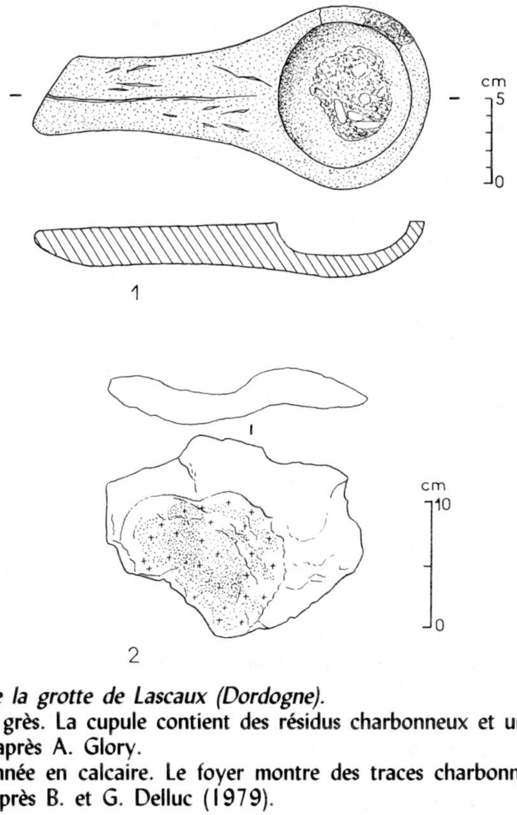

FIG. 136 — *Lampes de la grotte de Lascaux (Dordogne).*
1 — « Le brûloir » en grès. La cupule contient des résidus charbonneux et un noircissement localisé du bord est visible. D'après A. Glory.
2 — Lampe non façonnée en calcaire. Le foyer montre des traces charbonneuses (pointillé) et une rubéfaction (croix). D'après B. et G. Delluc (1979).

par 16 cm et 6 cm d'épaisseur, la face supérieure « porte une cuvette naturelle, peu profonde ; le foyer est excentré près d'un bord mince ». Il y a des traces nettes charbonneuses et celles de rubéfaction sont bien visibles.

Pour confirmer l'hypothèse d'une telle utilisation et pour retrouver le fonctionnement B. et G. Delluc ont fait des lampes avec des plaquettes de calcaire naturellement légèrement creuses, « un peu inclinée d'un côté où s'écoulera le trop plein de graisse fondue » et qui peuvent être facilement tenues entre les doigts. Le combustible est un suif et les mèches sont faites de substances végétales (le genévrier convient parfaitement). Pour l'allumage une autre sorte de mèche est nécessaire, très inflammable, faite de lichens ou de mousses séchées. L'entretien demande certaines précautions et finalement les mèches étant correctement disposées l'éclairement est l'équivalent de 2 à 3 bougies pour une lampe qui fonctionne en circuit ouvert en raison de l'absence de cupule vraie.

Plusieurs analyses de débris charbonneux conservés à la surface de 7 lampes ont montré l'utilisation 4 fois de genévrier et 3 fois d'un conifère non identifié.

La lampe découverte en 1960 et appelée « brûloir » par A. Glory est très originale (Fig. 136, n° 1). Elle est en grès rose foncé, provenant sûrement de la région de Brive. Elle présente un cuilleron d'une capacité de 60 ml et un long manche décoré de signes que l'on retrouve peints ou gravés sur les parois de la grotte. Le cuilleron contenait au moment de la découverte « des débris de combustion noirs » n'adhérant pas à la paroi et « témoignant bien du fait que le brûloir n'avait pas été déplacé depuis sa dernière utilisation ». L'analyse des matières carbonisées conclut « à la présence de fragments de charbon de genévrier et à celle de cendres de bois de conifère résineux ».

La carte de localisation des lampes non façonnées dans la grotte montre que près de la moitié d'entre elles proviennent du fond du Puits, « plus probablement déposées que jetées ». Un second site est la nef où les lampes sont « entassées les unes sur les autres et alignées contre la paroi », réalisant un véritable dépôt. Finalement, « la localisation de bon nombre d'entre elles permettrait de penser qu'elles furent utilisées pour l'exécution des œuvres pariétales ».

Microlithes

« A de rares exceptions près... les chasseurs postglaciaires d'Europe sont équipés de microlithes, c'est-à-dire d'objets de pierre taillés à partir de lames ou de lamelles et dont la plus grande dimension est fixée conventionnellement à 2,5 cm. Beaucoup ont moins de 1 cm et n'ont pu être utilisés qu'emmanchés ». (A. Laming-Emperaire, 1966).

Les microlithes, pour le plus grand nombre d'entre eux, appartiennent vraisemblablement à des armatures de sagaies, harpons ou flèches. Ils sont classés en deux grandes familles (G.E.E.M., 1969, 1972) :

— les microlithes géométriques,

— les armatures non géométriques.

Le reste de l'outillage qui leur est associé comprend des outils de dimensions habituelles : grattoirs, couteaux, racloirs, burins.

Les microlithes géométriques

Ils ont une forme parfaitement déterminable : triangulaire, trapézoïdale, rectangulaire, en segment de cercle.

Le n° 1 figure 137 reproduit le triangle avec ses six éléments principaux : trois angles et trois côtés. Le plus grand côté est le bord non retouché de la lamelle (c), les autres côtés sont obtenus par une retouche (a et b) et sont de longueur égale ou variable. L'un deux peut être nettement petit, il s'agit alors d'un triangle scalène (Fig. 137, n° 2).

Le segment de cercle (Fig. 137, n° 3) est beaucoup moins fréquent. Sa corde conserve le bord tranchant de la lamelle et l'arc est formé par les retouches.

Le trapèze (Fig. 137, n° 4) a également un aspect tout à fait géométrique avec ses bases : la grande (c) et la petite (d). Les deux autres côtés : grande (a) et petite troncature (d) sont égales (Fig. 137, n° 5) ou non. Dans ce dernier cas on appelle grande pointe (e) l'angle de la troncature la plus longue avec la grande base (G.E.E.M., 1969).

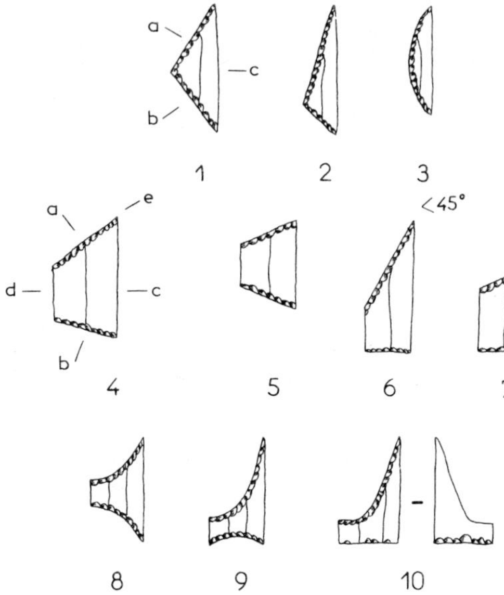

FIG. 137 — *Microlithes géométriques.*
1 — Triangle.
2 — Triangle scalène.
3 — Segment de cercle.
4 — Trapèze asymétrique.
5 — Trapèze symétrique.
6 — Trapèze de Vielle.
7 — Trapèze rectangle.
8 — Trapèze symétrique à troncatures concaves.
9 — Trapèze de Montclus.
10 — Trapèze du Martinet.

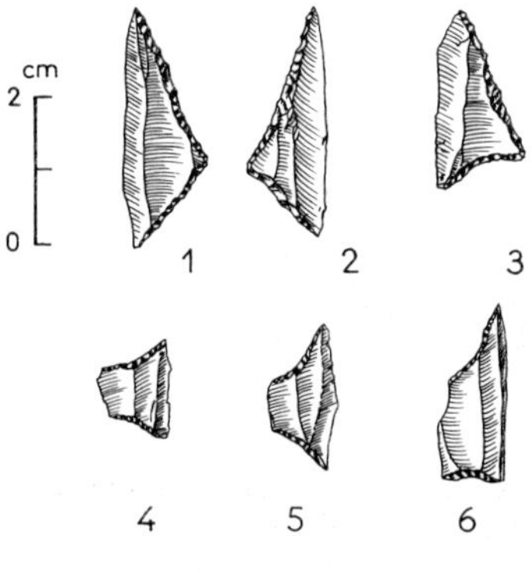

FIG. 138 — *Triangles (nos 1, 2, 3)* et trapèzes (nos 4, 5, 6) mésolithiques.
Téviec (Morbihan). D'après M. et S.-J. Péquart (1937).

Selon la dimension des bases, l'aspect rectiligne ou non des troncatures, sont décrites des formes variées qui prennent le nom du gisement où elles abondaient.

Les armatures non géométriques

Ce sont essentiellement des pointes. Les membres du groupe d'Étude de l'Epipaléolithique Mésolithique précisent que leur extrémité pointue doit avoir un angle inférieur à

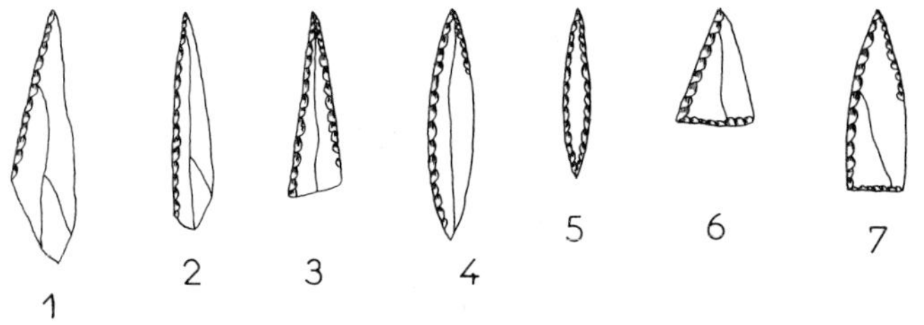

FIG. 139 — *Pointes microlithiques.*
1 — Pointe à troncature oblique.
2 — Pointe à dos rectiligne à retouche unilatérale.
3 — Pointe à dos rectiligne à retouche bilatérale.
4 — Pointe fusiforme.
5 — Pointe de Sauveterre.
6 — Pointe triangulaire.
7 — Pointe du Tardenois.

45° et que l'ensemble doit être relativement symétrique par rapport à la bissectrice de cet angle (G.E.E.M., 1972). Les n°s 1 à 7 de la figure 139 sont un exemple de chaque grande famille :

FIG. 140 — *Éléments microlithiques : pointes, triangles, barbelure, en silex et en jaspe, de très petites dimensions (10 à 22 mm de long).* Montoume (Chéronnac, Haute-Vienne).

— pointes à troncature oblique (n° 1) ;
— pointes à dos rectiligne, avec retouche, unilatérale (n° 2), ou bilatérale (n° 3) ;
— pointes fusiformes (n° 4) avec la variété dite pointe de Sauveterre (n° 5) très effilée et petite (moins de 25 mm de long) ;
— pointe à base transversale, triangulaire comme celle n° 6 ou dite du Tardenois (n° 7) en forme de « balle de fusil Lebel ». Parfois la base est concave.

Certaines de ces armatures sont minuscules et mesurent moins de 10 mm (Fig. 140).

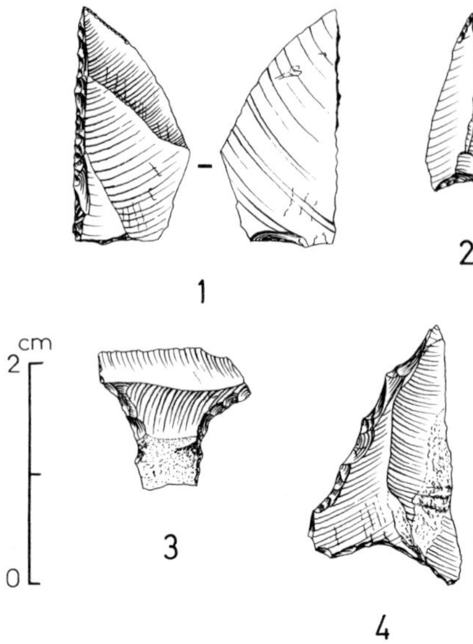

FIG. 141 — *Autres exemples d'armatures microlithiques de l'Ouest de la France. Mésolithique.*
1 et 2 — Pointe de Saint-Gildas (Préfailles, Loire-Atlantique)
3 — Beg-en-Aud (Quiberon, Morbihan)
4 — Ty Lan (Plovan, Finistère).

Fabrication de certains microlithes par la technique dite « coup du microburin »

A la fin du siècle dernier avait été signalé dans les sites donnant des microlithes géométriques un petit objet que l'abbé H. Breuil a baptisé vers 1913 « microburin », pensant qu'il s'agissait d'un petit outil (Fig. 144).

Certains microburins portent le talon de leur lamelle d'origine : microburin de base ou proximal ; d'autres portent une extrémité aiguë de lamelle : microburin distal, certains sont doubles.

Examinons d'abord un microburin, au besoin à l'aide d'une loupe, car il mesure souvent moins de 10 mm de long. Sa face supérieure (Fig. 143) porte à une extrémité une petite coche (a). Sa face inférieure montre que la coche est limitée par une zone oblique de fracture appelée facette de fracture (b).

L. Siret, E. Vignard et surtout J. Tixier par l'étude de remontages de microburins sur leurs lamelles d'origine et par l'expérimentation nous apprennent que le microburin est un « déchet » de fabrication de microlithe comme pour le trapèze par exemple.

Une des techniques décrites par J Tixier (1963) est la suivante : il prend une lamelle (Fig. 142, n° 1) qu'il applique par sa face supérieure sur le bord d'une enclume (n° 2). Avec un percuteur étroit il frappe pour obtenir une coche (n° 3). S'il arrêtait là son travail il aurait une lamelle à coche (n°4). Mais il continue d'approfondir la coche et brutalement se produit une fracture libérant l'extrémité de la lamelle (n°5). L'examen des fragments montre que l'extrémité détachée (n° 6, a) est un microburin. Le reste de la lamelle (n° 6, b) a une pointe aiguë, c'est la lamelle à piquant trièdre (Fig. 143 et 145).

Reprenant cette lamelle à piquant trièdre et recommençant l'opération en une autre

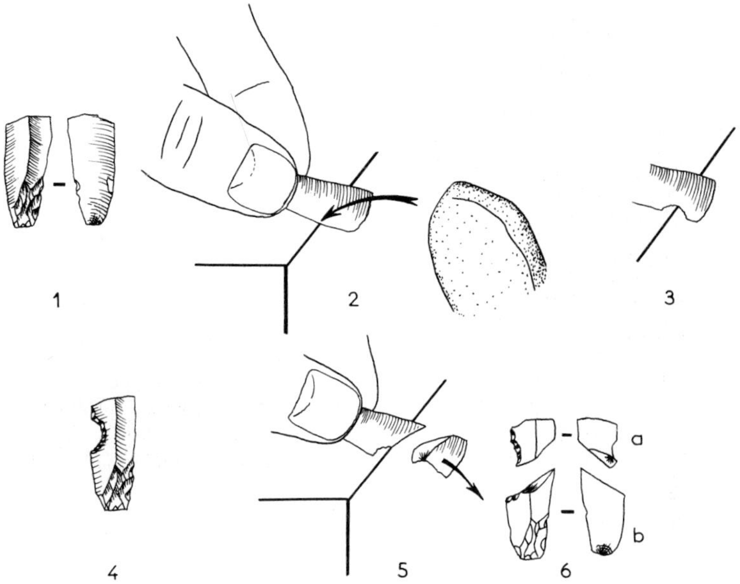

FIG. 142 — *Segmentation d'une lamelle selon la technique dite « coup du microburin ».* Obtention d'une lamelle à piquant trièdre (b) et d'un microburin (a). D'après J. Tixier.

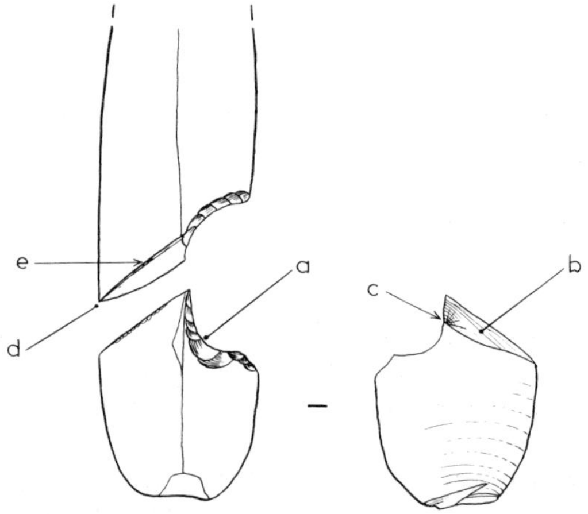

FIG. 143 — *Morphologie du microburin et de la lamelle à piquant trièdre.*
a — Coche.
b — Facette de fracture.
c — Bulbe.
d — Piquant trièdre.
e — Arête de la facette de fracture.

zone, on détache un autre microburin et on obtient un autre piquant trièdre opposé au premier. C'est ainsi que l'on peut fabriquer un trapèze (Fig. 146) à partir d'une lamelle. Les côtés du trapèze seront retouchés et cela efface plus ou moins les facettes de fracture.

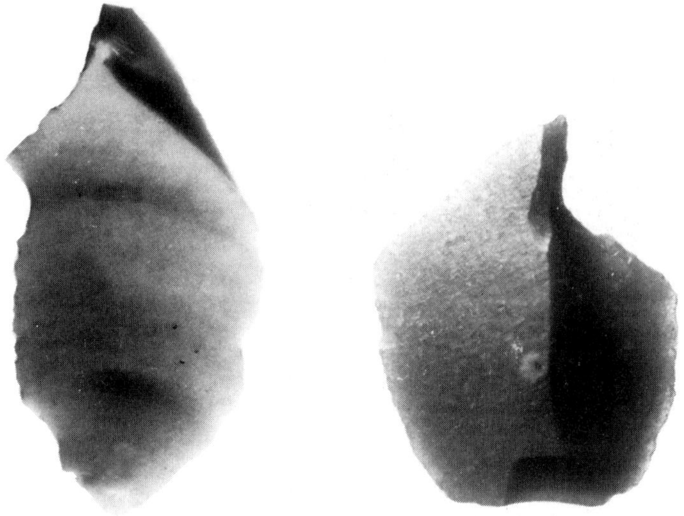

FIG. 144 — *Deux microburins. Vue de leur face inférieure (à gauche) et de leur face supérieure (à droite).* Montoume (Chéronnac, Haute-Vienne). Long. 19 et 12 mm.

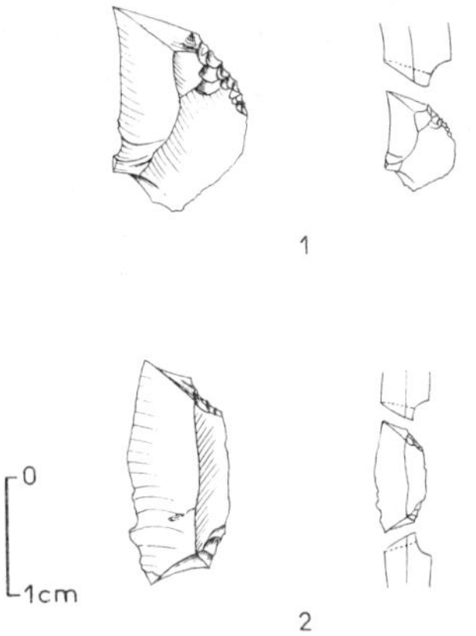

FIG. 145 — *Résultat de la technique du « coup du microburin ».*
1 — Lamelle à piquant trièdre. Forêt de Rochechouart (Haute-Vienne).
2 — Trapèze dont les côtés ne sont pas retouchés. Pointe de Saint-Gildas (Préfailles, Loire-Atlantique).

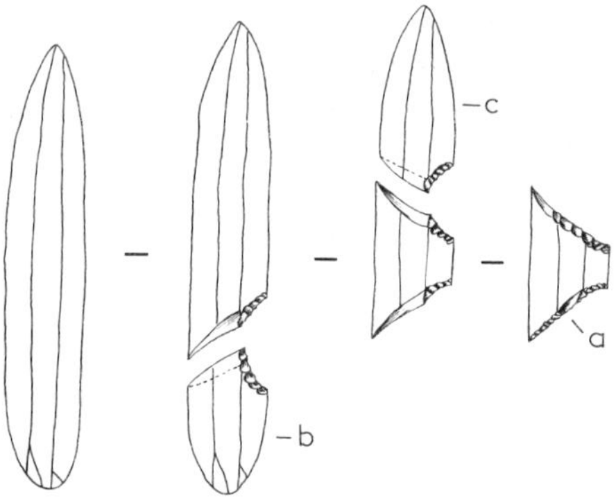

FIG. 146 — *Fabrication d'un trapèze (a) à partir d'une lamelle selon la technique du « coup du microburin ».*
b — Microburin proximal.
c — Microburin distal.

Il y a donc deux microburins « déchets », un proximal (Fig. 146, b), l'autre distal (Fig. 146, c).

La figure 147 montre trois trapèzes asymétriques avec une grande troncature rectiligne. On voit bien la facette de fracture non retouchée sur le premier. Cela illustre aussi le caractère parfaitement standardisé de la production !

D. Simonin par cette même technique « de section oblique sur enclume » fabrique

FIG. 147 — *Exemple de production d'éléments géométriques standardisés.* Trapèze asymétrique à grande troncature oblique (à gauche) et trapèzes « à bases décalées » (car de même obliquité) (à droite). Belgique. Long. 21 à 23 mm.

avec une lamelle une pointe du Tardenois comme on peut le voir dans une vitrine du Musée de Préhistoire d'Ile-de-France à Nemours.

Reprenons encore avec plus d'attention l'analyse morphologique du microburin. J. Tixier (1980) précise que la facette de fracture (Fig. 143, b) a une « double obliquité par rapport à l'axe et aux faces » de la lamelle, qu'elle présente un petit bulbe (Fig. 143, c) et que le côté qui la sépare de la face supérieure est volontiers arrondi. Ceci se traduit sur le bord correspondant de la lamelle au piquant trièdre par « une arête qui accroche l'ongle » qui l'analyse (Fig. 143, e) et cela aide au diagnostic de piquant trièdre obtenu par cette technique (J. Tixier, M.-L. Inizan, H. Roche, 1980).

L'origine de cette technique du coup du microburin serait peut-être « l'exploitation d'une cassure accidentelle » (H. Roche, J. Tixier, 1982, p. 67), celle que l'on constate au cours de la fabrication d'une lamelle à dos abattu (p. 123) ou d'une pointe de la Gravette (p. 109) par exemple.

Utilisation

C'est ici le chapitre des hypothèses car malgré le nombre considérable de microlithes livrés par les gisements on ne possède que d'exceptionnels documents montrant ces petits éléments utilisés comme armature, insérés ou collés, seuls ou en série, sur une hampe.

Toute une période de notre Préhistoire est caractérisée par ce phénomène de microlithisme. Dans le Périgordien (Gravettien) on assiste à une miniaturisation naissante et pour J. Guichard (Musée National de Préhistoire des Eyzies) les burins de Noailles (Fig. 101), les lamelles à bord abattu (Fig. 119), les « microgravettes » sont déjà des outils microlithiques. A la fin du Paléolithique supérieur, au Magdalénien, à côté de nombreuses lamelles à bord abattu se rencontrent dans certains faciès de véritables microlithes géométriques comme les très longs triangles ou « lamelles » scalènes (Fig. 148, n°s 1-2-3) du Magdalénien II et surtout des triangles de formes variées, des rectangles, trapèzes et des pointes diverses au Magdalénien VI (Fig. 148, n°s 4-5-6-7). Mais c'est au Post-Glaciaire, à l'Épipaléolithique et au Mésolithique entre — 9 000 et — 5 000 ans que se multiplient les

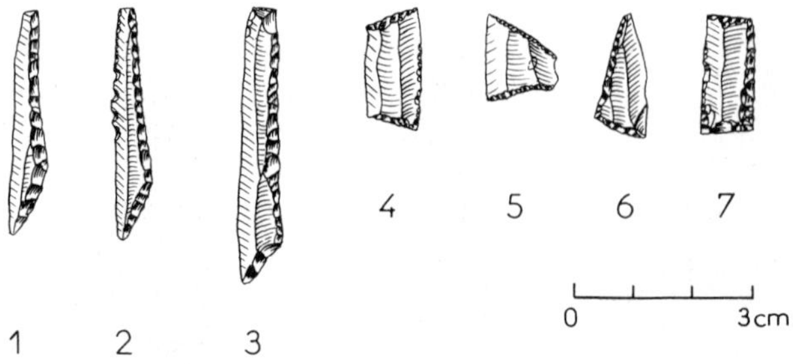

FIG. 148 — *Microlithes géométriques du Paléolithique supérieur.*
1, 2, 3 — Triangles ou « lamelles » scalènes
4, 5 — Trapèzes
6 — Triangle
7 — Rectangle
1 à 3 — Laugerie-Haute-Est (Les Eyzies, Dordogne). Magdalénien II. D'après F. Bordes et D. de Sonneville-Bordes.
4 à 7 — Gare de Couze (Dordogne). Magdalénien VI. D'après F. Bordes et P. Fitte.

types de microlithes obtenus en particulier par la technique du « coup du microburin ». Cette tradition microlithique persistera longtemps encore pendant le Néolithique.

L'usage de l'arc au Mésolithique est certain et l'on en connaît quelques exemplaires, en bois d'orme, provenant du Danemark (G.-H. Odell, 1978, p. 39).

Très rares également sont les exemples d'une utilisation de microlithes comme arma-

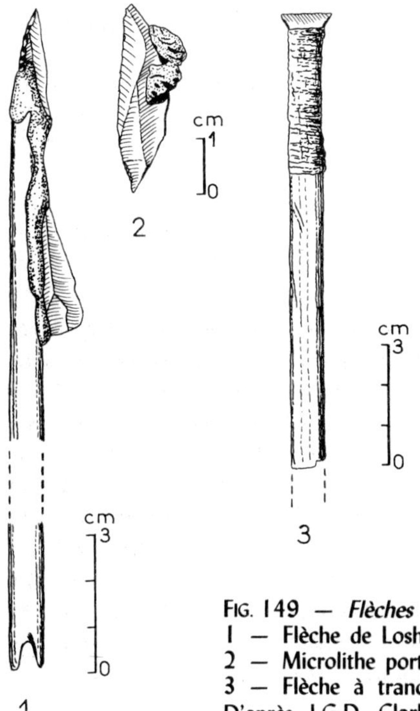

FIG. 149 — *Flèches à éléments microlithiques.*
1 — Flèche de Loshult (Suède).
2 — Microlithe portant des résidus de résine. Star Carr (Angleterre)
3 — Flèche à tranchant transversal. Tvaermore (Danemark). Mésolithique. D'après J.G.D. Clark (1975, 1954, 1936).

ture de flèche. Nous figurons trois exemples : la flèche de Loshult en Suède est en bois de pin, elle conserve deux microlithes triangulaires fixés avec une résine par leur bord retouché (Fig. 149, n° 1). Un autre microlithe portant des résidus de résine est trouvé à Star Carr en Angleterre (Fig. 149, n°2). Une flèche de Tvaermose (Danemark) a une extrémité tranchante faite d'un petit trapèze (Fig. 149, n° 3).

Les microlithes géométriques devaient également entrer dans la constitution de harpons et sagaies et l'on peut imaginer, comme M. Escalon de Fonton (1964), des trapèzes du type de Montclus (Gard), insérés dans une rainure et formant barbelures d'engins de pêche (Fig. 150).

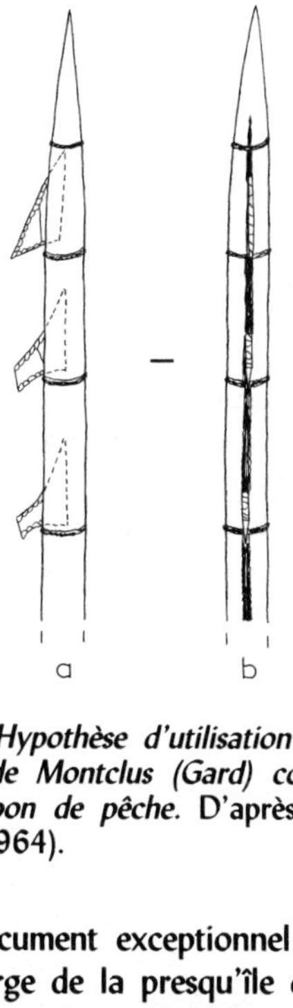

FIG. 150 — *Hypothèse d'utilisation de triangles et trapèzes de Montclus (Gard) comme barbelures de harpon de pêche.* D'après M. Escalon de Fonton (1964).

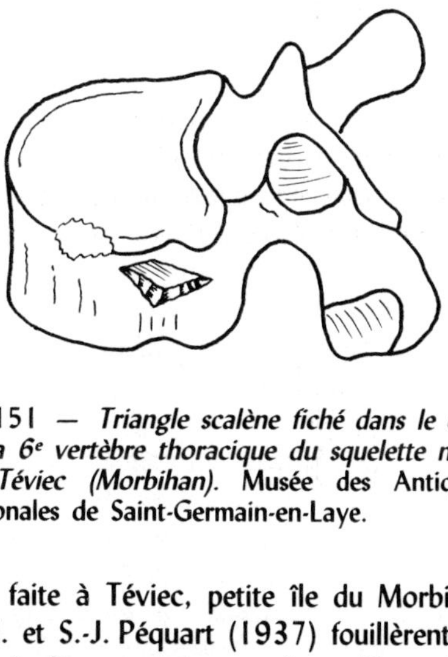

FIG. 151 — *Triangle scalène fiché dans le corps de la 6e vertèbre thoracique du squelette n° 16 de Téviec (Morbihan).* Musée des Antiquités Nationales de Saint-Germain-en-Laye.

Un document exceptionnel est la découverte faite à Téviec, petite île du Morbihan, située au large de la presqu'île de Quiberon où M. et S.-J. Péquart (1937) fouillèrent des habitats datés de — 6 000 ans ainsi que des sépultures contemporaines. Dans l'une d'elles, un homme (squelette n° 16) a deux vertèbres thoraciques qui contiennent des microlithes. Sa 11e vertèbre thoracique est pénétrée de quelques millimètres par un tout petit fragment de silex, extrémité d'un projectile, dont le siège indique que « le coup a été reçu dans le dos ». Dans la région latérale gauche du corps de sa 6e vertèbre thoracique est enfoncé un triangle scalène (Fig. 151) « encastré dans l'os sur un tiers de sa longueur » comme le montre une radiographie. M. Boule et H. Vallois reconstituent le trajet de la flèche : « lancée obliquement de haut en bas et d'avant en arrière, la flèche aurait passé sous la clavicule gauche, traversé les muscles pectoraux et pénétré dans le thorax entre les deux premières côtes. Après avoir perforé le sommet du poumon, elle aurait ensuite sectionné l'aorte en arrière de celui-ci et déterminé une hémorragie massive entraînant la mort ». Ce fait malheureux est cependant une belle preuve de l'utilisation d'un microlithe comme extrémité de flèche et certainement de l'usage de l'arc !

Pointes de flèches

A la fin du Paléolithique supérieur le propulseur, c'est-à-dire une baguette munie d'un crochet, permettait de lancer des sagaies avec plus de vitesse ce qui augmentait leur efficacité. Nous ne connaissons pas d'arc de cette époque mais au Magdalénien final certaines petites pointes de silex ont très bien pu armer des hampes de flèches ce qui fait penser que l'arc a peut-être été utilisé par les derniers chasseurs de rennes. De véritables flèches sont connues vers 9 000-8 000 ans, provenant de Stellmoor près de Hambourg en Allemagne. Ce sont des flèches en bois de pin, parfois courtes et peut-être composites. Certaines possèdent encore un fragment de pédoncule d'une pointe de Ahrensbourg (Fig. 113).

Du Mésolithique on connaît des arcs, bien conservés dans les tourbières d'Europe du Nord, comme au Danemark et parmi les multiples modèles de microlithes, un grand nombre sont certainement des pointes de flèches.

Au Néolithique, les pointes de flèches sont facilement reconnaissables car identiques aux modèles historiques. On en distingue deux grands types : les flèches ayant une extrémité perçante et les flèches ayant une extrémité tranchante, ces dernières étant aussi, sinon plus fréquentes que les premières.

Les flèches perçantes

Les pointes de flèches sont de formes très variées selon les cultures et les périodes et peuvent être classées dans trois grandes catégories : la pointe en forme de feuille (Fig. 152, n° 1), la pointe à pédoncule et ailerons (Fig. 152, n° 2), et la pointe plus ou moins triangulaire à base droite, convexe ou concave (Fig. 152, n° 3).

Les bords de la pointe sont rectilignes ou courbes, denticulés ou encochés. L'aileron peut être à peine dégagé formant un cran, le pédoncule est plus ou moins long. Les

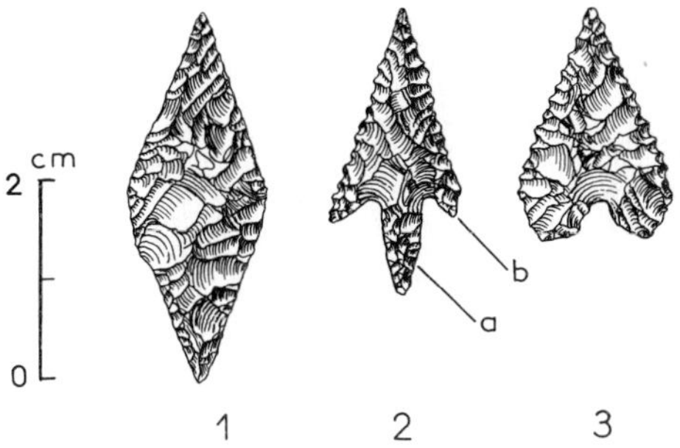

FIG. 152 — *Morphologie d'extrémité de flèches perçantes.*
1 — Foliacée
2 — A pédoncule (a) et ailerons (b)
3 — Triangulaire à base concave
Néolithique, Tibesti, Tchad.

aspects sont donc innombrables et traduisent parfois plus une recherche dans l'esthétique que dans le domaine du fonctionnel (Fig. 153).

Très peu de documents nous montrent le mode de fixation de la pointe de silex sur la hampe. Le n° 1 de la figure 154 est une fixation dans une hampe à fente à l'aide de ligature en substance animale ou végétale. Pour les n°s 2 et 3, il s'agit d'une fixation certainement fréquente mais qui n'a pu se conserver que dans les stations littorales de Suisse ou de l'Est de la France comme à Charavines au bord du lac de Paladru (Isère) (A. Boc-

FIG. 153 — *Pointes de flèches perçantes.* De gauche à droite :
— Montoume (Chéronnac, Haute-Vienne). Long. 29 mm.
— Dolmen de Puychaud (Blond, Haute-Vienne). Long. 29 mm.
— Le Chalard (Vayres, Haute-Vienne). Long. 28 mm.

quet et A. Houot, 1982). La pointe est collée par un goudron très souvent de bouleau ou bétuline, préparé par distillation de l'écorce et qui s'est admirablement conservé. La figure 154, n° 4 montre deux pointes de flèches, l'une à pédoncule et ailerons, l'autre triangulaire, dont les extrémités pointues sont brisées. Ces pointes sont entourées de goudron, « en vue de réparation » nous dit P. Vouga (1934) et peutêtre un nouveau collage sur une hampe avec la dose de goudron prêt à l'emploi !

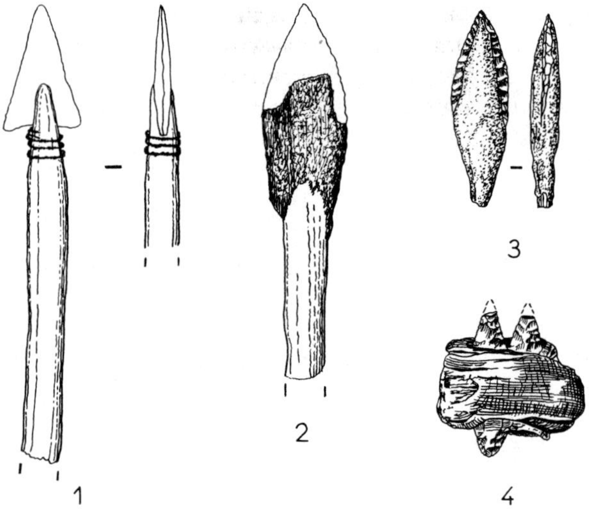

FIG. 154 — *Exemples de fixation de pointes de flèches sur la hampe.*
1 — Par une ligature. Burgäschi (Suisse).
2 — Par un goudron. Geisboden (Zug, Suisse).
3 — Par un goudron de bouleau. Suisse. D'après J.G.D. Clark.
4 — Deux pointes brisées entourées de goudron. Suisse. D'après P. Vouga (1934).

Des flèches dont l'extrémité est brisée font penser qu'elles étaient rapportées avec le gibier qu'elles ont atteint. M.-H. Newcomer (1980) étudie ainsi les fractures de pointes de silex qu'il fabrique et fixe sur une hampe avec un mélange de résine de pin et de cire d'abeille. Il tire à l'arc sur des cibles faites de quartiers de viande et d'os. Il récupère tous les débris de silex résultant de l'éclatement de l'extrémité des pointes ce qui permet des comparaisons instructives.

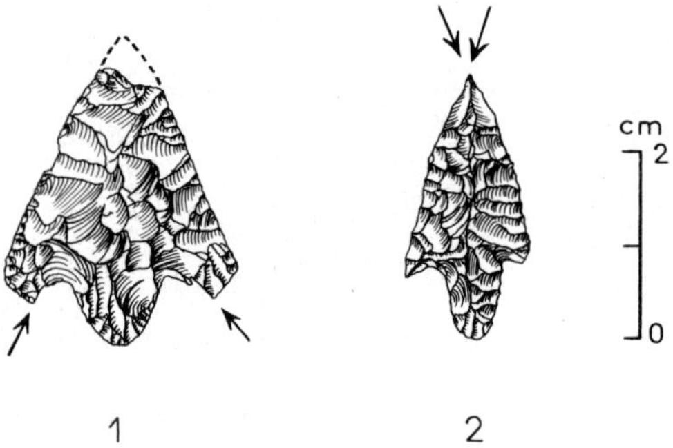

FIG. 155 — *Retouche d'ailerons et d'extrémité de pointes de flèches par la technique du « coup du burin ».*
1 — Marolles (Calvados).
2 — El Goléa (Algérie).

Une originalité technique est reconnue par J. Tixier (1966) sur des flèches d'Afrique du Nord dont l'extrémité perçante est « triédrique ». Ce n'est pas l'impact qui est la cause de cet aspect mais une retouche tout à fait précise selon la technique du « coup de burin » comme sur la figure 155, n° 2. Ce mode d'enlèvement peut être appliqué dans la retouche des ailerons comme pour la pointe (Figure 155, n° 1).

Si la flèche est un instrument de chasse, elle peut être instrument de guerre et il existe des exemples de pointes encore incluses dans des pièces osseuses humaines. Nous citerons la « couche de guerre » de la sépulture collective de Roaix (Vaucluse) pour laquelle J. Courtin (1984, p. 457) estime à une centaine le nombre de victimes, datées de 2090 av. J.-C. Sept flèches sont « retrouvées plantées dans diverses parties du squelette ou à l'intérieur de la cage thoracique ».

Les extrémités de flèches tranchantes

Très tôt l'homme s'est rendu compte de la gravité des blessures faites par une flèche dont l'extrémité n'est plus perçante mais au contraire tranchante. Une telle flèche est très délabrante pour les tissus, sectionnant les vaisseaux et diminuant les chances d'hémostase spontanée. Les preuves d'utilisation de telles extrémités tranchantes (Fig. 156 et 158) sont

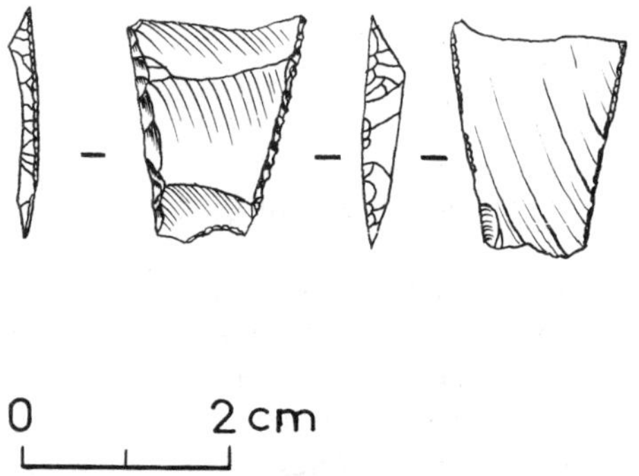

FIG. 156 — *Extrémité de flèche tranchante de forme trapézoïdale.* Ménouville (Val-d'Oise).

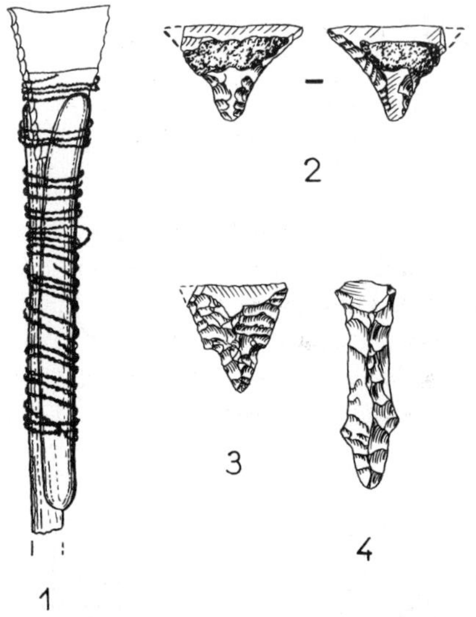

FIG. 157 — *Exemples de fixation de pointes de flèches à tranchant transversal sur la hampe.*
1 — Par ligature. Danemark. D'après J. Evans.
2 — Par un goudron de bouleau. Suisse. D'après J.G.D. Clark (1955).
3 — Flèche à tranchant transversal pédonculée. El-Goléa (Algérie).
4 — Flèche à tranchant transversal pédonculée et à protubérances. Tibesti (Tchad).

nombreuses. Un exemplaire fixé sur sa hampe est figuré par J. Evans (Fig. 157, n° 1), une extrémité provenant d'une station littorale suisse garde du goudron de bouleau qui assurait la fixation (Fig. 157, n° 2). Des flèches tranchantes sont trouvées fichées dans des corps vertébraux par J. de Baye dans des sépultures de la Marne. Des flèches tranchantes provenant du Sahara ont un pédoncule et des protubérances latérales montrant bien que l'extré-

FIG. 158 — *Extrémités de flèches tranchantes triangulaires ou plus ou moins trapézoïdales.* Dolmen Le Cluzeau n° 2, Blond (Haute-Vienne). Long. 24, 13 et 27 mm.

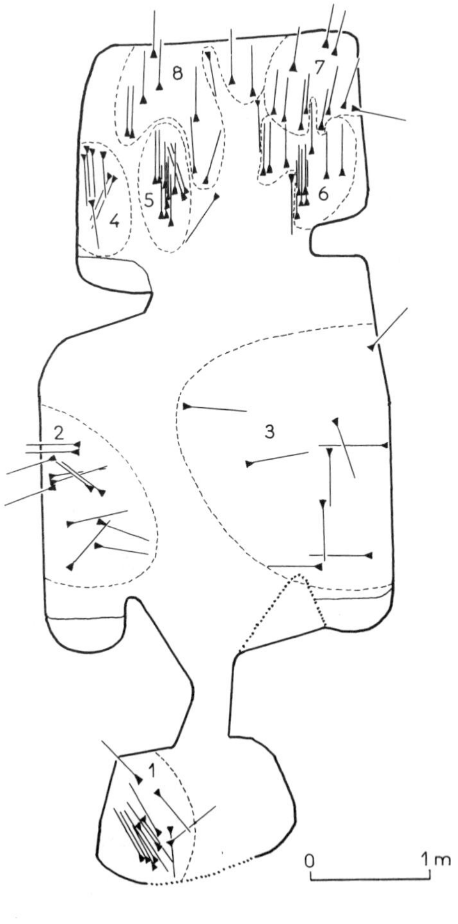

FIG. 159 — *Hypogée II des Mournouards à Mesnil-sur-Oger (Marne).* Plan situant les extrémités de flèches tranchantes avec figuration des hampes et leur groupement en huit carquois. D'après A. Leroi-Gourhan, G. Bailloud et M. Brézillon (1962).

mité active est le tranchant (Fig. 157, nos 3 et 4). A. Paré, en 1564, figure dans son ouvrage « Dix livres de la chirurgie » les diverses variétés de flèches que le chirurgien peut extraire : deux d'entre elles ont un tranchant transversal.

Des sépultures néolithiques ne livrent parfois même que des extrémités de flèches à tranchant transversal. A. Leroi-Gourhan, G. Bailloud et M. Brézillon publient en 1962 la fouille de l'hypogée II des Mournouards à Mesnil-sur-Oger dans la Marne. Il s'agit d'une sépulture datant d'environ 1 850 ans avant notre ère. Le mobilier funéraire accompagnant les corps comprend 95 flèches tranchantes dont 87 sont de forme trapézoïdale. Mais le mérite des auteurs de cette fouille parfaitement minutieuse est d'avoir noté l'emplacement exact de chaque extrémité de flèche et la direction de leur tranchant. Les flèches, dont on a dessiné l'orientation de la hampe qui devait mesurer de 40 à 60 cm de long, étaient groupées en huit carquois de 10 à 12 flèches chacun. Ces carquois devaient être « suspendus à la ceinture ou portés en bandoulière à la hauteur de la ceinture, les pointes vers le bas ». « L'arc devait certainement accompagner les carquois, mais il n'a pu laisser aucune trace (Fig. 159). »

Haches

On appelle hache la partie tranchante en pierre d'un outil qui comportait un manche en matière périssable.

Les exemplaires complets sont exceptionnels, mais ils permettent de se faire une idée des possibilités d'emmanchements, le tranchant étant parallèle à l'axe du manche.

Une première distinction peut se faire entre haches taillées et haches polies. Si certains auteurs pensent que la hache taillée est le plus souvent destinée au polissage, la perfection de certains tranchants, leur aspect usagé sur d'autres pièces, font de la hache taillée un outil achevé, certainement aussi efficace que son homologue poli.

Véritable symbole des peuples défricheurs et cultivateurs, la hache est utilisée à la période post-glaciaire qui correspond à ce que l'on appelle le Néolithique. Son usage persistera jusqu'à l'âge du bronze, les modèles métalliques remplaçant peu à peu les exemplaires de pierre.

Morphologie

L'élément de pierre ou « lame », d'une hache taillée, comme d'une hache polie (Fig. 160) possède une partie active : le tranchant (a) formé par deux biseaux, un flanc (c), un talon (b) et des bords (d).

L'aspect de chacun de ces éléments est variable et l'on remarquera la grande diversité des formes. La taille est également variable, mais on peut schématiquement dire qu'il existe des grandes haches de plus de 12 cm de long et des petites haches aux alentours de 8 cm de long dont l'emmanchement diffère et vraisemblablement l'utilisation (Fig. 164 et 165).

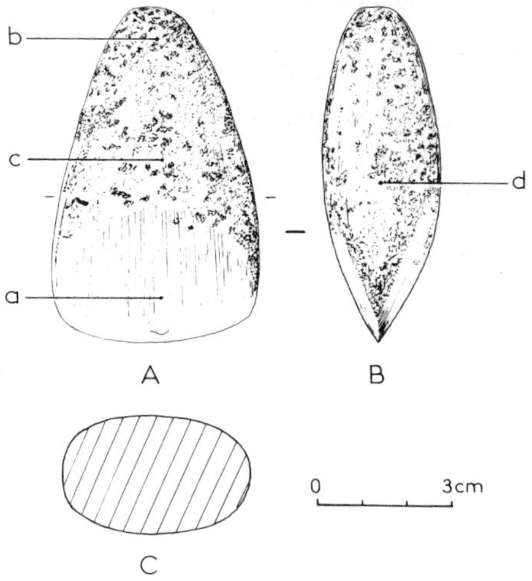

FIG. 160 — *Morphologie d'une hache polie.*
A — Face.
a — Tranchant.
b — Talon.
c — Flanc.
B — Profil.
d — Bord.
C — Coupe.

Fabrication d'une hache taillée

De véritables ateliers de fabrication de haches taillées sont connus.

Ils sont situés à proximité d'importants gisements de silex dont le besoin en quantité et en qualité est à l'origine d'une exploitation sous forme de mines. De tels centres d'extraction sont connus dans le Sud-Est de l'Angleterre, la Belgique, le Bassin Parisien. Ils comportent des puits, très nombreux comme à Grimes Graves (Norfolk) où l'on en découvre 254 ; très profonds comme à Cisburry-Hill : 23 m ; ainsi que des galeries d'où l'on extrait des rognons et des plaques de silex à l'aide de pics en bois de cerf. Les marques des pointes de ces pics sont souvent visibles sur les parois de craie ; ils pouvaient également, placés en série, servir de levier pour détacher des plaques de roche.

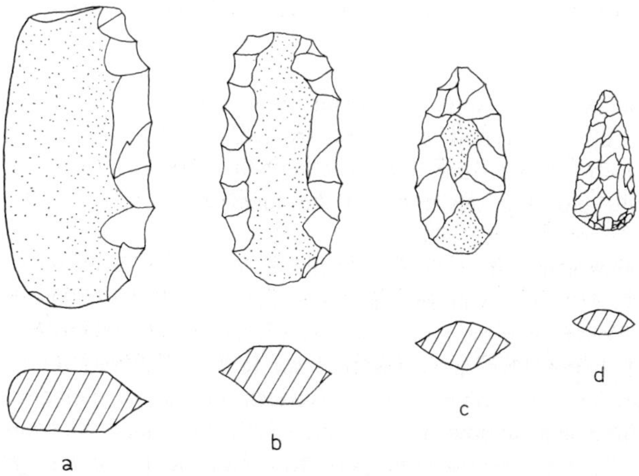

FIG. 161 — *Différentes étapes de la fabrication d'une hache taillée.* D'après R. Agache (1960).

A proximité des puits, des aires de taille livrent éclats, outils brisés ou inachevés (Fig. 162).

R. Agache (1960) a étudié une vaste zone à Hardivillers dans l'Oise : centre d'extraction par puits et galeries et de débitage où les ébauches de haches sont abondantes. Il décrit les étapes de la transformation du bloc jusqu'à la hache achevée (Fig. 161).

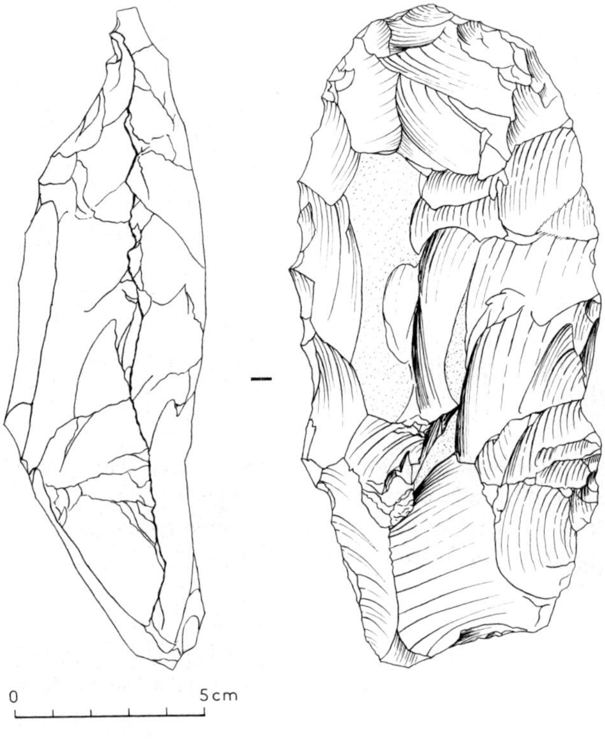

FIG. 162 — ***Ébauche de hache taillée.*** Olendon (Calvados).

Un silex tabulaire est préféré. Un premier bord est taillé à partir d'une face, puis de l'autre (Fig. 161, a). Le second bord est travaillé de la même façon (Fig. 161, b). En — c — l'ébauche se précise et l'on reconnaît la zone du futur tranchant et du talon. En — d — retaille plus fine des bords et des faces. Le tranchant sera retouché souvent en dernier.

D'autres haches sont faites à partir de grands éclats, de la même manière ou bien en ne portant qu'à la fin du travail les retouches sur la face d'éclatement de l'éclat initial. Aucune trace de polissage n'est visible sur les pièces les plus élaborées, ce qui n'élimine nullement l'idée d'un polissage fait à distance sur le lieu d'utilisation.

Un autre atelier, celui d'Olendon (Calvados), produisait d'innombrables haches, et certaines, particulièrement volumineuses, comme celle reproduite en couleur sur la couverture, longue de 270 mm, nécessitaient pour leur fabrication, de très gros blocs de silex qui devaient être extraits du sous-sol.

FIG. 163 — *Deux types de haches taillées.*
— Olendon (Calvados). Long. 110 mm.
— Presles (Val-d'Oise). Long. 155 mm.

Fabrication d'une hache polie

Selon la nature lithique de la hache, plusieurs modes opératoires peuvent être décrits.

La hache polie en silex dérive d'une ébauche taillée, comme nous l'avons décrit à propos des recherches d'Hardivillers. Cette hache taillée est ensuite polie sur un bloc de roche parfois très volumineux appelé polissoir. On y remarque des traces d'usure du type rainure avec une section en U ou en V et des cuvettes plus ou moins vastes.

Les rainures correspondent peut-être au polissage des bords de la hache, et les cuvettes au polissage du corps et des biseaux du tranchant. Ces polissoirs sont volontiers en grès, mais leur matière dépend de la géologie locale.

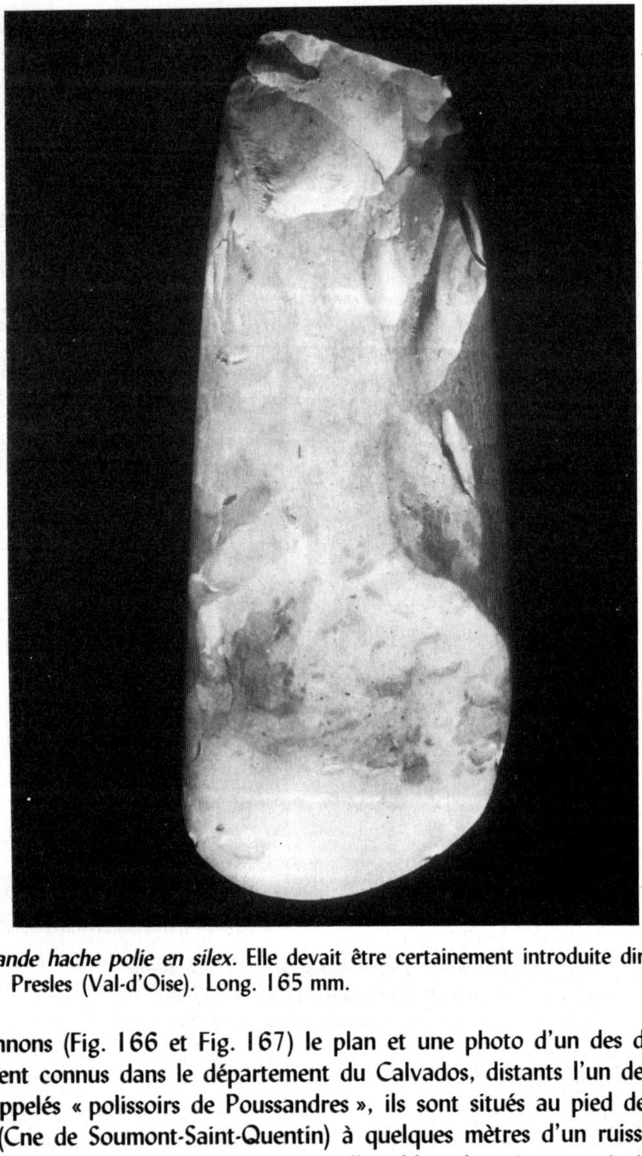

FIG. 164 — *Grande hache polie en silex.* Elle devait être certainement introduite directement dans le manche de bois. Presles (Val-d'Oise). Long. 165 mm.

Nous donnons (Fig. 166 et Fig. 167) le plan et une photo d'un des deux seuls polissoirs actuellement connus dans le département du Calvados, distants l'un de l'autre de seulement 8 m. Appelés « polissoirs de Poussandres », ils sont situés au pied de l'éperon barré du Mont-Joly (Cne de Soumont-Saint-Quentin) à quelques mètres d'un ruisseau : le Laizon. Celui figuré est le plus volumineux, constitué d'un bloc de grès armoricain, dont tout le côté Nord-Est est enfoui dans le sous-sol. Deux cuvettes ont une surface de 3 600 et 2 000 cm^2.

Trois rainures, longues de 40, 34 et 20 cm, larges de 1 à 6 cm sont bien visibles. L'utilisation d'eau permettait le polissage et d'innombrables rayures sont encore parfaitement visibles en lumière frisante, à la surface des cuvettes.

Une autre variété de roche utilisée pour la confection de haches polies est une roche éruptive de couleur souvent verte. 40 % des haches polies bretonnes en roche dure sont en dolérite dont on a découvert le lieu de leur provenance : une vaste exploitation à Plussulien près du village de Sélédin (Côtes-du-Nord), étendue sur près de 100 ha.

FIG. 165 — *Petites haches polies, vraisemblablement emmanchées par l'intermédiaire d'une gaine.*
1 — Roche verte. Tassilly (Calvados). Long. 100 mm.
2 — Grès. Saint-Nom-la-Bretèche (Yvelines). Long. 72 mm.
3 — Silex. Pont (Calvados). Long. 100 mm.

FIG. 166 — *Polissoir de Poussandres (Soumont-Saint-Quentin, Calvados). Aspect d'une cuvette et d'une rainure.*

C.T. Le Roux (1975) nous raconte l'histoire passionnante de cette carrière reconnue en 1964.

Vers — 4000 et — 3600 av. J.-C. le gisement est découvert, la roche est prélevée en creusant des fosses là où des blocs sont fissurés et faciles à extraire.

A partir de — 3400, il faut s'attaquer aux rochers massifs et des blocs énormes sont déplacés.

Abandon de la carrière vers — 3000 et nouvelle exploitation vers — 2300.

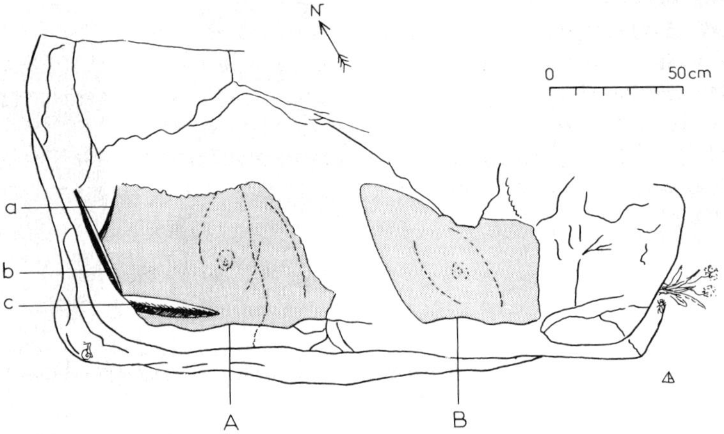

FIG. 167 — *Plan d'un des deux polissoirs de Poussandres (Soumont-Saint-Quentin, Calvados).*
A et B — cuvettes
a, b et c — rainures.

On pense que des feux chauffaient la roche aidant au débitage. Enfin, la concurrence du métal diminue les besoins et l'exploitation va cesser. Les fouilles découvrent des postes de taille et une masse considérable de débris qui permettent à C.T. Le Roux de décrire la fabrication d'une hache en dolérite, différente en raison de la nature cristalline de la roche, de la taille d'une hache de silex.

Le premier stade est la confection d'une ébauche : le bloc brut est choisi, soit un fragment naturellement fissuré et grossièrement parallélipipédique, soit un gros éclat.

Il est ensuite dégrossi au percuteur de pierre, et le second stade est une retouche de cette ébauche régularisant sa forme, lui donnant l'aspect d'une hache taillée mais encore grossière en raison de la matière première.

Le troisième stade est le bouchardage : la hache est « régulièrement martelée sur toute sa surface à l'aide d'un petit percuteur, de manière à écraser les aspérités ce qui affine la pièce tout en lui laissant un aspect rugueux » (C.T. Le Roux).

Seul « le tranchant n'est jamais bouchardé, par crainte de casse ».

Le dernier stade est celui du polissage, finition pour le corps mais temps essentiel pour le tranchant « qui va lui donner le galbe et l'angle de coupe corrects ».

Expérimentalement 10 heures sont nécessaires pour tout ce travail. Les haches de Plussulien n'étaient certainement pas toutes polies sur place, « des ébauches disséminées ici et là, dans toute la Bretagne, témoignent qu'une partie de la production quittait l'atelier sous une forme tout juste dégrossie ».

De nombreuses haches ont fait l'objet d'un prélèvement pour l'étude minéralogique de leurs constituants. On peut ainsi connaître les haches faites en dolérite de Plussulien, et, dressant une carte de leur répartition, estimer leur diffusion. Les carrières de Plussulien ont fourni près de la moitié des haches en roche dure de Bretagne, et la production atteint les Pays de la Loire, le Poitou-Charente, les Basse et Haute-Normandie, également le Bassin Parisien, le Nord-Est, le Massif Central, la Vallée du Rhône et même le Sud de l'Angleterre.

Une autre particularité de fabrication des haches polies est reconnue dans les stations littorales suisses et dans d'autres régions comme les Pyrénées (L.R. Nougier et R. Robert, 1955) ou la Bretagne.

Il s'agit d'un sciage qui permet de débiter de gros blocs de minéraux comme la fibrolite ou de roches non cassantes ramassées dans les cours d'eau ou d'origine morainique (amphibolite, diorite, éclogite, gabbro, kersantite, péridotites, pyroxénite, serpentinite, trémolitite, et bien d'autres).

Ce sciage sert à « partager un rognon assez important pour que l'on puisse en tirer deux haches, soit pour diviser une hache déjà terminée en deux plus petites » (C.T. Le Roux, 1975, p. 54).

FIG. 168 — *Fragment de hache polie en pierre verte montrant des traces de sciage longitudinal.* Morat (Suisse). Muséum d'Histoire Naturelle de Rouen. Long. 90 mm.

Un dégrossissage par piquetage prépare le bloc, puis par martelage est réalisé « un large sillon, profond de 3-5 mm, et qui devait, sans doute, non seulement assurer la direction de la scie, mais surtout lui permettre de mordre et de retenir le sable employé comme mordant ». (P. Vouga, 1934, p. 21).

La scie, peut être une planchette de bois ou une cordelette, réalise « un sillon de 10 à 15 mm de profondeur, suffisant la plupart du temps à diriger l'éclatement du bloc dans le sens prévu » (P. Vouga, 1934, p. 21).

La figure 168 montre le bord d'une hache en roche verte conservant les traces de ce sciage.

L'emmanchement des haches polies

Les découvertes des stations lacustres de l'Est de la France et de la Suisse permettent de nous faire une certaine idée de la conception des manches de hache. Nous pensons que les grandes lames de haches, autour de 15 cm de long par exemple, devaient pénétrer directement le manche de bois renflé à cette extrémité (emmanchement direct). Le risque pendant l'utilisation de l'outil est l'éclatement du manche, la pierre faisant office de coin.

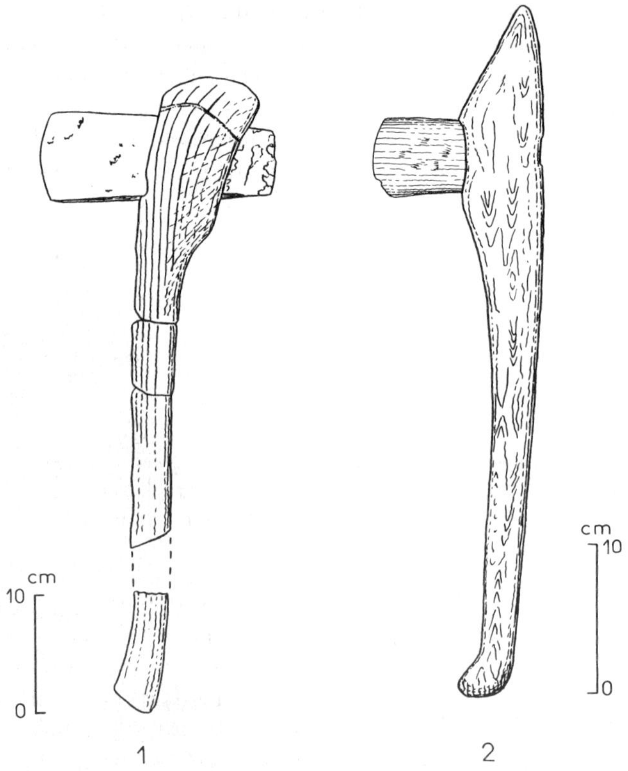

FIG. 169 — *Emmanchement direct de haches polies.*
1 — Danemark
2 — Locras (lac de Bienne, Suisse). Musée de Berne.

Une pièce intermédiaire, appelée gaine, faite en bois de cerf, absorbe les ondes de choc et évite cet éclatement (emmanchement indirect ou à gaine).

La gaine permet aussi par son effet de rallonge d'utiliser des lames de pierre beaucoup plus courtes pour une même largeur au tranchant.

Le bois du manche, long de 60 à 80 cm, est choisi en toute connaissance et M. Egloff (1984) rapporte qu'à Auvernier (Lac de Neuchâtel, Suisse) c'est le frêne qui est utilisé et aussi hêtre et chêne. A Charavines (Isère) c'est l'érable également résistant et souple qui est préféré (A. Bocquet et A. Houot, 1982, p. 40).

Les manches « rectilignes ou parfois légèrement cintrés », ont une extrémité volumi-

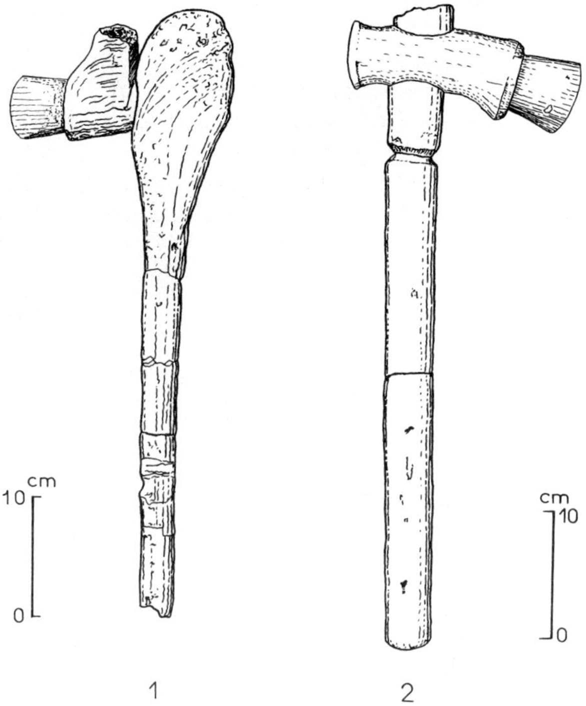

FIG. 170 — *Emmanchement de haches polies par l'intermédiaire d'une gaine.*
1 — Gaine à tenon. Montilier (lac de Morat), Suisse.
2 — Gaine à perforation transversale. Penhouët (Loire-Atlantique).

neuse en forme de crosse et c'est cette « lourde et robuste tête qui recevra la lame dans une mortaise carrée ou rectangulaire ». L'autre extrémité se termine « par un élargissement qui évitait à la main de glisser » (A. Bocquet et A. Houot, 1982, p. 40) (Fig. 169).

Les types de gaines de bois de cerf sont variés. Une première variété est dite à « tenon simple » (Fig. 105). La gaine est creusée pour recevoir le talon de la lame (Fig. 105, d), c'est la douille (c). Le tenon (a) pénètre le manche de bois. La couronne (b) a son bord partiellement poli. Un montage complet avec manche de bois est représenté (Fig. 170, n° 1).

A. Billamboz (1977) dans une vaste étude de ces gaines, nous explique les phases de la fabrication d'un modèle similaire :

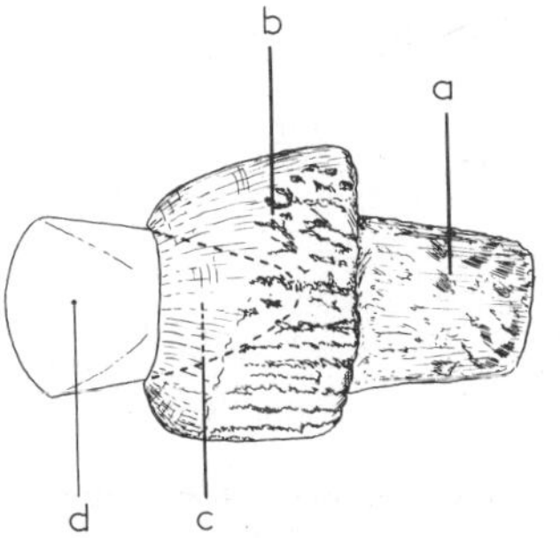

FIG. 171 — *Morphologie d'une gaine de hache à tenon, en bois de cerf.*
a — Tenon
b — Couronne
c — Douille
d — Lame de pierre

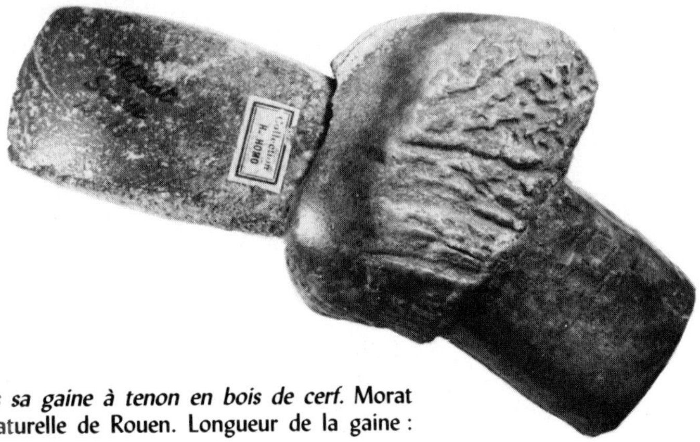

FIG. 172 — *Hache polie dans sa gaine à tenon en bois de cerf.* Morat (Suisse). Muséum d'Histoire Naturelle de Rouen. Longueur de la gaine : 100 mm.

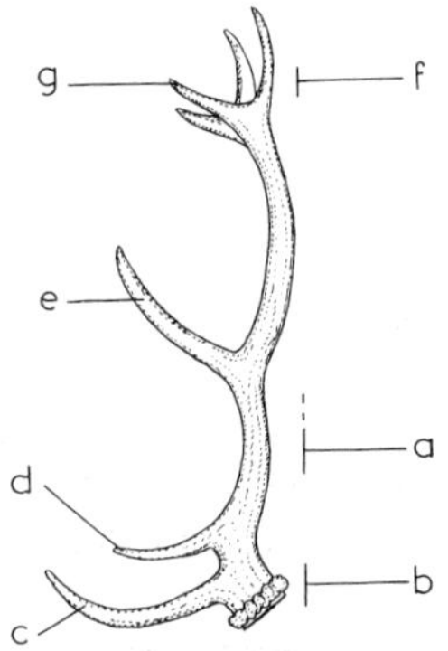

FIG. 173 — *Morphologie d'un bois de cerf.* D'après A. Billamboz (1977).
a — Merrain
b — Meule
c — Andouiller basilaire
d — Andouiller de glace
e — Andouiller central
f — Empaumure
g — Epois.

— La gaine sera prélevée dans une partie de la ramure du cerf, appelée merrain (Fig. 173, a et 174, a).

— Avant la section du segment de merrain, le futur tenon est taillé dans la corticale.

— Le merrain est sectionné par percussion ou par sciage à l'aide d'un silex, par exemple :

— Abrasion du sommet de la couronne (c) puis polissage du bord de la couronne (d) ce qui augmente la résistance et réduit le risque de fissuration.

— Frappant sur la surface abrasée de la couronne, on fait pénétrer le tenon dans la mortaise préparée dans le manche (e).

— A l'aide d'un silex utilisé comme un perçoir, perforation de la douille (f).

— La hache est finalement enfoncée dans la douille de la gaine (g).

— Pour affûter la pierre ou pour la changer, si elle s'est brisée, A. Bocquet. (A. Bocquet et A. Houot, 1982, p. 45) décrit une « astuce » pour extraire la gaine du manche : « à l'arrière d'un manche un trou carré fait communiquer le fond de la mortaise avec l'extérieur » et une baguette introduite dans l'orifice permet d'un coup de percuteur de chasser la gaine « sans autre effort » !

Un autre type de gaine intéressant, présente une perforation transversale.

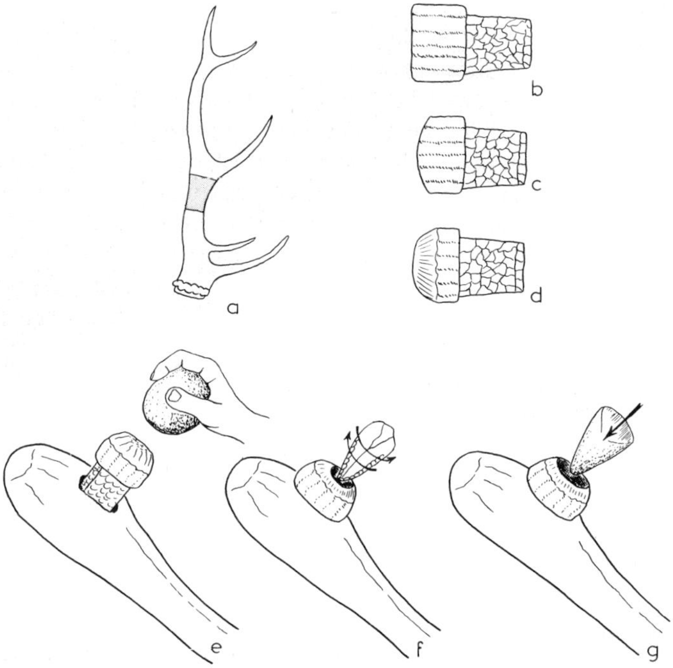

FIG. 174 — *Les étapes de la fabrication d'une gaine de hache à tenon en bois de cerf selon la technique décrite par A. Billamboz (1977).*

Nous avons reproduit l'exemplaire découvert dans une grotte sépulcrale creusée dans la craie à Mesnil-sur-Oger (Marne) et fouillée par A. Leroi-Gourhan, G. Bailloud, M. Brézillon (1962).

Datant du Néolithique final, il est caractéristique d'une culture appelée Seine-Oise-Marne. L'âge de la sépulture donné par l'étude de la radioactivité du carbone a comme extrêmes 1850 — 1720 ans avant J.-C.

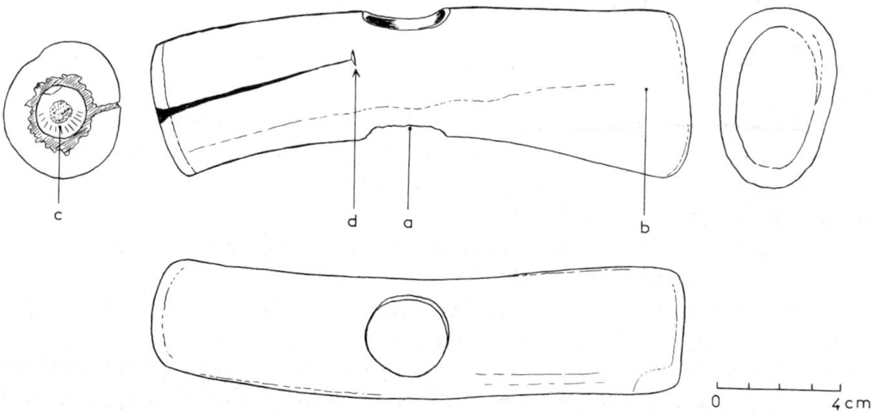

FIG. 175 — *Gaine de hache à perforation transversale en bois de cerf, polie.* Hypogée II des Mournouards (Mesnil-sur-Oger, Marne).

La gaine est faite dans le merrain distal d'un gros bois de cerf et sa surface est entièrement polie. La perforation est transversale (Fig. 175, a) et légèrement conique pour éviter le glissement sur le manche qui la traverse. L'extrémité la plus large de la gaine forme douille (b) et reçoit la pierre. L'autre extrémité, ou talon, est obturée par « un bouchon » en bois de cerf (c) introduit dans l'ancien canal médullaire. On a peut-être frappé avec le talon pour assurer la bonne pénétration de la pierre ce qui a provoqué, comme le soulignent les auteurs, une fente d'éclatement. Une incision perpendiculaire de 9 mm de long (d) est très vraisemblablement destinée à arrêter sa progression.

Un exemplaire complet, comme celui de la Baie de Penhouët (Loire-Atlantique) est dessiné (Fig. 170, n° 2). On remarque la parfaite utilisation de la courbure du segment du bois de cerf, inclinant convenablement la lame de pierre par rapport à l'axe du manche.

Utilisation des haches

1) Bûcheronnage

« La hache dut constituer un agent essentiel du défrichement de l'Europe » (J.G.D. Clark, 1955).

Les tourbières des Pays Nordiques, les Stations littorales ont conservé des troncs d'arbres qui portent des traces d'instrument du type hache. Ce sont certainement les grandes haches taillées, les grandes haches polies de silex qui servaient à l'abattage des arbres ou à la taille de bois de charpente. Le travail plus minutieux du bois devait se faire à l'aide d'outil du type herminette ou tranchet.

Les expérimentateurs ont souvent utilisé des haches. J.G.D. Clark (1955) cite le Dr Jacob-Friesen qui abat un pin de 17 cm de diamètre en 7 mn avec une hache taillée, en 5 mn avec une hache polie. J. Gachina cité par J.P. Mohen (1980) emmanche des haches néolithiques, coupe des troncs, équarrit des billots.

Il abat, avec un aide maniant également la hache, un arbre de 30 cm de diamètre en une heure. Pour ce travail, la hache de silex est plus tranchante que la hache en grès qui doit être réaffûtée.

H. Müller (1903) est un précurseur pour l'étude des techniques préhistoriques et nous rapportons l'une de ses expériences concernant la fabrication et l'utilisation des haches.

D'un bloc de 6 kg de silex gris de Montereau, il détache un éclat de 1 650 g et en 75 minutes taille une hache pesant alors 500 g. Le polissage, sur un polissoir de grès, dure 10 h 30 dont 90 minutes pour le polissage final du tranchant. La perte de poids, due au polissage n'est que de 31 grammes.

Un manche de 58 cm de long est préparé dans un tronc de troène à l'aide d'outils de silex et de ciseaux en bois de cerf et d'os.

L'emmanchement de la pierre est directe avec utilisation de résine de sapin et de coins de bois pour assurer sa bonne stabilité et l'ensemble « ligaturé avec 15 mètres de boyaux de bœufs ».

Il abat en 2 200 coups un chêne de 24 cm de diamètre sans endommager sa hache

« maniée à deux mains avec force » et H. Müller nous dit que « les spectateurs ont été stupéfaits de la résistance et de la puissance d'un pareil outil » !

Les traces d'usure sur le tranchant ont fait l'objet d'études récentes, et J. Roodenberg (1983) étudie celles visibles sur des haches polies de Bouqras en Syrie. Il constate sur les grandes haches qui ont certainement été utilisées comme « cognées » des stries d'usure obliques par rapport au taillant et qui sont « l'enregistrement gravé en pierre de la trajectoire arquée que décrit une lame montée parallèlement au plan du manche », fait déjà signalé par le préhistorien russe Semenov. Il existe également « fréquemment une cassure à l'angle d'impact d'où partent les stries d'usage » et cela permet de reconnaître un cas où la lame ainsi ébréchée a « été ensuite retournée dans son manche ».

Mais des haches de plus petites dimensions, dont le tranchant est peu éloigné du manche, auront des traces d'usure peut-être identiques de celles de herminettes, c'est-à-dire « parallèles à l'axe de la lame » en raison d'une trajectoire différente de la lame.

Pour J. Roodenberg (1983, p. 188) les stries d'utilisation sont en tous cas différentes des stries secondaires au polissage, ces dernières sont « fines, en paquets très localisés et dans toutes les directions ».

2) Réutilisation, transformation

Une hache brisée, ou ne coupant plus est retaillée et parfois transformée en un autre outil. Dans ce cas les traces de poli nous renseignent sur la destinée première de l'outil.

Un corps brisé est retaillé pour permettre un nouvel emmanchement, un tranchant hors d'usage est affûté (Fig. 176, n° 1). Le corps poli, permettant une bonne prise dans la main, est volontiers transformé en percuteur et l'extrémité tranchante peut être utilisée comme coin (Fig. 176, n° 2).

FIG. 176 — *Réutilisation d'une hache polie, peut-être brisée.*
1 — Retaille du tranchant et réfection du talon. Chavenay (Yvelines).
2 — Utilisation comme coin. Tassilly (Calvados).

3) Arme

« La hache, dans la majorité des exemples, est plutôt une arme qu'un outil » telle est l'opinion de A. Leroi-Gourhan (1943) dans une étude ethnologique.

C'est certainement l'usage de certaines pierres, colorées et tendres, de petites dimensions peu aptes au travail du bois et qui ont souvent fait l'objet d'échanges.

4) Au-delà de l'outil, la hache symbole

Les sépultures sous tumulus du littoral du Morbihan, en particulier celles de la région de Carnac, de Locmariaquer, d'Arzon, contenaient des haches polies, en roches dures, de taille extraordinaire, atteignant jusqu'à 46 cm de long, au poli parfait, parfois perforées d'un « trou de suspension » (Fig. 177), associées à Locmariaquer à des anneaux de serpentine provenant peut-être d'ateliers alpins (Fig. 177, ° 1).

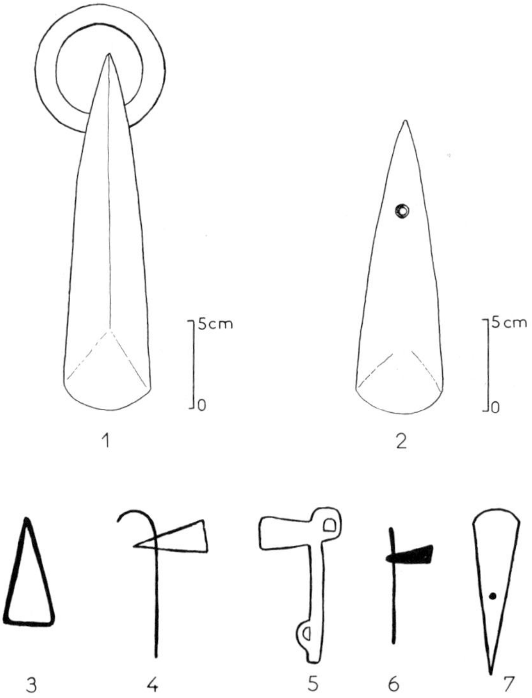

FIG. 177 — *Haches des sépultures mégalithiques du Morbihan.*
1 — Longue hache avec arête médiane, associée à un anneau de serpentine. Le Mané-er-Hroeck (Locmariaquer).
2 — Hache en jadéïte percée d'un orifice « de suspension ». Kerham-en-Ploëmeur.
— Haches gravées sur des parois de sépultures mégalithiques du Morbihan (d'après P.-R. Giot).
3 — Hache non emmanchée.
4, 5, 6 — Haches emmanchées, la n° 5 avec anneau de fixation (Table des Marchands, Locmariaquer).
7 — Hache avec orifice de suspension. Gavrinis (Larmor-Baden).

106 haches polies sont trouvées à Le Mane Er Hroeck (Locmariaquer) et sont considérées comme des haches « d'apparat ».

Des représentations de haches, souvent munies de leur manche, sont gravées sur les dalles de dolmens à couloir : hache non emmanchée (Fig. 177, n° 3), hache emmanchée

(Fig. 177, n^{os}4-5-6). L'extrémité de leur manche est volontiers courbe et présente, comme à la Table des Marchands à Locmariaquer (Morbihan) ce que l'on pense être un anneau de fixation (Fig. 177, n° 5).

Sont également figurées des haches d'apparat avec « trous de suspension » (Fig. 177, 7).

Associées à des extrémités de flèches et des poignards, ces haches sont certainement des outils de guerre, ou au moins des représentations de force.

Les sépultures du Néolithique final du Bassin Parisien contiennent également des objets appelés « haches amulettes ».

Ce sont de minuscules haches dont le talon présente une perforation biconique permettant une utilisation comme pendentifs (Fig. 178).

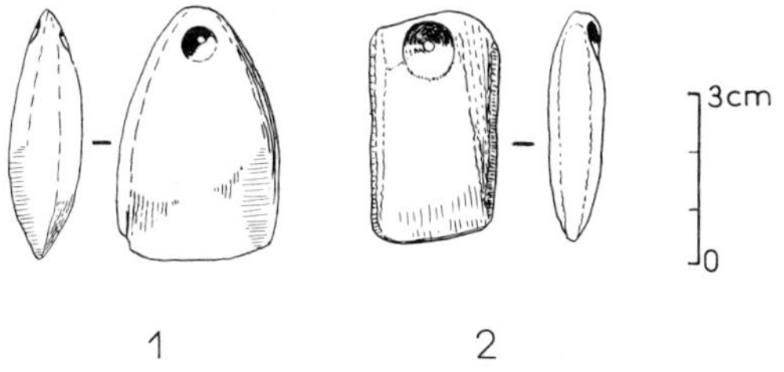

FIG. 178 — *Hachettes pendeloques.* Sépulture mégalithique de l'usine Vivez à Argenteuil (Val-d'Oise).

Au siècle dernier, la hache polie découverte dans le champ était cachée dans une anfractuosité d'un mur de la ferme pour protéger le bâtiment de la foudre, dernière survivance du symbolisme de cet outil.

Herminettes

Comme une hache, l'herminette possède une lame de pierre, taillée ou polie, fixée de diverses manières sur un manche, mais dans tous les cas le tranchant est perpendiculaire à l'axe du manche.

En l'absence de manche, dont la conservation est bien exceptionnelle, il devient délicat de reconnaître parmi les « haches » celles qui sont l'élément d'une herminette.

P. Vouga (1934, p. 22) classe les haches polies, d'après leur taille, en trois groupes. Les grandes et les moyennes sont considérées comme des « haches proprement dites » et les petites, au tranchant étroit, comme des herminettes. Parfois cependant, la lame de pierre a une forme asymétrique avec des biseaux inégaux, compatible pour une utilisation comme herminette (Fig. 179). Mais lorsque la pierre a deux biseaux symétriques, seul le manche ou la gaine conservés et peut-être les traces d'usure peuvent renseigner.

Le manche d'une herminette est décrit comme nettement plus court que celui d'une hache (A. Billamboz, 1977, p. 111 et P. Vouga, 1934, p. 25). Les stations littorales suisses en ont conservé divers modèles. La lame peut être directement fixée sur un manche de bois végétal (Fig. 180, n° 1) à l'aide de ligatures ou insérée dans un manche de bois de cerf « coudé à douille longitudinale » (A. Billamboz, 1977, p. 118) comme sur la figure 180, n° 2 avec l'andouiller qui sert de manche et la douille creusée dans un segment de merrain.

La lame dans les autres cas est fixée dans le manche indirectement par l'intermédiaire d'une gaine. Il s'agit, soit d'une gaine « perforante » faite dans un andouiller car la pierre est étroite (Fig. 180, n° 3), soit d'une gaine « à tenon bifide » comme sur la figure 181, taillée dans la base d'un andouiller et que l'on fixe sur un manche du type n° 4, figure 180. Un autre exemple d'emmanchement comprend une gaine faite dans un segment de merrain, perforé transversalement pour recevoir le manche comme pour celui trouvé dans une sépulture de Mesnil-sur-Oger (Marne) (Fig. 180, n° 5).

L'herminette était certainement un outil essentiel pour le travail du bois (A. Leroi-Gourhan, 1943 et 1971), « utilisée en coups verticaux d'avant en arrière pour creuser, équarrir les troncs, aplanir une surface » (A. Bocquet et A. Houot, 1982, p. 45). Les traces d'usure sont théoriquement différentes de celles observées sur une hache servant de

FIG. 179 — *Outils pouvant être considérés comme « herminettes » en raison de leur asymétrie et leurs biseaux inégaux.*
1 — Olendon (Calvados), long. 155 mm.
2 — Olendon (Calvados), long. 140 mm.
3 — Tassilly (Calvados), long. 118 mm.
4 — Tassilly (Calvados), long. 115 mm.

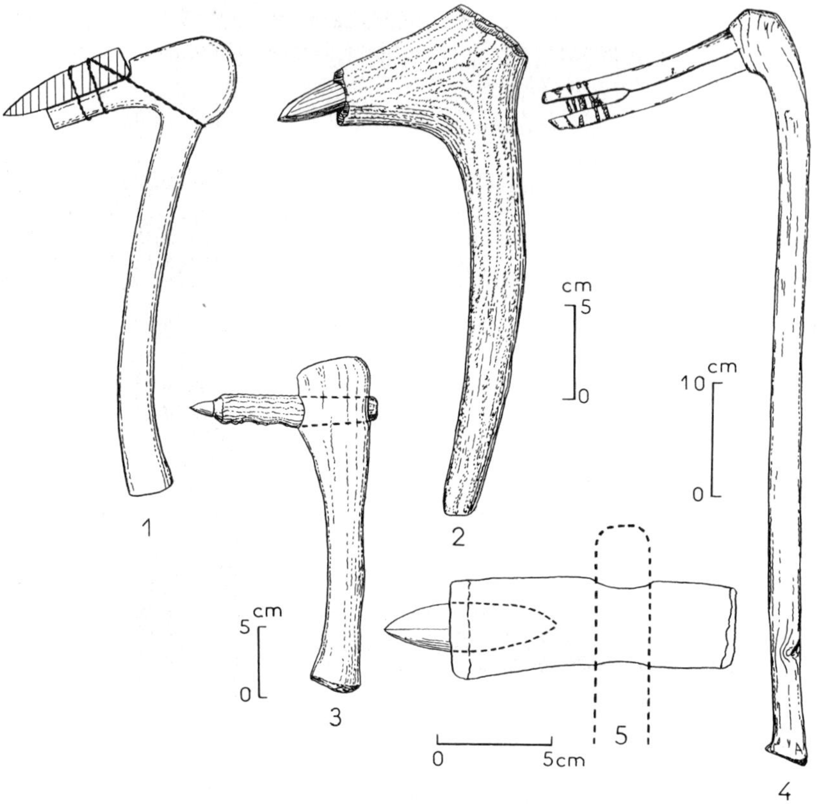

FIG. 180 — *Quelques types d'emmanchement de herminettes*
1 — Emmanchement direct dans un manche de bois végétal. D'après un schéma de A. Billamboz (1977).
2 — Emmanchement direct dans un manche coudé en bois de cerf. Chalain (Jura), Musée de Lons-le-Saunier. D'après A. Billamboz (1977).
3 — Emmanchement indirect avec gaine « perforante ». Lac de Bienne (Suisse). D'après J. de Morgan.
4 — Manche de bois végétal. Feldmeilen-Vorderfeld (Suisse). D'après J. Winiger.
5 — Gaine de bois de cerf à perforation transversale du type de l'Hypogée II des Mournouards (Mesnil-sur-Oger, Marne).

cognée » (p. 169). Les stries d'usure observées sur le taillant sont parallèles à l'axe longitudinal (J. Roodenberg, 1983).

Si le manche, comme celui n° 1, figure 180 est long, si la pierre est volumineuse et profondément striée, on peut supposer une utilisation comme instrument agraire du type houe. Des études des microtraces d'usure permettront peut-être pour des cas privilégiés de distinguer ces divers usages.

Il faut aussi certainement tenir compte des documents que nous apporte l'ethnologue. A. Steensberg (1980) a étudié des haches et des herminettes récentes de Nouvelle-Guinée. Certains outils (hache-herminette) ont un manche composite qui permet de donner une certaine rotation axiale au tranchant de la lame. Cela rend donc « difficile le maintien de la distinction classique entre le montage en hache et celui en herminette » (J. Guiart, 1986).

Dans les pages qui suivent nous allons voir que la plupart des outils appelés « tranchets » sont de véritables herminettes, extrêmement abondants au Néolithique dans certaines régions.

FIG. 181 — *Gaine à « tenon bifide » et sa pierre.* Suisse. Muséum d'Histoire Naturelle de Rouen. Long. 118 mm.

Tranchets

Description

La partie active de l'outil est un tranchant transversal « constitué par la rencontre de deux surfaces d'éclatement » (M. Brézillon, 1969). Ces deux surfaces forment un angle tranchant mesurant entre 60 et 70° mais qui varie avec les affûtages.

Le tranchant est réalisé de deux manières principales. Soit préformé, c'est un des bords convenablement choisi d'un éclat épais dont une portion de la face d'éclatement, plane ou volontiers un peu bombée, sera la face inférieure du tranchet. Le corps, de forme triangulaire ou trapézoïdale, est obtenu par des retouches de types variés, respectant totalement ou en partie la face inférieure et le biseau du tranchant. Il existe de nombreux aspects à l'origine de classifications typologiques parfois complexes. Ces tranchets, de petite ou moyenne taille (5 à 7 cm de long), fabriqués à partir d'éclats épais sont essen-

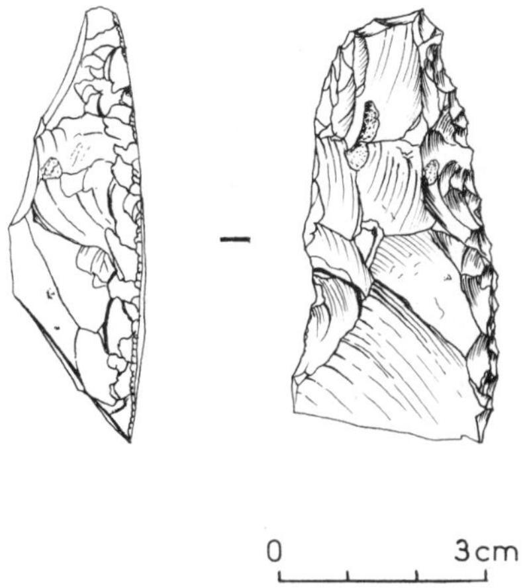

FIG. 182 — *Petit tranchet uniface*. Firfol (Calvados).

FIG. 183 — *Tranchet uniface.* Vendeuvre (Calvados). Long. 77 mm.

tiellement unifaces et leur tranchant le plus souvent rectiligne est asymétrique sur une vue de profil (Fig. 182). La seconde façon d'obtenir le tranchant se voit sur des tranchets plus volumineux, préparés par une taille sur deux faces comme pour les haches de silex. A l'extrémité distale de l'ébauche est porté latéralement un coup qui détache un éclat transversal : c'est « le coup du tranchet » (Fig. 186). Le tranchant de ce tranchet biface est volontiers courbe et surtout peut comporter deux biseaux symétriques (Fig. 184).

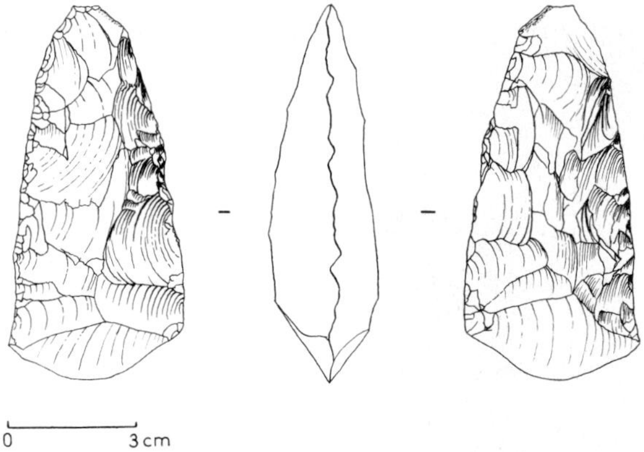

FIG. 184 — *Tranchet biface.* Tassilly (Calvados).

Utilisation

Le tranchet, utilisé emmanché, est certainement l'outil par excellence pour travailler le bois. Malheureusement on ne connaît que d'exceptionnels manches (Fig. 188, n° 2, et n° 4).

L'asymétrie du tranchant des tranchets unifaces fait penser à une utilisation comme une herminette : tranchant perpendiculaire au manche et biseau regardant vers le manche comme sur la figure 188, n° 1. Avec un tranchet de 30 mm de largeur au tranchant et un tel manche on coupe une branche de 10 cm de diamètre en une quinzaine de minutes sans modifier macroscopiquement le fil du tranchant.

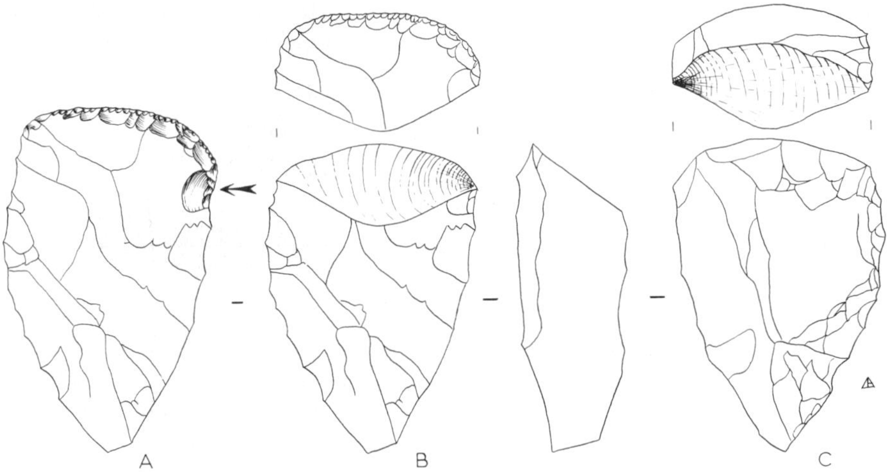

FIG. 185 — *Le « coup du tranchet » permet d'obtenir un tranchant transversal parfaitement régulier et coupant.*

FIG. 186 — *Éclat d'affûtage détaché d'un gros tranchet biface.* Tassilly (Calvados). Largeur 55 mm.

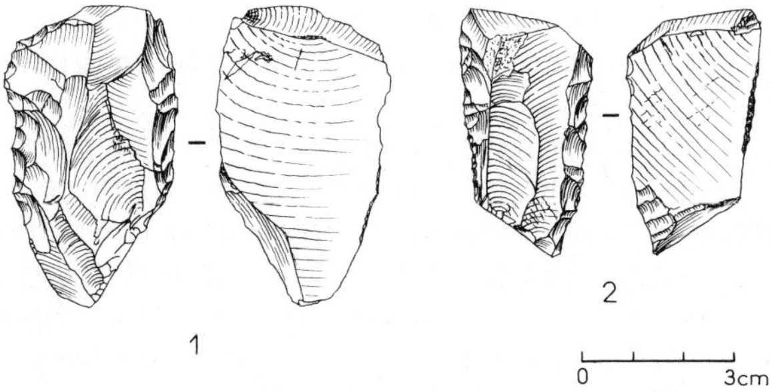

FIG. 187 — *Petits tranchets affûtés montrant une inversion du biseau, détaché aux dépens de la face plane.* Sassy (Calvados).

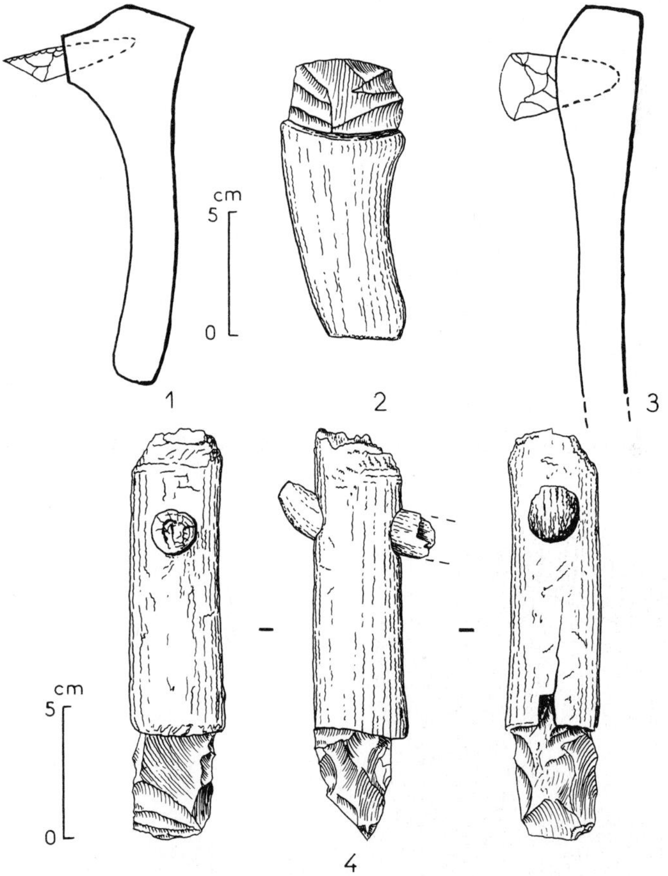

FIG. 188 — *Hypothèses d'emmanchement de tranchets.*
1 — Emmanchement comme une herminette.
2 — Ce serait un tranchet de silex noir, introduit dans un segment de bois de cerf, dragué dans la Seine à Oissel en 1888. (Dessin au Museum d'Histoire Naturelle de Rouen).
3 — Emmanchement comme une hache.
4 — Manche de bois et gaine à perforation transversale en bois de cervidé. Hohen Viecheln (République démocratique allemande). D'après Schuldt, in A. Whittle (1985).

Les tranchets bifaces, à biseaux symétriques sont peut-être plutôt utilisés comme des haches (Fig. 188, n° 3). Une étude des traces d'usure pour ce genre d'outil apporterait certainement beaucoup de précision.

L'affûtage des petits tranchets par « coup du tranchet » ne paraît pas habituel car il est facile de les remplacer par un outil neuf. Mais on en connait des exemples (Fig. 187) et qui ont même inversé le biseau, détaché aux dépens de la face inférieure plane. Emmanchés comme un ciseau ou une herminette, leur angle tranchant ouvert est tout à fait efficace. Par contre les lourds tranchets bifaces montrent volontiers des traces de ce genre d'affûtage, créant un nouveau biseau, rendant le tranchant très solide et très coupant. La figure 185 résume ce « coup du tranchet » avec semble-t-il parfois une étape préliminaire de régularisation, par retouches, de l'ancien tranchant comme pour créer une crête convexe et guider le détachement de l'éclat d'avivage.

Ciseaux

Les ciseaux sont des « outils allongés à taillant étroit » (J. Cauvin, 1983, p. 266). Les variétés sont nombreuses car ils peuvent être de grandes ou de petites dimensions, uniquement taillés, partiellement polis ou totalement polis. La forme et le mode de fabrication du tranchant sont également divers.

Ciseaux taillés

C'est donc l'étroitesse du tranchant qui est la caractéristique principale (M.-C. Cauvin, 1971, p. 146). Pour L.-R. Nougier (1950, p.44) le ciseau taillé est un tranchet allongé et étroit. Mais comme tous les intermédiaires sont possibles entre tranchets et ciseaux, une limite arbitraire est fixée par J.-C. Blanchet et M. Petit (1972) : la largeur doit être inférieure au tiers de la longueur.

Nous ferons une distinction entre les ciseaux, souvent volumineux, taillés comme une hache sur les deux faces et les ciseaux, de petite taille, plus ou moins unifaces et préparés dans un fragment d'éclat dont ils gardent la forme.

Les grands ciseaux peuvent avoir un tranchant préparé comme celui d'une hache taillée par de multiples enlèvements, de forme rectiligne ou plus ou moins convexe. Il est aussi formé par l'intersection de deux surfaces d'enlèvements ou résulte parfois d'un coup latéral décrit sous le nom de « coup du tranchet ». Le tranchant est, de profil, symétrique ou non, avec des biseaux égaux ou inégaux (Fig. 189).

Les petits ciseaux comme ceux figure 190 ne sont volontiers retouchés que sur une face. La face non retouchée est très souvent bombée, choisie dans une portion convexe d'une face de l'éclat d'origine ce qui donne une certaine symétrie au profil du tranchant (Fig. 190, n°s 1 et 3). Ailleurs, la face non retouchée est plane et le tranchant formé par un simple biseau. L'extrémité opposée au tranchant est diversement aménagée, parfois pointue et faisant suspecter un emmanchement, ailleurs arrondie ou plane comme sur la

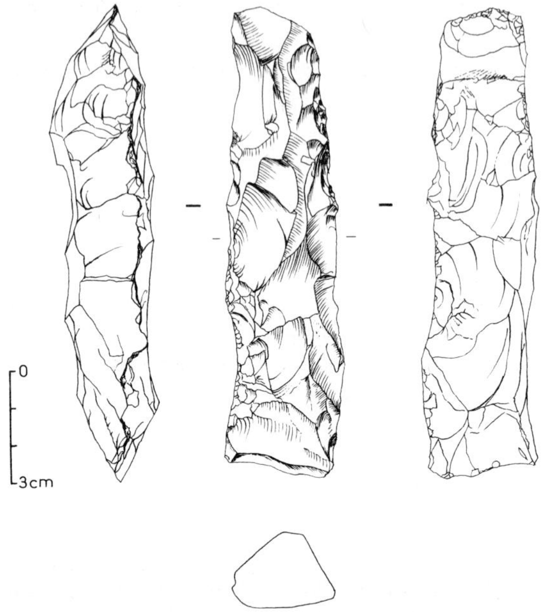

FIG. 189 — *Ciseau taillé biface.* Tassilly (Calvados).

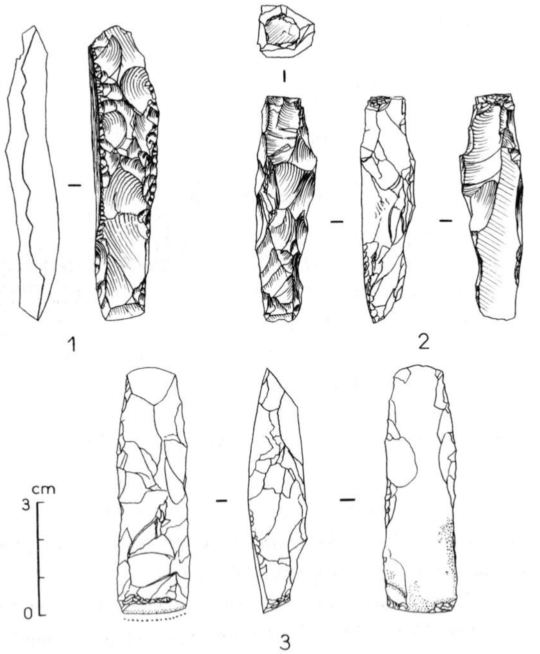

FIG. 190 — *Petits ciseaux unifaces.* Sassy (Calvados).
1 — A tranchant étroit.
2 — Utilisé peut-être comme « coin »
3 — Traces d'usures visibles sur le biseau et la face inférieure (en pointillé).

figure 190, n° 2, peut-être surface à frapper comme l'indiquent les éclats longitudinaux détachés de sa périphérie.

Les bords du corps sont parallèles mais aussi légèrement convexes donnant aux longues pièces plus de solidité.

Ciseaux polis

Ils ressemblent parfois à des haches polies mais qui seraient très étroites. Le corps est de section plus ou moins circulaire, elliptique ou quadrangulaire comme pour les longs ciseaux, très étroits, du Néolithique et de l'âge du Bronze du Danemark.

Emmanchement et utilisation

Les manches conservés sont bien rares et l'on n'en connaît que pour des ciseaux polis provenant de stations lacustres suisses (Fig. 191). Ils sont en bois de cerf, rectilignes,

FIG. 191 — *Ciseau poli et son manche en bois de cerf.* Suisse. Long. 200 mm. Muséum d'Histoire Naturelle de Rouen.

avec une douille longitudinale dans laquelle pénètre la pierre, fabriqués dans un andouiller ou un segment de merrain (A. Billamboz, 1977).

Les ciseaux sont certainement essentiellement destinés au travail du bois, utilisés en « percussion posée » (A. Leroi-Gourhan, 1943-1971). Ils sont nécessaires au creusement de mortaises et utiles pour des travaux délicats grâce à leur tranchant étroit. Les traces d'usure se voient sur l'arête tranchante, les facettes des biseaux et sur la face inférieure plane comme sur la figure 190, n° 3. Ils étaient vraisemblablement emmanchés mais aussi parfois directement tenus à la main.

Nous signalons pour finir, un « outil » dont la fonction est proche de celle d'un ciseau : c'est une hémimandibule de castor, utilisée par les Néolithiques suisses. L'incisive est affûtée et sert de tranchant, la branche montante est brisée pour permettre une bonne préhension (Fig. 192).

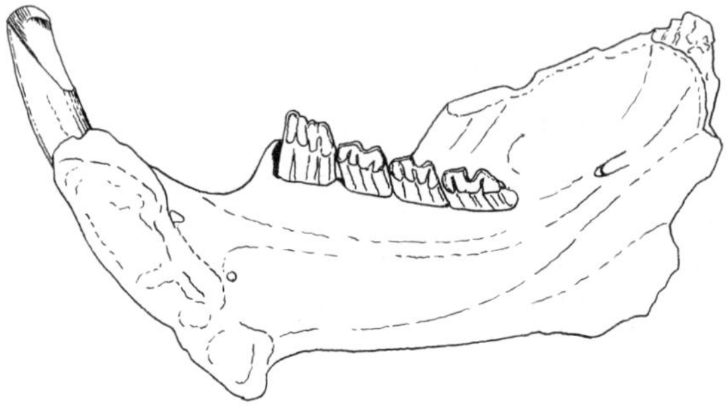

FIG. 192 — *Ciseau sur hémimandibule de castor.* On remarque l'affûtage de l'incisive et la disparition de la branche montante. Auvernier (Lac de Neuchâtel, Suisse). Néolithique. D'après T. Josien (1955).

Pics et outils de mineurs

Nous décrirons tout d'abord quelques outils appelés « pics » sans préjuger de leur utilisation, puis nous donnerons un bref aperçu de ce que fut l'outillage des ouvriers qui ont exploité des fosses ou des mines d'extraction de silex.

Pics de silex

M.-C. Cauvin (1971, p. 153) décrit les pics comme des « outils tous allongés et pointus (à pointe épaisse) » et les classe en deux familles : « les pics bifaces et les pics à face plane étant les deux catégories fondamentales ».

Le pic est présent dans la liste typologique des outils du Paléolithique supérieur de D. de Sonneville-Bordes et J. Perrot (1956, p. 552). C'est une « forte pièce à section triangulaire ou trapézoïdale, à pointe robuste, parfois émoussée ou martelée par l'usage, à talon épais souvent globuleux. Ils ont pu servir à « attaquer la voûte de l'abri, à graver ou à sculpter » comme l'écrit D. Peyrony (1934, p. 46).

Mais c'est surtout dans la période néolithique et jusqu'à l'âge des métaux que les pics sont abondants, fabriqués par les peuples sédentaires exploitant le sol et le sous-sol, sachant le cultiver et en extraire des matières minérales.

Ce que l'on appelle un pic est donc un outil solide, plus ou moins grossièrement taillé, long d'une douzaine à une trentaine de centimètres, avec une ou deux extrémités pointues.

On peut en remarquer trois principaux types avec des variantes qui rendent les classifications difficiles.

— Un rognon allongé, appointé à l'une de ses extrémités, conservant le cortex à sa partie moyenne est un pic, véritable « bâton de pierre » (L.-R. Nougier, 1950, p. 43). Il se rencontre là où existent de tels rognons.

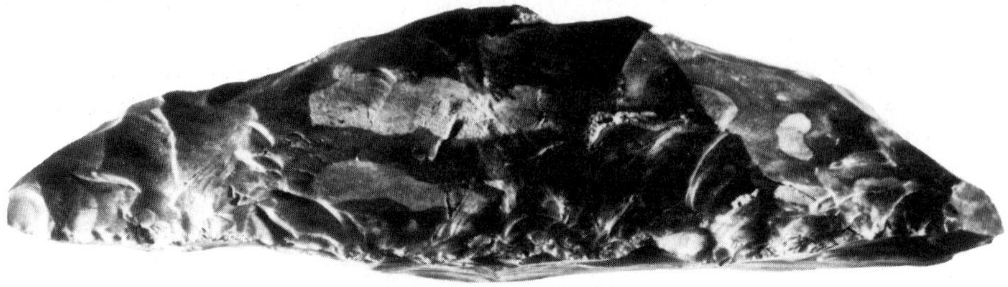

FIG. 193 — *Pic uniface.* Néolithique. Vendeuvre (Calvados). Long. 150 mm.

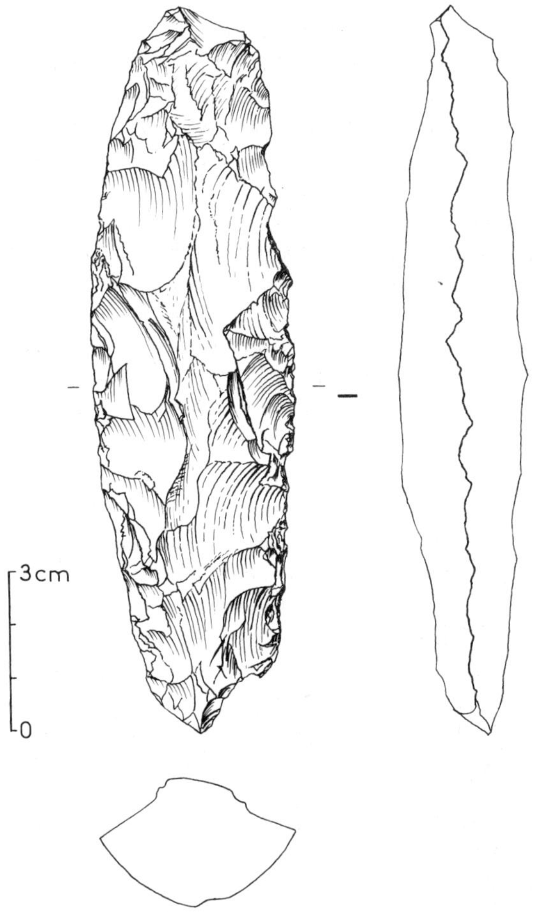

FIG. 194 — *Pic biface.* Néolithique. Olendon (Calvados).

— Le pic biface est taillé comme une hache à partir d'un bloc ou d'un gros éclat et présente une ou deux extrémités pointues (Fig. 194).

— Le pic uniface (Fig. 193) a une face libre de retouche, plane ou un peu arquée et qui peut être la face de fracture du volumineux éclat d'origine. Sa section est triangulaire ou trapézoïdale, les retouches sont faites à partir de la face plane, du bord ou de la face opposée.

Les emmanchements de ces pics ne se sont pas conservés. Si certains pouvaient être tenus à la main, d'autres ont pu être emmanchés comme peut le témoigner l'existence sur certaines pièces de deux larges échancrures rétrécissant le corps à sa partie moyenne ou proximale, peut-être pour assurer une ligature.

Outils de mineurs

La véritable fonction de certains pics n'est observable que dans le cas précis de leur découverte, abandonnés dans des puits ou des galeries d'extraction de silex. Nous avons vu, à propos de la hache taillée, que de véritables carrières ou mines de silex sont ouvertes afin d'obtenir une matière première abondante et de bonne qualité. Pour creuser les couches de craie, détacher les blocs de silex, deux outils sont habituellement utilisés : le pic de silex et le pic de bois de cerf.

Ainsi dans un vaste puits avec galeries d'extraction de silex à Bretteville-le-Rabet (Calvados), J. Desloges trouve les instruments d'exploitation (G. Verron, 1981). Il s'agit, d'une part, d'outils en bois de cerf qui « devaient servir de pioches, mais aussi de marteaux, de crochets ou de leviers pour déchausser les rognons de silex » et d'autre part une trentaine de pics de silex, le plus souvent brisés alors que des exemplaires morphologiquement identiques mais non usagés sont ramassés en surface aux alentours de l'exploitation. L'un d'eux a une extrémité considérée comme le talon « très émoussé » avec des étoilures de percussion, tandis que l'autre extrémité ou pointe est brisée. J. Desloges pense à une

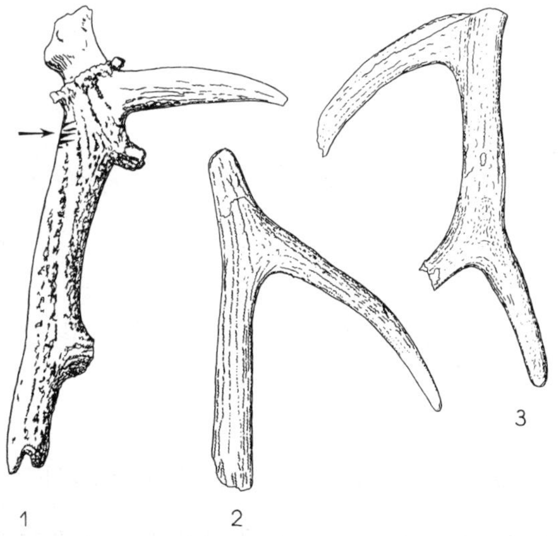

FIG. 195 — *Pics de mineurs en bois de cerf.*
1 — Fait dans la portion proximale d'un merrain, la flèche montre des entailles dues à la percution par un noyau de silex. Grimes Graves (Angleterre). D'après J.G.D. Clark (1955).
2 et 3 — Pics abandonnés dans des galeries d'extraction de silex. Sèvres (Hauts-de-Seine).

utilisation comme « coin », employé sans emmanchement, pouvant être enfoncé à l'aide de maillets de bois en raison de l'absence de percuteurs de pierre.

Dans la panoplie du mineur le pic en bois de cerf est un instrument tout à fait caractéristique (Fig. 195). On le découvre abandonné sur le front de taille ou dans les galeries, ou encore tenu par le mineur tué pendant le travail par un éboulement comme à Obourg en Belgique où l'on a dégagé squelette et pic à « double manche ».

Ces pics sont habituellement formés par le merrain du bois de cerf servant de manche et l'andouiller basilaire est la partie active.

Ils peuvent être très nombreux comme dans les galeries de deux puits de Grimes-Graves en Angleterre où l'on en récupère 244 (J.G.D. Clark, 1955, p. 264). Les traces laissées par ces pics sont souvent visibles sur les parois crayeuses et l'usure de l'outil est signalée sous forme d'incrustations d'esquilles de silex, d'un lustré du merrain par les mains de l'ouvrier. J.G.D. Clark (1955, p. 264) remarque sur des exemplaires de Grimes-Graves (Fig. 195, n° 1) des entailles « au dos du "pic", immédiatement derrière l'andouiller » et également la présence de fines esquilles de silex. Il pense qu'il s'agit de traces de « martèlement du merrain avec un noyau de silex » car de tels pics ont pu être engagés dans la paroi, en série, et utilisés comme levier pour détacher des bancs de craie ou de silex.

Parmi les autres outils en bois de cerf nous figurons :

— Un « râteau » (Fig. 196, n° 1), « fragment de merrain sur lequel subsistent deux andouillers qui constituent les dents » (P. Soulier, 1970, 1971).

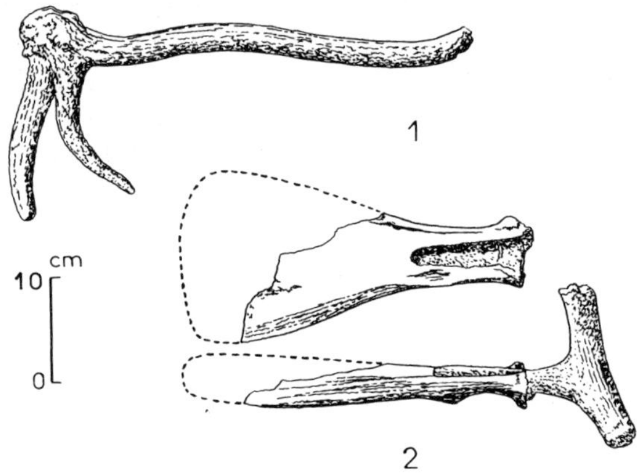

FIG. 196 — *Outils de mineurs.*
1 — Râteau en bois de cerf.
2 — Pelle en omoplate avec son manche en bois de cerf. Mines de Harrow Hill (Angleterre). D'après E.C. Curwen et J.G.D. Clark (1955).

— Une « pelle » (Fig. 196, n° 2) en omoplate, dont le col et la cavité articulaire sont aménagés de manière à recevoir un manche fait d'un tronçon de bois de cerf.

Sont aussi décrits des marteaux, leviers, coins en bois de cerf, des pics en os et peut-être même des lampes : coupes taillées dans de la craie ou cupules de silex, mais l'absence habituelle de traces de combustion ne permet pas de conclusion précise.

Enfin, un outil est bien particulier aux ateliers du Vaucluse comme celui de La Bouisse à Murs, étudié par A. Vayson de Pradenne (1931). Ce sont des maillets, habituel-

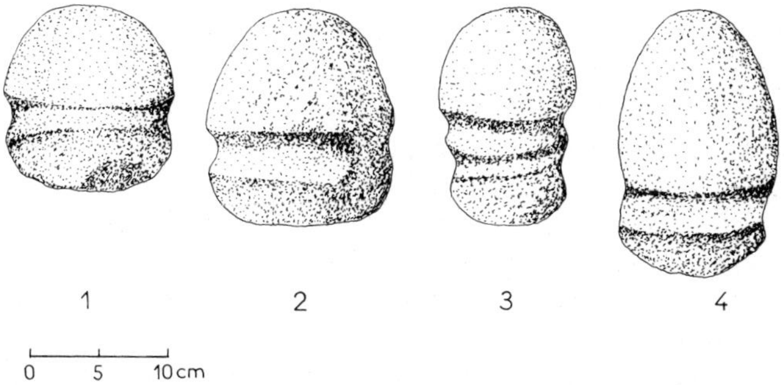

FIG. 197 — *Quelques types de maillets à rainure de la Bouisse (Murs, Vaucluse).* D'après A. Vayson de Pradenne (1931).
1 — Rainure simple et circonférentielle.
2 — Rainure simple et interrompue.
3 — Rainure double et parallèle.
4 — Rainure située près d'une extrémité.

lement en quartzite rose, pesant en moyenne 1 500 à 4 000 grammes et présentant une rainure entourant totalement ou non la masse (Fig. 197). Ces maillets à rainure ont « servi à fragmenter le calcaire pour en extraire le silex » (p. 150). Certains ont même conservé du calcaire écrasé dans les petites étoilures produites par les chocs à leur extrémité. A. Vayson de Pradenne décrit l'extraction du silex emprisonné dans le calcaire. Les gros blocs de calcaire faisant saillie sont détachés, puis étant arrivé sur de la roche compacte on porte « tout autour du rognon une série de coups qui écrasaient la roche encaissante, chaque coup formant une petite cupule de 1 à 3 cm de diamètre et de 3 ou 4 mn de profondeur ». Ce travail était effectué à l'aide de ces lourds marteaux utilisés emmanchés.

Poignards

L'étude des objets appelés « poignards » présente un double intérêt : d'une part, comprendre la fabrication de longues lames et la manière de les emmancher, d'autre part, préciser un usage qui n'est pas forcément celui d'une arme comme leur forme le ferait croire, mais celui d'un outil.

Les poignards de Charavines

La fouille subaquatique du village néolithique au lieu-dit « Les Baigneurs » dans la commune de Charavines (Isère) a permis à A. Bocquet et son équipe de retrouver, sous les eaux du lac de Paladru, tout un matériel en bois et autres matières végétales qui fut fabriqué et utilisé par des agriculteurs vers 2 700 ans av. J.-C. (A. Bocquet et A. Houot, 1982). Les restes des maisons bâties sur la rive du lac, les objets abandonnés ont été extraordinairement conservés grâce à une montée rapide des eaux et leur recouvrement par des sédiments. Trois poignards en silex possédant encore leur manche sont découverts et deux d'entre eux sont parfaitement intacts.

Le premier a un manche fait d'un « simple enroulement » (Fig. 198, n° 1) de deux brins d'osier entortillés à leur point de rencontre et collés sur le silex par du goudron (Fig. 199, n° 1).

Le second (Fig. 198, n° 2) a un manche avec languette et pommeau de hêtre collé sur la lame par un goudron. Le tout est entouré par un rameau de sapin. Les spires de ce rameau sont tenues jointes par un lien (Fig. 199, n° 2). D'autres lames de poignards sont retrouvées. L'examen des traces d'usure sur leur tranchant montre « que la plupart avaient servi à couper des végétaux, des roseaux en particulier » (A. Bocquet et A. Houot, 1982, p. 50).

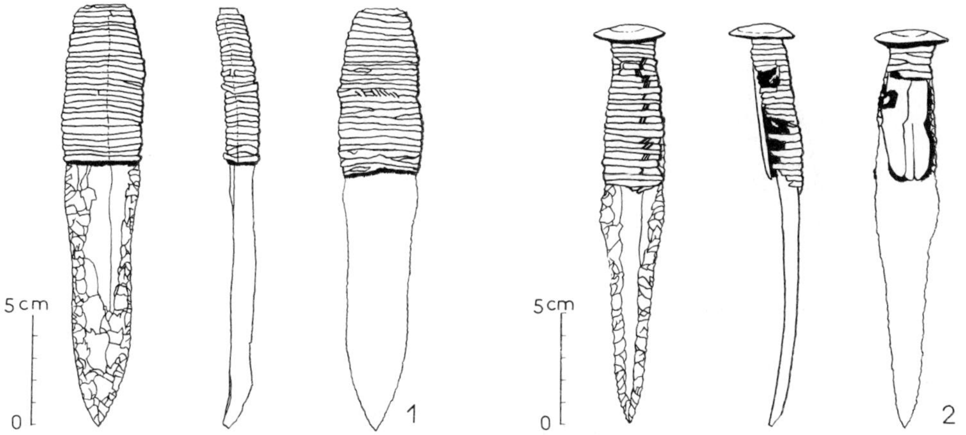

FIG. 198 — *Poignards néolithiques avec leur manche.* Station « Les Baigneurs », Charavines (Isère). D'après A. Bocquet (1974).
1 — Poignard à simple enroulement.
2 — Poignard à enroulement et à pommeau.

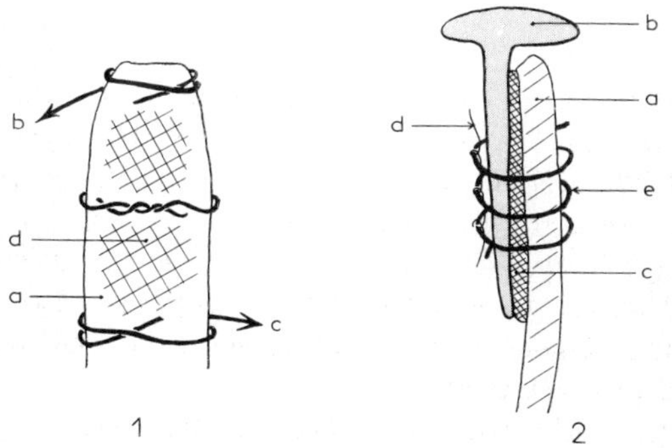

FIG. 199 — *Détail des manches des poignards de Charavines (Isère).* D'après A. Bocquet (1974).
1 — Poignard à simple enroulement.
a — lame de silex
b et c — osier
d — goudron.
2 — Poignard à enroulement et à pommeau.
a — lame de silex
b — poignée de hêtre
c — goudron
d — lien
e — rameau de sapin.

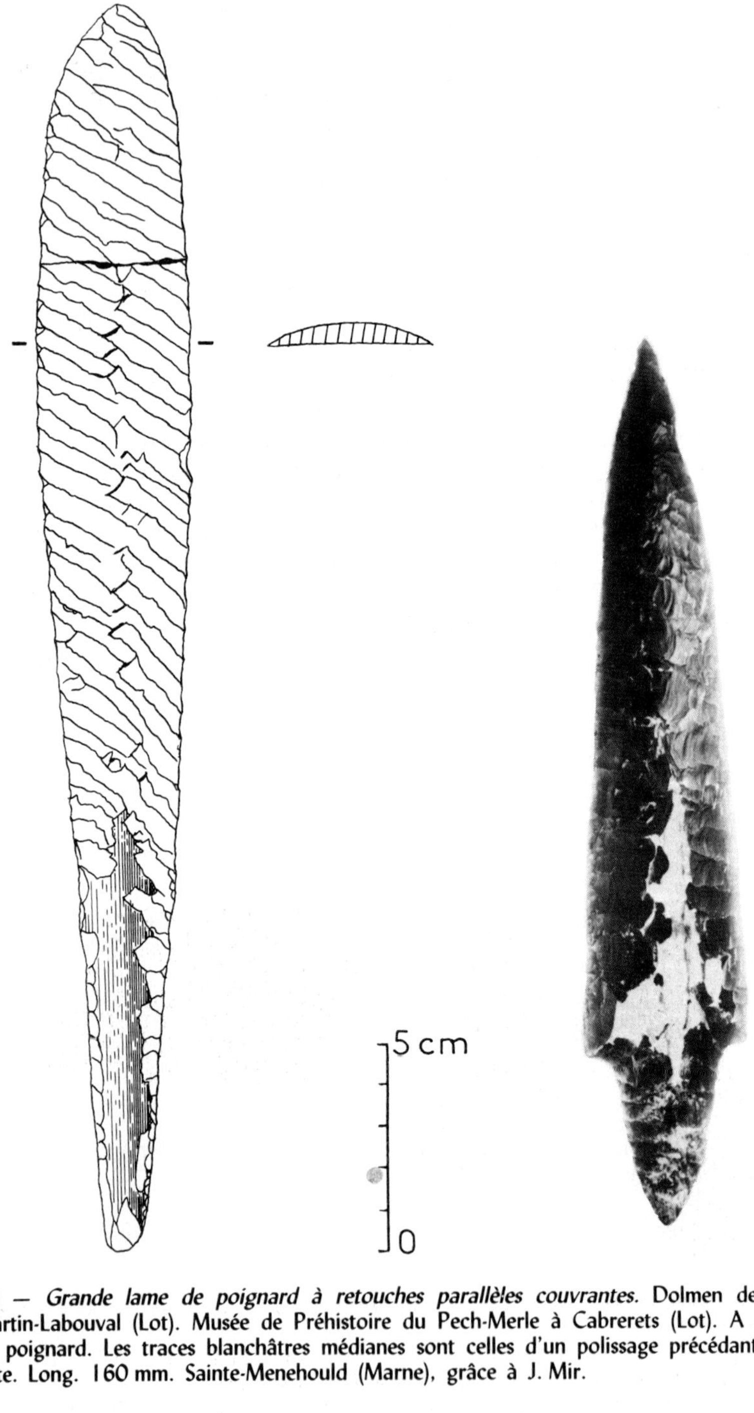

FIG. 200 — *Grande lame de poignard à retouches parallèles couvrantes.* Dolmen de Nougayrat, Saint-Martin-Labouval (Lot). Musée de Préhistoire du Pech-Merle à Cabrerets (Lot). A droite : lame de petit poignard. Les traces blanchâtres médianes sont celles d'un polissage précédant la retouche couvrante. Long. 160 mm. Sainte-Menehould (Marne), grâce à J. Mir.

L'exportation pressignienne

Dans le chapitre sur la fabrication de longues lames nous avons cité les ateliers de la région du Grand-Pressigny en Indre-et-Loire où les cultivateurs ramassent des milliers de gros nucléus de silex qu'ils ont appelé « livres de beurre » (Fig. 31). Ces nucléus ont donné de grandes lames dont on connaît deux dépôts à Barrou : celui des Ayez et celui récemment découvert de La Creusette. Les lames mesurent jusqu'à 38 cm de long, et des dizaines de milliers d'autres, moins longues ont été produites.

Ces lames ont été exportées en grand nombre et l'on en retrouve dans bien des départements français ainsi qu'en Suisse occidentale, en Allemagne du Sud-Ouest (A. Bocquet et A. Houot, 1982, p. 90) ou en Belgique. Elles sont légérement courbes de profil, retouchées sur leur face supérieure pour réaliser ce que l'on appelle les lames de poignards. La retouche peut être localisée aux bords et à la pointe ou envahir toute la surface comme la retouche dite « en écharpe » détachant des éclats étroits et parallèles. La lame dans certains cas présente une zone rétrécie ou bien large, mais nettement individualisée pour faciliter l'emmanchement. Un polissage améliorant la retouche est parfois visible.

On ne date pas actuellement avec précision les ateliers pressigniens, mais on date certains habitats où sont parvenues les lames : 2 400 à 1 900 ans av. J.-C. pour les lacs suisses, du Jura et du Dauphiné nous dit P. Pétrequin (1984, p. 207). On remarque aussi, accompagnant les poignards, des racloirs à encoches comme ceux fabriqués au Petit-Paulmy (commune d'Abilly) près du Grand-Pressigny (Fig. 67, n° 1).

Des études sont en cours pour préciser la diffusion de ces outils en silex de couleur typiquement jaune cire.

FIG. 201 — *Réutilisation de fragments de « poignards » en silex de la région du Grand-Pressigny (Indre-et-Loire).*

1 — Comme perçoir. Dolmen de Rouffignac (Javerdat, Haute-Vienne). Long. 100 mm.
2 — Comme lame de faucille. Saint-Nom-la-Bretèche (Yvelines). Long. 84 mm.
3 — Comme lame de couteau. Forêt de Rochechouart (Haute-Vienne). Long. 70 mm.

Utilisation diverse des poignards

Le Musée A. Lemozy du Pech-Merle à Cabrerets (Lot) expose une pièce exceptionnelle : une lame longue de 30 cm, provenant du dolmen de Nougayrat, commune de Saint-Martin-Labouval (Lot) (M. Lorblanchet, 1981). Ce poignard, unique, est impressionnant par la qualité de sa retouche. Polie dans un premier temps, sa face dorsale est retouchée « en écharpe », avec enlèvement à partir de deux bords de fines lamelles étroites, très régulières et se rencontrant à la partie médiane de la pièce. Cette perfection dans le résultat, la fragilité, en font un véritable objet d'apparat accompagnant un défunt dans sa tombe (Fig. 200).

Toujours dans le Midi de la France, de grandes lames ayant une morphologie de lame de poignard présentent des traces d'usure qui les font classer parmi les lames de faucilles (J. Courtin, 1974). Cet exemple de transformation en outil est fréquemment observé pour des fragments de poignards brisés, réutilisés comme grattoirs, perçoirs ou couteaux, montrant une attirance pour une matière étrangère, aux couleurs si particulières (Fig. 201).

Outillage agricole

Défricher, mettre en culture, récolter, moudre le grain sont autant de travaux qui nécessitent un outillage spécifique. Celui-ci est découvert dans des habitats ou à distance, abandonné sur le lieu du travail. Mais peu de documents sont attribués avec certitude aux travaux agricoles en raison de la disparition des instruments en matière végétale et animale et des emmanchements. Par contre, faucilles et meules sont plus aisées à reconnaître et se rencontrent associées à des produits de récolte (grains de blé et d'orge par exemple) à partir des 6e et 5e millénaires dans le Midi de la France puis dans les régions plus septentrionales.

Le premier acte, le défrichage, qui s'est certainement fait beaucoup par le feu, utilise des haches taillées ou polies, de gros tranchets que nous avons décrits et qui ont parfois été fabriqués en série dans de vastes ateliers. La déforestation est reconnue par les études des pollens qui nous renseignent sur l'environnement végétal et ses modifications.

Pour le travail proprement dit du sol nous ne pouvons formuler que des hypothèses. La *houe* a certainement été l'instrument aratoire de base, mais ne possédant pas les exemplaires entièrement faits en matière périssable, ni les emmanchements des modèles composites, il faut attendre l'étude des traces d'usure sur les lames du type « hache » ou « herminette » pour reconnaître celles, qui fixées perpendiculairement au manche ont gratté le sol. Des villages lacustres, comme à Charavines (Isère), proviennent des « pioches » taillées dans des andouillers de bois de cerf, que l'on considère comme outils aratoires mais certainement assez peu efficaces (A. Bocquet et A. Houot, 1982, p. 66). L'utilisation du *bâton à fouir* est vraisemblable. Son principe est de réaliser des trous dans le sol pour y déposer des graines ou des bulbes. Il sert également pour la récolte comme l'ont appris des exemples historiques. C'est somme toute, l'ancêtre du plantoir des jardiniers. Le bâton lui-même ne s'est pas conservé, mais c'est une grosse boule de pierre perforée qui fait supposer son existence dans le Midi de la France : elle servirait de lest (J. Guilaine, 1980, p. 36).

L'instrument de récolte est par contre bien représenté par des couteaux ou des faucilles dont on connaît quelques manches provenant de Suisse ou de pays de l'Est méditerranéen. La faucille possède un manche et une « partie coupante », « formée, d'éclats ou de

FIG. 202 — *Couteau-faucille.* Le lustré d'usure est visible sur la face inférieure. Le dos est retouché et régularisé par polissage. Néolithique. Tassilly (Calvados). Long. 83 mm.

lames de silex » (D. Helmer, 1983, p. 189). C'est la présence de traces d'usure bien particulières qui nous révèlent une telle utilisation. Le bord et les faces des éléments de silex présentent un « lustre » extrêmement brillant (Fig. 42 et Fig. 202) et des études sont en cours pour déterminer la genèse de ces traces. Il peut s'agir de phénomènes mécaniques d'abrasion mais également de « dissolution localisée de la silice et d'adhésion de résidus organiques » (M.-C. Cauvin, 1981). En effet les graminées comme de nombreux végétaux

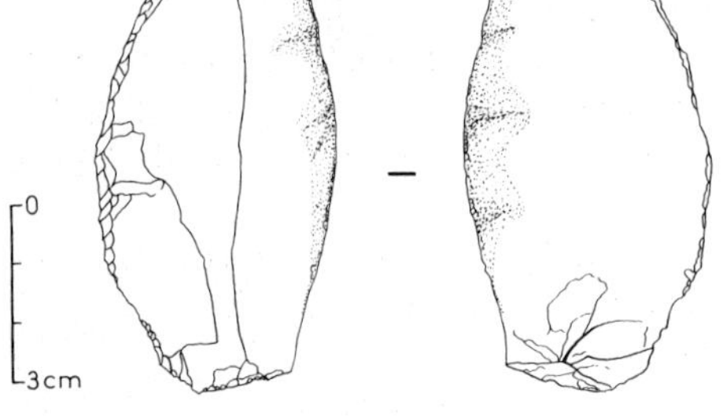

FIG. 203 — *Couteau-faucille.* Néolithique. Davron (Yvelines).

contiennent de la silice et « il semble que le poli est produit en partie par l'addition de petites quantités de la silice végétale sur la surface du tranchant de l'outil pendant qu'il découpe les tiges. Cette silice peut s'étaler sur le tranchant, soit sous forme de solution, soit sous forme consolidée de phytolithes » (P. Anderson-Gerfaud, 1983, p. 131). Les phytolithes qui « sont composées de la silice amorphe qui a rempli certaines cellules ou s'est incrustée dans les parois cellulaires des graminées (ainsi que dans certains autres groupes de plantes) » (P. Anderson-Gerfaud, 1982, p. 152), peuvent « se cristalliser sur le tranchant et se conserver ainsi pendant des milliers d'années » (P. Anderson-Gerfaud, 1983, p. 131). Comme certaines phytolithes ont une morphologie reconnaissable, cela a permis à P. Anderson-Gerfaud de déterminer des familles de plantes coupées par des faucilles.

Nous figurons, selon le nombre d'éléments constituant la partie coupante, deux types de faucilles : simple ou composite.

La faucille dite « simple » somme celle d'Egolzwill 3 (Suisse) a une longue lame fixée en biais sur le manche de bois rectiligne (Fig. 204, n° 1) ; celle d'Egolzwill 5 (Fig. 204,

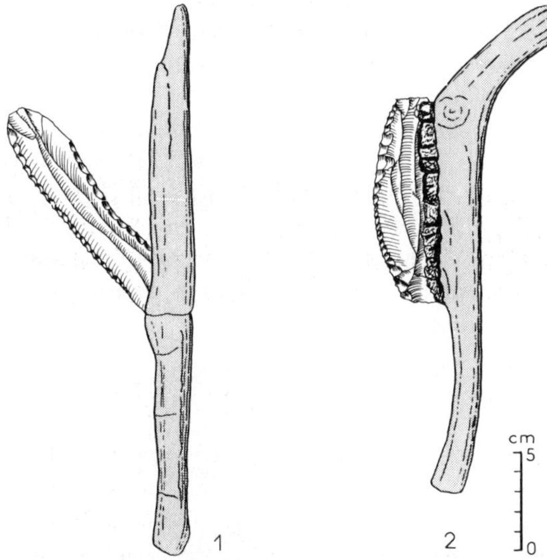

FIG. 204 — *Faucilles « simples ».* Néolithique.
1 — Egolzwill 3 (Suisse).
2 — Egolzwill 5 (Suisse), Musée national suisse, Zurich.

n° 2) est un « couteau » fixé dans un manche de bois blanc par un goudron de bouleau. Ce manche a une extrémité distale courbe vraisemblablement pour rassembler les tiges des plantes avant que la main ne les saisisse. La lame « scie » la tige « sous l'épi ».

La faucille dite composite possède des éléments coupants multiples comme les dents d'une hémi-mandibule. Les élements, fragments de lames ou de lamelles, au bord parfois denticulé (Fig. 205) sont insérés dans une rainure et fixés par un goudron ou du bitume selon les pays.

Mais les faucilles complètes sont exceptionnelles et les sites ne livrent que les armatures de pierre. En observant la localisation des traces d'usure, les résidus de goudron on peut encore reconstituer leur disposition sur le manche.

On peut aussi imaginer des « couteaux à moissonner » directement tenus à la main

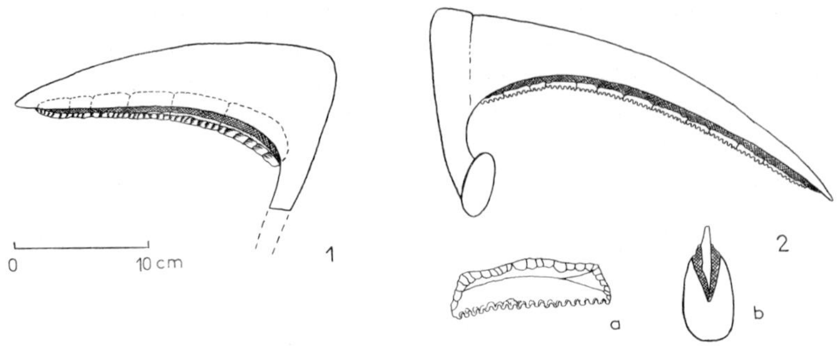

FIG. 205 — *Faucilles « composites ».*
1 — Barche di Solferino (Italie). D'après A. Vayson, 1918, 1919.
2 — Égypte.
a — Élément denticulé.
b — Coupe montrant la fixation d'un élément par du bitume. D'après J. de Morgan.

comme celui figure 202 dont le bord non tranchant montre des traces de polissage ou celui figure 203 qui présente un bord totalement abattu par retouches abruptes, à moins que ces aménagements facilitent un emmanchement.

Enfin, si l'emploi de faucilles n'est pas obligatoire pour récolter les graines de céréales (cueillette), J. Gysels et D. Cahen (1982, p. 224) pensent que des lames de faucilles ont pu servir à couper des céréales « parvenues à un degré de maturité moindre que celui auquel la moisson est effectuée actuellement » en raison d'un lustré particulièrement intense car expérimentalement « la présence d'une humidité importante favorise et accélère notablement le développement du lustre ». Un grillage pour permettre la conservation des grains s'explique peut-être ainsi.

FIG. 206 — *Meules en grès et broyeurs.* Néolithique.
1 — Falaise (Calvados). Long. 375 mm.
2 — Vendeuvre (Calvados). Long. 285 mm.

La transformation du grain en farine se fait avec une *meule* dite « dormante » ou « à bras » et un *broyeur* (Fig. 206). La meule est une pierre plus ou moins plate qui va se creuser avec l'usage et parfois son bouchardage à l'aide d'un percuteur, pour lui redonner du mordant (J. Courtin et J. Erroux, 1974). Meules et broyeurs sont faits de roches locales et selon l'environnement pétrographique en grès, granit, roche volcanique. La forme du broyeur ou molette est variable, plus ou moins sphérique avec formation d'une facette de frottement, ou plate et allongée aussi large que le plateau de la meule (Fig. 206).

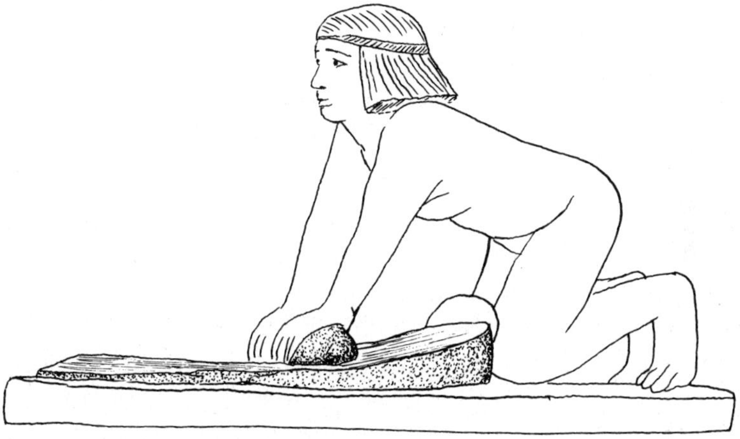

FIG. 207 — *Statuette égyptienne montrant l'utilisation d'une meule et d'un broyeur pour moudre des céréales.*

Outils sans nom

Les noms donnés aux outils proviennent soit de leur fonction supposée, soit de leur forme, soit de particularités techniques utilisées pour leur fabrication (M. Brézillon, 1968).

Comme la fonction de la majorité des outils n'est pas connue, on utilise de préférence une description purement morphologique qui permet de nommer la totalité du matériel d'un gisement : les outils et les résidus de taille. Cette description est suffisante pour inventer des types d'outils, définir un faciès culturel, préciser une structure d'habitat. C'est ainsi que réagit A. Leroi-Gourhan (1972) à propos des perçoirs et microperçoirs de la section 36 de Pincevent dont on ne connaît pas l'usage : « Il n'est d'ailleurs pas nécessaire de connaître les détails de leur emploi pour qu'ils jouent un rôle dans l'analyse des structures, avec les burins, les lamelles à bords abattus et l'ocre, ils conduisent à la définition des surfaces où se déroulait l'essentiel des opérations techniques. »

A côté des « outils façonnés » qui « sont ceux dont la mise en forme détermine ou en tous cas précède la fonction » et qui « sont souvent faciles à reconnaître comme outils, même si leur fonction n'est pas toujours évidente » (F. Bordes, 1970), un nombre considérable d'éclats, de lames, de blocs, ont certainement servi d'outils mais n'ont pas toujours été ainsi reconnus en raison de la discrétion des traces d'utilisation qu'ils présentent. F. Bordes (1970) nomme « outils a posteriori » ces objets « dont le façonnement est nul ou équivoque, et qu'on ne peut classer comme outils que par les traces d'utilisation qu'ils portent ». Ce terme *a posteriori* peut cependant masquer une intention car, citant les lames à découper la viande de Verberie (Oise), F. Audouze (1983) signale que « les lames sont produites intentionnellement pour être utilisées brutes ». Aussi, C. Perlès (1983) préfère le terme d'« outils bruts de débitage » par opposition aux « outils retouchés ». Mais P. Anderson (1983), p. 32) pense que du point de vue fonctionnel, des outils retouchés ne sont parfois peut-être que des « outils bruts de débitage » réaffûtés. Pour illustrer ce cas, F. Bordes (1976) montre la « métamorphose » d'un éclat brut utilisé par des aborigènes australiens comme herminette. Au 12e jour d'utilisation, au moment de son rejet, il ressemble à un « petit racloir double biconcave, à retouche abrupte ».

Trouver un nom à l'outil peut résulter d'observations privilégiées (comme la conser-

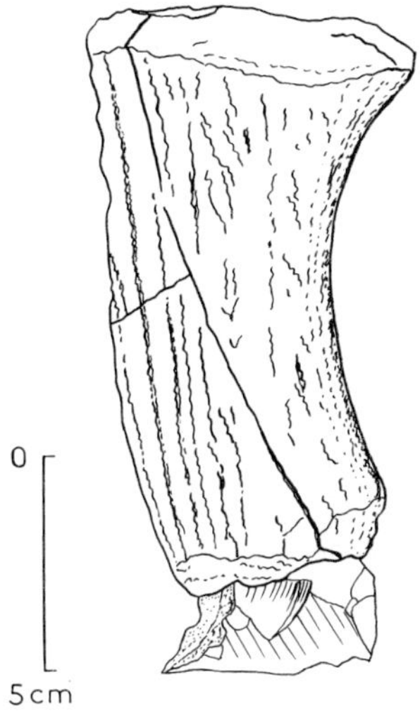

FIG. 208 — *« Tranchet » formé par un éclat de silex inséré dans un manche en bois de cerf.* Bec-des-Deux-Eaux (Ports, Indre-et-Loire). Musée du Grand-Pressigny.

vation d'un manche), de fouilles minutieuses ou de l'étude microscopique des traces d'usure. C'est ainsi :

— Qu'un simple éclat de silex est reconnu ayant la même fonction qu'un objet techniquement plus élaboré comme dans l'observation de G. Cordier (1957) : « L'ossuaire néolithique du Bec-des-Deux-Eaux a livré un tranchet parfait constitué par une gaine en bois de cerf dans laquelle était fiché... un vulgaire éclat, informe et absolument brut, pareil à tous ceux que nous foulons dédaigneusement aux pieds sur les ateliers » (Fig. 208).

— Un petit pic, encore appelé « retouchoir », aux extrémités polies par l'usage sera dénommé « briquet » par G. Bailloud et M. Brézillon (1968) car découvert à côté d'un nodule de pyrite dans l'hypogée de l'Homme-Mort à Tinqueux (Marne) (Fig. 209).

— De simples lames « retouchées » de l'habitat magdalénien de Verberie (Oise), après étude microscopique de leur tranchant, seront nommées « couteau à viande » (Fig. 82) et « outil à gratter les peaux » (F. Audouze, 1981).

Si ces derniers outils étaient autrefois sans nom et considérés avec peu d'intérêt car non évocateur d'une action précise, ils révèlent à présent des activités dont la valeur humaine est incontestable.

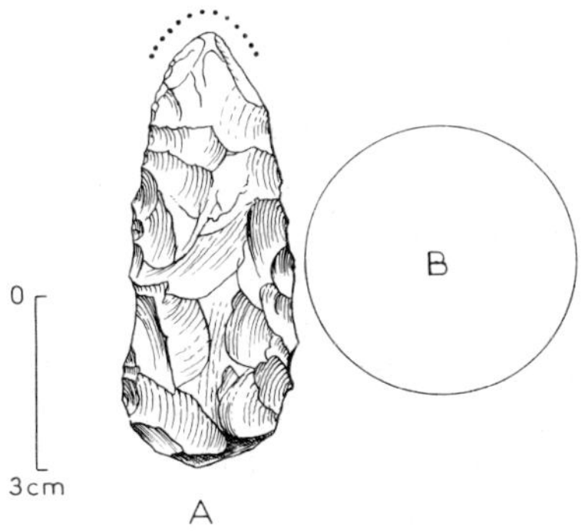

FIG. 209 — *« Retouchoir » (A) trouvé accolé à un nodule de pyrite (B). Hypogée de l'homme-Mort à Tinqueux (Marne).*

OUTILS D'OS

Poinçons

Morphologie

M. Brézillon (1969, p. 195) les définit simplement comme « instrument en matière osseuse présentant une extrémité façonnée en pointe, opposée à une zone de préhension plus ou moins aménagée ».

Ce sont des outils très fréquents à partir du début du Paléolithique supérieur, surtout faits d'os et plus rarement de bois animal.

L. Mons (1980, p. 318) nous donne l'origine des espèces animales pour une série du Paléolithique supérieur de Dordogne et de Charente qui ont pu être déterminées : renne, bœuf, cheval, oiseau, renard, loup. Parmi les os utilisés ce sont surtout les métacarpiens et les métatarsiens, les cubitus, les côtes.

Au Néolithique les métapodes de chèvres, chevreuils et moutons sont une bonne source de matière première.

Pour décrire un poinçon, C. Prost (1971, p. 47) choisit le terme « apex » pour l'extrémité terminée en pointe (Fig. 210, a) et le terme « base » pour l'autre extrémité (Fig. 210, b).

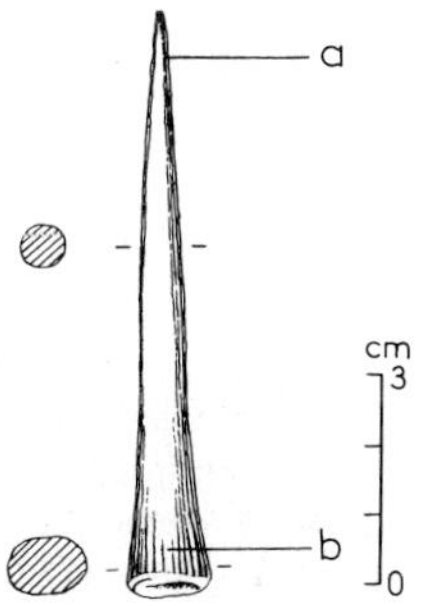

FIG. 210 — *Morphologie d'un poinçon (fabriqué dans un fragment diaphysaire d'os).* Grotte du Renne à Arcy-sur-Cure (Yonne). Post-Moustérien. D'après A. Leroi-Gourhan (1964).
a — Apex
b — Base

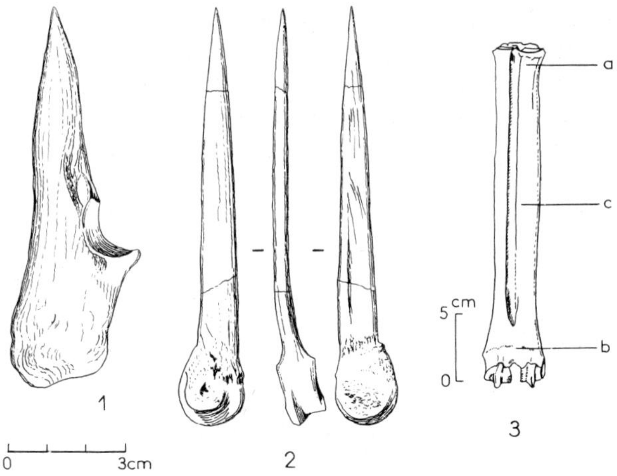

FIG. 211 — *Poinçons dont la base est une épiphyse.*
1 — Cubitus de petit ruminant. Grotte d'Isturitz (Pyrénées-Atlantiques). Magdalénien. D'après R. de Saint-Périer (1936).
2 — Canon de renne scié dans le plan de l'échancrure interarticulaire. Abri Castanet (Sergeac, Dordogne). Aurignacien. D'après C. Leroy-Prost (1971) et J.-G. Marcillaud.
3 — Anatomie d'un métatarse de renne : a et b — épiphyses ; c — diaphyse.

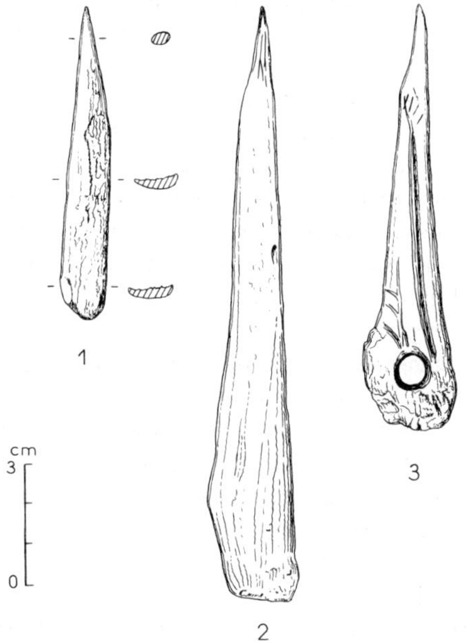

FIG. 212 — *Quelques modèles de poinçons magdaléniens.*
1 — Simple esquille d'os. Grotte du Placard (Vilhonneur, Charente). D'après G. Chauvet (1910).
2 — Sur fragment osseux poli.
3 — A décor simple et perforation basale.
2 et 3, grotte d'Isturitz (Pyrénées-Atlantiques). D'après R. de Saint-Périer (1936).

Bien des formes de poinçons sont possibles selon l'origine osseuse, leur dimension, leur fabrication à partir d'une simple esquille d'os ou au contraire tout un segment osseux. C. Leroy-Prost (1975, p. 134) a entrepris la classification des poinçons aurignaciens et distingue à côté de formes rares, quatre familles principales :

— Poinçons dont la base est une épiphyse entièrement conservée ou sciée (Fig. 211).

— Poinçons dont la base est « prise dans la diaphyse, amaincie » avec des sous-variétés.

— Et des « poinçons d'économie » selon l'expression de H. Camps-Fabrer et dont F. Delpech et D. de Sonneville-Bordes (1977, p. 62) nous donnent une définition : « fragments d'os ou de bois présentant une extrémité bien dégagée appointée ou pointue naturellement mais avec un poli d'usage ».

Fabrication

Le débitage de la matière première utilise plusieurs méthodes et l'on peut reconnaître au Paléolithique des supports obtenus par percussion d'un os long ou d'un bois animal sous forme d'esquilles.

Ailleurs c'est une baguette qui est détachée par double rainurage.

Une côte de gros ruminant peut être fendue ainsi que son os canon partagé en deux moitiés. Pour un os long de petit diamètre (oiseau) seule une épiphyse peut être supprimée.

Le façonnage modifie de manière plus ou moins importante le volume du support par raclage, polissage, et il peut être difficile en examinant un objet ayant servi, de reconstituer les diverses phases de sa fabrication (L. Mons, 1980, p. 318).

Au Néolithique on retrouve ces diverses méthodes et également d'autres, comme celles décrites par D. Stordeur-Yedid (1976) pour la fabrication de poinçons en métapodes de petits ruminants (gazelle, mouton, chèvre). Il s'agit d'un matériel « post-Paléolithique » syrien provenant des gisements Tell Mureybet (Djezireh), Tell Aswad et Tell Ramad (Damascène).

L'extrémité basale conserve une épiphyse entière ou une demi-épiphyse plus ou moins modifiée permettant une bonne préhension.

Sont résumés (Fig. 213) les aspects du débitage et du façonnage.

En A : section du métapode à la partie moyenne de la diaphyse par percussion ou sciage. La moitié distale de l'os a une épiphyse en forme de poulie (B).

En C : l'extrémité diaphysaire est appointie en réalisant un biseau antérieur ou postérieur ou encore latéral comme en D.

Le poinçon est achevé.

Une seconde méthode partage en deux parties égales la moitié distale du métapode par rainurage longitudinal (E). L'appointage est localisé à l'extrémité de la diaphyse (F) ou sur toute sa longueur (G). Parfois (H), c'est l'ensemble de la pièce osseuse qui est façonnée, et cela efface alors la forme naturelle de l'os.

D'autres méthodes originales ont été retrouvées par F. Poplin (1974) et C. Murray (1979) et nous résumons les modes de débitage de métacarpiens et de métatarsiens de

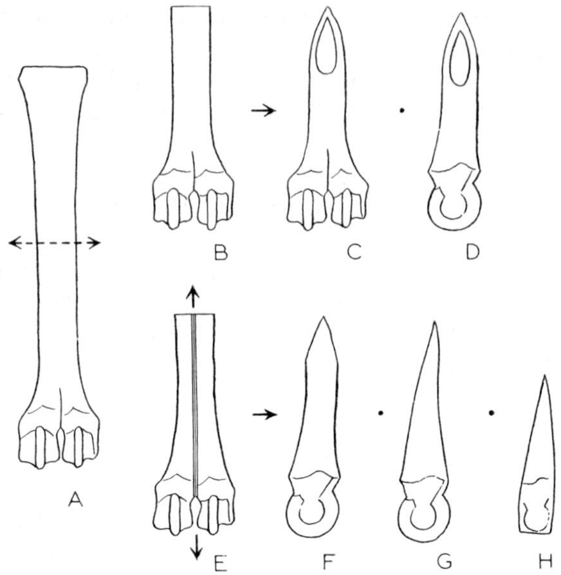

FIG. 213 — *Technique de débitage et de façonnage de poinçons d'os syriens du Post-Paléolithique.* D'après D. Stordeur-Yedid (1976).

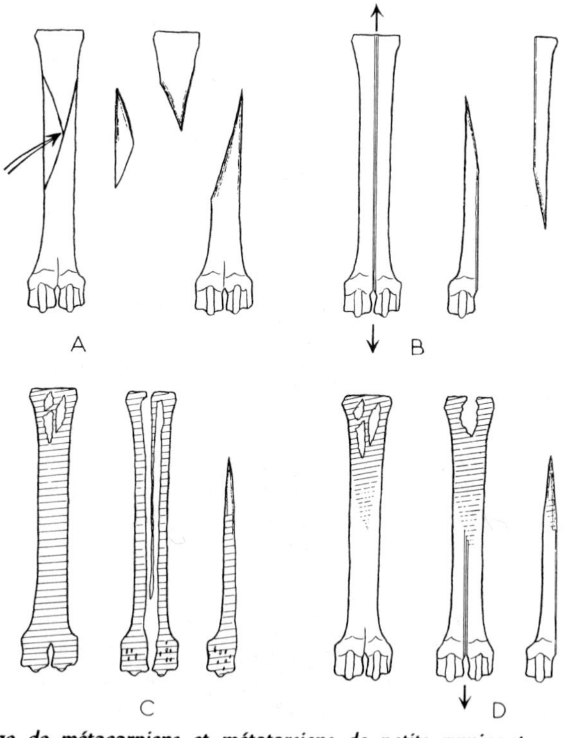

FIG. 214 — *Débitage de métacarpiens et métatarsiens de petits ruminants pour obtenir des poinçons.* Auvernier-Port (Suisse). Néolithique. D'après C. Murray (1979).

chèvre et de chevreuil dans le site néolithique d'Auvernier-Port en Suisse. C. Murray (1979) décrit quatre façons pour obtenir les poinçons (Fig. 214) :

1) Le débitage par fracture (A) détache des éclats diaphysaires, élimine une épiphyse selon la localisation du point d'impact. Le résultat, difficilement prévisible, en fait une méthode peu employée.

2) Le débitage par rainurage longitudinal (B) permet de couper l'os longitudinalement et ce sont deux poinçons avec demi-poulie articulaire comme base qui sont habituellement fabriqués.

3) Le débitage par abrasion de surfaces (C) a été reconnu par F. Poplin (1974) dans le Danubien du Bassin Parisien. C'est une « production de poinçons à la paire par usure », « plane et bifaciale » à partir de métapodes de mouton comme à Armeau (Yonne).

Chaque face du métapode est polie (les stries de polissage sont perpendiculaires ou obliques à l'axe longitudinal) et cela affaiblit les faces diaphysaires antérieure et postérieure et provoque la séparation des deux faces latérales de l'os. La pointe est faite aux dépens de la partie proximale de chaque demi-métapode.

4) Le débitage par abrasion et rainurage (D). Comme sur le schéma, c'est souvent la moitié proximale de l'os qui est polie et sa moitié distale qui est rainurée. Cette technique est originale et paraît particulièrement fréquente dans le site d'Auvernier-Port en Suisse.

FIG. 215 — *Poinçon dont la base est une demi-épiphyse.* Morat (Suisse). Néolithique. Long. 80 mm. Muséum d'Histoire Naturelle de Rouen.

Utilisation

Les poinçons sont abondants au Paléolithique supérieur, présents à la fin du Paléolithique moyen, mais il est possible que des os naturellement ou volontairement appointés aient pu être ainsi utilisés au Paléolithique inférieur.

Outil robuste, « tenu dans la main et tourné alternativement de gauche à droite pour percer » (A. Leroi-Gourhan, 1943 et 1971, p. 99), l'utilisation du poinçon est « probablement en rapport avec l'usage des peaux » comme le dit A. Leroi-Gourhan (1962, p. 30).

Débitage du bois de renne au Paléolithique supérieur

Le terme souvent utilisé pour qualifier le Paléolithique supérieur est celui d'Age du Renne.

En effet, un outillage fait en bois de renne va apparaître, se développer et au cours des civilisations Magdaléniennes, atteindre son apogée.

Le bois animal est fracturé, scié, fendu et la portion choisie transformée en sagaies, en harpons, bâtons percés, propulseurs et bien d'autres objets.

Parmi les techniques de débitage reconnues nous en décrirons deux.

L'une réalise un découpage précis et économique de la matière première : c'est l'extraction de longues baguettes par double *rainurage*. L'autre est certainement un procédé souvent employé mais difficile à mettre en évidence car le bois de renne est simplement fracturé par *percussion* pour obtenir des éclats.

La matière première provient soit de ramassages, car les rennes perdent chaque année leur ramure : ce sont les « bois de mue » ; soit de prélèvements sur l'animal tué et ce sont des « bois de massacre ou de chasse », auxquels est parfois encore fixé un fragment d'os frontal.

Le bois de renne comprend un long fût appelé perche ou merrain (Fig. 216, a) fortement recourbé vers l'avant. En arrière de la partie distale de la perche se développe l'empaumure (Fig. 216, b) avec ses digitations (Fig. 216, f).

Deux andouillers se détachent de la partie proximale de la perche et se dirigent vers l'avant : l'andouiller d'œil (Fig. 216, c) et au-dessus l'andouiller de glace (Fig. 216, d). Un andouiller postérieur, parfois réduit voire absent, est situé à la partie moyenne de la perche et se dirige vers l'arrière (Fig. 216, e).

Deux sous-espèces écologiques de rennes sont décrites par J. Bouchud.

La renne de toundra a des bois élancés avec un andouiller de glace et une empaumure en forme de doigts.

Le renne de forêt (caribou) a des bois plus courts avec un andouiller de glace et une empaumure palmés.

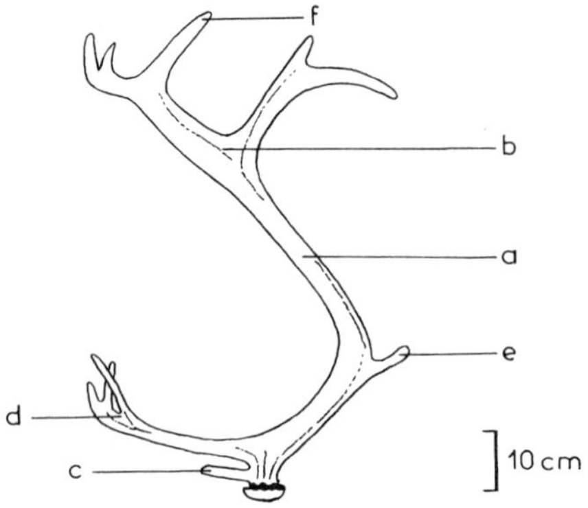

Fig. 216 — *Bois de Renne de toundra, Rangifer taraudus, du Nord de l'Europe.* D'après J. Bouchud (1966).
a — Perche ou merrain.
b — Empaumure.
c — Andouiller d'œil.
d — Andouiller de glace.
e — Andouiller postérieur.
f — Digitation de l'empaumure.

La surface des bois est lisse. Leur section est elliptique et sur la coupe on reconnaît une zone superficielle, compacte et très dure : la corticale et une partie centrale, médullaire, beaucoup moins dense : la spongieuse.

Les bois des femelles sont de taille plus petite que ceux des mâles et leur corticale est plus mince.

1) Le débitage par double rainurage

Le principe est de faire deux rainures pour détacher une baguette de corticale. C'est la face interne de la perche, dépourvue d'andouiller et dont la corticale est épaisse et compacte qui est le lieu privilégié pour l'extraction.

On découvre dans les gisements des baguettes brutes, de section quadrangulaire, avec une face externe lisse et une face interne rugueuse (Fig. 217, n° 4), des perches débitées ou d'autres abandonnées en cours de débitage (Fig. 218).

Dans la Section 36 de Pincevent (Seine-et-Marne) sont ainsi dégagés, près des foyers où devait se faire le travail, les déchets et les pièces caractéristiques de la technique. Ce sont les grands bois de rennes mâles qui sont choisis. Débarrassés de l'empaumure et des andouillers gênants, ils « semblent avoir été débités en tronçons » avant l'extraction de la baguette par double rainurage. Un tronçon rejeté après prélèvement d'une baguette mesure 38 cm de long. Une baguette de 47 cm de long est découverte près du foyer V 105 (A. Leroi-Gourhan et M. Brézillon, 1972).

Il n'est pas rare que l'on prélève plusieurs baguettes sur le même merrain comme à La Garenne (Saint-Marcel, Indre) où un grand bois de chasse fournit trois baguettes contiguës.

L'expérimentation permet de comprendre le mode opératoire et l'on se réfère habituellement aux travaux de F. Bordes, M. Dauvois, M.-H. Newcomer, A. Rigaud, J. Tixier.

Après avoir fait ramollir la matière première en la trempant dans de l'eau (à moins que l'on possède un bois frais), le travail comprend le tracé avec un éclat de silex de deux sillons parallèles qui se recoupent ou non à l'une ou aux deux extrémités, puis le rainurage est fait avec un burin, et le burin dièdre en « bec-de-flûte » convient parfaitement.

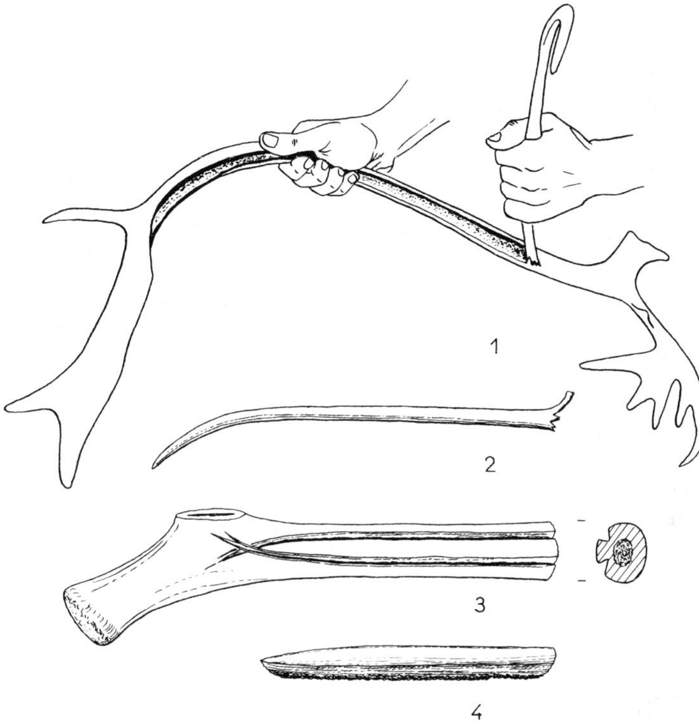

FIG. 217 — *Extraction expérimentale de baguettes par double rainurage dans du bois de renne.*
1 — Extraction d'une baguette sur toute la longueur de la face concave du merrain par M.-H. Newcomer (1980).
2 — La longue baguette courbe détachée.
3 — Extraction d'une baguette d'un tronçon de merrain.
4 — La baguette obtenue, brute, avec sa face corticale lisse et sa face médullaire rugueuse.

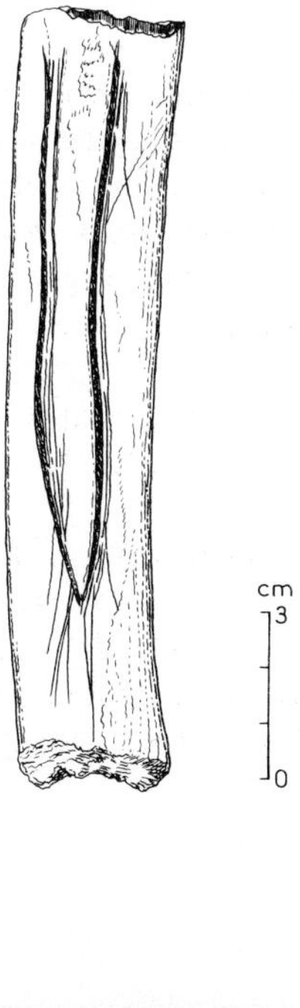

FIG. 218 — *Début de rainurage sur un tronçon de bois de renne.* Grotte du Placard (Vilhonneur, Charente). Magdalénien. D'après G. Chauvet (1910).

La corticale dense est traversée jusqu'à atteindre la zone spongieuse.

La baguette corticale est détachée du tissu médullaire par un outil servant de levier, comme un grattoir ou une base de sagaie brisée faisant coin.

Ou bien, « si l'on s'arrange pour faire converger les rainures à l'une des extrémités, la courbe naturelle du bois peut être utilisée pour permettre à la baguette d'être libérée, en appuyant simplement sur les deux extrémités du support de façon à forcer la baguette à se séparer du merrain » (M.-H. Newcomer, 1980).

Une baguette peut mesurer jusqu'à plus de 50 cm de long pour une largeur de 2 cm. Elle est alors courbe et sera redressée à chaud en s'aidant, comme l'a fait A. Leroi-Gourhan, du bâton percé.

Cette façon de faire est reconnue dès le début du Paléolithique supérieur au Châtelperronien, comme dans la couche X de la Grotte du Renne à Arcy-sur-Cure (Yonne). A. Leroi-Gourhan décrit des baguettes d'os long « débitées par deux rainures au burin » qui sont « les plus anciens témoignages connus de cette technique » (Arl. et A. Leroi-Gourhan, 1964).

Au Magdalénien, ce débitage longitudinal des bois mais aussi de l'os et de l'ivoire est habituel.

2) Le débitage par percussion

J. Allain, R. Fritsch, A. Rigaud et F. Trotignon (1974) étudient un mode de débitage original dans des couches badegouliennes (Magdalénien initial) de l'Abri Fritsch aux Roches de Pouligny-Saint-Pierre (Indre).

Ils n'observent pas la technique classique du double rainurage du Magdalénien, mais un débitage par percussion directe à la pierre et un probable « fendage au coin ». Les éclats de bois de renne se « distinguent difficilement des esquilles osseuses » obtenues par percussion directe et cela est confirmé par une expérimentation.

J. Allain constate qu'il existe d'autres particularités dans ces couches : rareté du burin « bec-de-flûte » (celui qui servirait à rainurer le bois de renne) et abondance de burins sur éclats (burins transversaux ou sur coche) lesquels « radicalement incapables de rainurer profondément le bois de renne, sont d'une efficacité remarquable pour le façonnage des matières osseuses », comme pour réaliser les longues sagaies aplaties, caractéristiques de ces couches, à partir des fragments détachés par percussion.

Sagaies du Paléolithique supérieur

Les sagaies sont des armatures très souvent en bois de renne (mais aussi en os et en ivoire) dont une extrémité est pointue et l'autre (extrémité proximale ou base) est diversement aménagée pour assurer la fixation sur une hampe de bois dont on ne connaît pas d'exemplaire conservé.

La longueur varie de 5 à plus de 40 cm. Le fût (ou partie mésiale) a une section allant du cercle à un ovale ou un rectangle très aplatis. Il peut être décoré (signes abstraits simples, mais aussi décors réalistes) et dans certains cas présente une ou deux rainures longitudinales que l'on suppose parfois faciliter le collage de petits éléments de silex.

Fabrication d'une pointe de sagaie magdalénienne

La matière première est un bois de renne, volontiers celui d'un mâle, car de grandes dimensions et épais. Du merrain du bois de renne est extraite une longue baguette corticale par la technique du double rainurage parallèle (voir débitage du bois de renne) (Fig. 217).

Cette baguette, naturellement courbe, sera redressée à chaud, peut-être à l'aide d'un bâton percé, comme le pense A. Leroi-Gourhan. Sa section étant quadrangulaire, elle sera façonnée par raclage avec le flanc d'un burin (Fig. 102, c) en un long cylindre.

Ce raclage laisse des traces particulières qui seront effacées par un éventuel polissage qui assure la finition de la pièce.

La base est appointée ou taillée en biseau simple ou double.

Une telle baguette soigneusement régularisée est trouvée près du foyer V 105 de la Section 36 de Pincevent (Seine-et-Marne) par A. Leroi-Gourhan et M. Brézillon (1972). Elle mesure 47 cm de long. Une extrémité est effilée, l'autre est en double biseau. A. Leroi-Gourhan ne pense pas qu'il s'agisse d'une sagaie géante mais « l'objet me semble témoigner plutôt d'une phase de la fabrication où pour la commodité, la baguette entière était mise en forme, le talon préparé à un bout, la pointe à l'autre, avant d'en faire deux tronçons dont la finition donnait deux sagaies de 25 cm chacune ».

A chaque principale période du Paléolithique supérieur, sont fabriquées des sagaies de morphologie particulière que nous décrivons brièvement.

En particulier les bases de ces sagaies sont caractéristiques (J. Guichard) : bases fendues pour les plus anciennes, coniques, à biseau simple, puis à biseau double, pyramidales, pour ne citer que les aspects les plus courants exposés dans une vitrine du Musée National de Préhistoire aux Eyzies-de-Tayac (Dordogne).

Pointe à base fendue (Fig. 219, nos 1 et 2)

Appelée aussi pointe d'Aurignac, elle est fabriquée au début de l'Aurignacien.

Une description précise nous est donnée par C. Leroy-Prost (1974). « Pièce en os, en ivoire ou en bois de cervidé présentant une extrémité apicale appointie et une base fendue dans le plan de l'applatissement de la pièce. Cette fente dégage deux lèvres aux bords inférieurs rectilignes ou arrondis. »

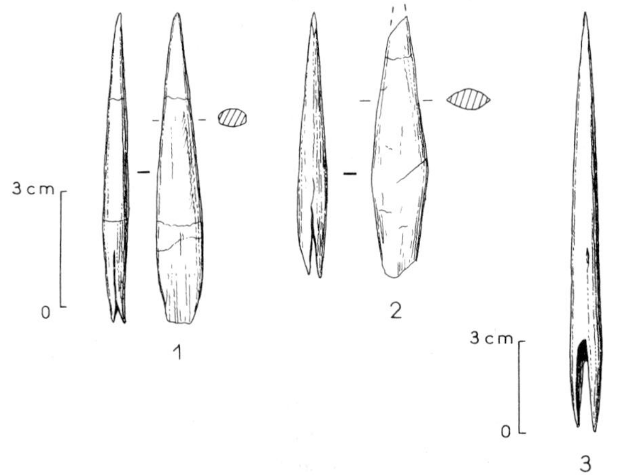

FIG. 219 — *Pointes à base fendue (n° 1 et 2) et pointe à base fourchue (n° 3).*
1 et 2 — La Ferrassie (Le Bugue, Dordogne). Aurignacien. D'après C. Leroy-Prost (1974). Musée National de Préhistoire des Eyzies.
3 — Isturitz (Pyrénées-Atlantiques). Magdalénien.

D'allure générale triangulaire ou sublosangique, de section elliptique ou subrectangulaire avec dominance de convergence basale des bords, leur longueur moyenne est 100 à 125 mm, leur largeur de 13 mm et l'épaisseur de 6 mm en moyenne (C. Leroy-Prost, 1974).

Deux procédés ont été décrits pour obtenir la fente de la base.

Le premier procédé est un simple clivage à l'aide d'un coin (en bois de renne ou en os) selon le Dr Henri-Martin.

Le second procédé est celui de D. Peyrony : il y a excision de matière sous forme d'une languette, ce que permet l'élasticité d'un fragment de bois de renne préalablement humidifié.

Une expérimentation de M. Newcomer (1977) approuve la conclusion de C. Leroy-Prost : les deux procédés ont certainement été utilisés mais il paraît difficile de les différencier.

Pointe à base fourchue (Fig. 219, n° 3)

Elle est différente de la précédente car sa base est « fendue perpendiculairement au plan d'applatissement de la pièce » (C. Leroy-Prost, 1974).

Elle se rencontre au Magdalénien récent.

Pointe losangique (Fig. 220, n° 1)

De forme losangique, avec une base massive, C. Leroy-Prost (1974) en distingue trois types selon que la largeur maximum (petite diagonale) se situe à la partie moyenne de la pièce, ou bien, vers l'une ou l'autre des extrémités.

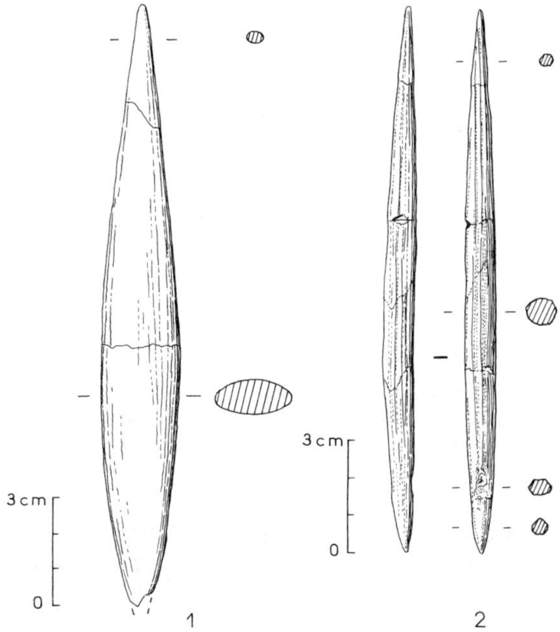

FIG. 220 — *Pointe losangique (n° 1) et pointe biconique (n° 2).*
1 — La Ferrassie (Le Bugue, Dordogne). Aurignacien. D'après C. Leroy-Prost (1974). Musée National de Préhistoire des Eyzies.
2 — Laugerie-Haute Est (Les Eyzies, Dordogne). Protomagdalénien. D'après F. Bordes.

La longueur va de 95 à 220 mm avec une médiane de 150 mm (C. Leroy-Prost, 1974).

Elle date de l'Aurignacien et peut-être de sa phase moyenne.

Pointe fusiforme (Fig. 220, n° 2)

Appelée aussi pointe biconique, c'est une pointe « de section elliptique large ou subcirculaire, dont la silhouette évoque celle d'un fuseau et qui présente, de ce fait, un renflement médian » (C. Leroy-Prost, 1975).

C'est une variété « cylindro-conique » qui est connue au tout début du Paléolithique supérieur dans le Châtelperronien (A. Leroi-Gourhan, 1965).

Pointe à base en biseau (Fig. 221)

On en décrit deux grandes variétés selon que le biseau est simple ou double.

— *La pointe à base en biseau simple* est connue depuis l'Aurignacien supérieur et C. Leroy-Prost (1975) la définit comme « toute pointe en matière osseuse au fût de section elliptique large, ou subcirculaire, présentant sur son tiers basal un biseau simple de section planoconvexe, ou subrectangulaire ».

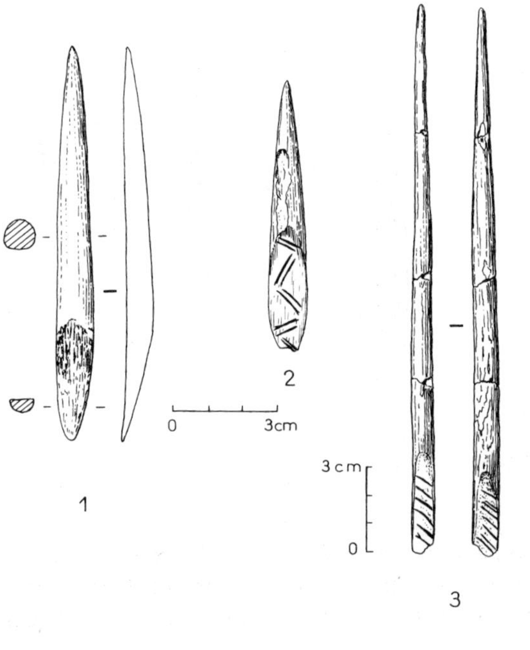

FIG. 221 — *Pointes à base en biseau simple (n° 1 et 2) et en biseau double (n° 3).*
1 — Biseau simple non strié. Laugerie-Haute-Ouest (Les Eyzies, Dordogne). D'après C. Leroy-Prost (1974). Musée National de Préhistoire des Eyzies.
2 — Biseau simple strié. Grotte du Pape, Brassempouy (Landes). Magdalénien. D'après H. Delporte.
3 — Double biseau strié. Grotte de la Vache (Alliat, Ariège). Magdalénien. D'après G. Malvesin-Fabre et coll. (1951).

Une variété avec des canalicules osseux visibles dans la tranche du biseau est décrite dans un faciès de l'Aurignacien final.

Au Solutréen et au Magdalénien ces pointes sont fréquentes. Le biseau est « plan, bombé, creusé, ou plus ou moins évidé en gouge, uni ou strié d'incisions diversement disposées » (D. de Sonneville-Bordes, 1960).

Ces stries, « rythmées » ou en « feuille de fougères » (A. Leroi-Gourhan, 1965) favoriseraient la rétention dans la hampe mais sont certainement aussi un décor ou une marque particulière.

— *La pointe à base en biseau double.* A partir du Magdalénien moyen apparaissent les premières longues sagaies à biseau double qui caractériseront le Magdalénien évolué (A. Leroi-Gourhan, 1965 et M. Brézillon, 1969).

Les biseaux sont souvent striés et parfois « les stries des biseaux ne sont plus qu'un griffonnage destiné à augmenter l'adhérence dans le fût de la hampe » (A. Leroi-Gourhan, 1965).

Pointe à rainure (Fig. 222)

Une rainure et parfois deux sont tracées longitudinalement sur le fût de longues sagaies avec ou sans biseau basal ou sur des sagaies courtes avec biseau du Magdalénien.

Pour H. Breuil et R. Lantier (1959) ces rainures pouvaient être « destinées à recevoir un poison de chasse, ou de fines barbelures de silex microlithiques ».

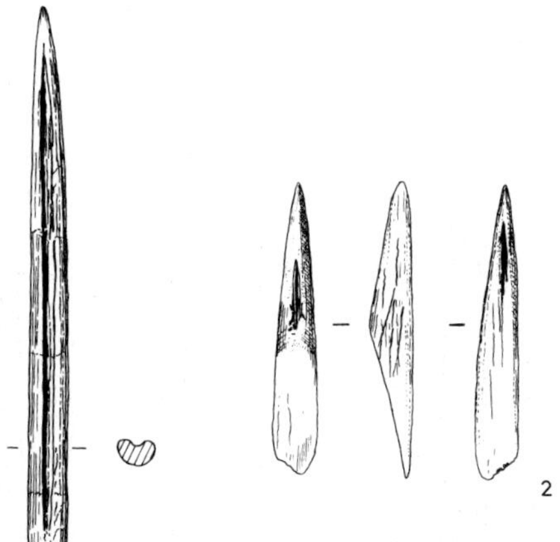

FIG. 222 — *Pointes à rainure.*
1 — Pointe mince à longue rainure.
2 — Pointe courte à biseau simple et double rainure.
Grotte du Placard (Vilhonneur, Charente). Magdalénien. D'après G. Chauvet (1910).

Effectivement, les exceptionnelles découvertes de J. Allain (1957) et de A. Leroi-Gourhan (1983) de fragments de sagaies composites (voir sagaie composite) permettent d'imaginer une utilisation possible de certaines rainures pour l'insertion d'éléments lithiques formant des barbelures ce qui réalise fonctionnellement pour J. Allain (1957) un proto-harpon.

Pointes de sagaies décorées (Fig. 223)

Considérées par A. Leroi-Gourhan (1965) comme des « objets précaires » c'est-à-dire exposés « à se briser ou à se perdre », les sagaies ont un décor qui lui paraît différent de celui d'objets « d'usage prolongé » comme les bâtons percés, propulseurs, ou spatules, faits avec un soin et un style différents.

Les premières sagaies décorées datent du Gravettien et le fait important constaté par cet auteur est « la coexistance, dès les premiers témoins, d'un décor naturaliste et d'un décor de traits sans signification apparente », alors que H. Breuil pensait que « ce décor schématique était le résultat de la dégradation d'un décor initialement réaliste que la répétition aurait fait aboutir à des tracés méconnaissables ».

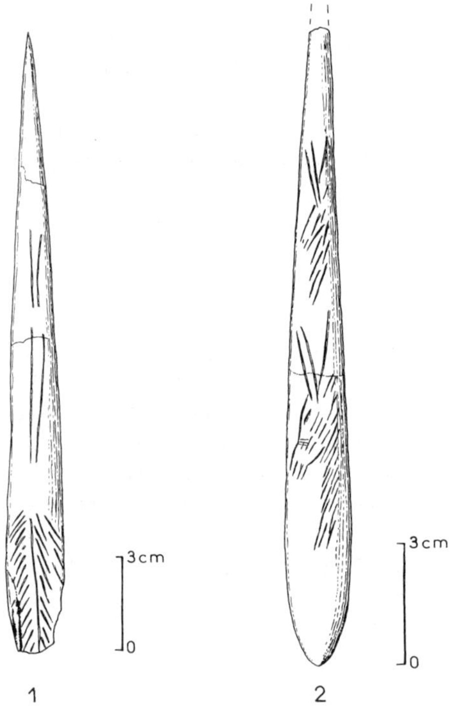

FIG. 223 — *Pointes de sagaies décorées.*
1 — Base striée en épi.
2 — Têtes d'animaux gravés.
Le Placard (Vilhonneur, Charente), Magdalénien. Musée des Antiquités Nationales de Saint-Germain-en-Laye.

A. Leroi-Gourhan (1965) signale qu'au Gravettien « les tracés schématiques sont présents de façon constante » alors que les figurations réalistes sont très rares.

Au Solutréen et au Magdalénien ancien le décor de grandes sagaies ovales est particulier car il se poursuit « jusque sur le biseau de la base, qui devait normalement être dissimulé par la hampe ».

Si au Magdalénien moyen, le décor du fût est surtout fait de traits groupés pour réaliser des « flèches » ou des « plumes » et le biseau strié comme pour augmenter l'adhérence à la hampe, au Magdalénien récent, « on assiste à une résurgence du décor naturaliste, généralement sous la forme de frises de chevaux plus ou moins simplifiés ».

Utilisation

La sagaie devait être l'arme essentielle pour la chasse au Paléolithique supérieur, souvent certainement lancée avec l'aide d'un propulseur (Fig. 247).

Nous avons vu que seule la pointe en bois de cervidé, en ivoire ou en os s'est conservée. Les différents modèles de forme de la base montrent la recherche d'une meilleure fixation sur la hampe et l'on distingue schématiquement des bases fendues ou fourchues et des bases massives (C. Leroy-Prost, 1975).

Les pointes à base fendue devaient être fixées sur l'extrémité taillée en biseau de la hampe. F. Bordes (1984, a, p. 245) souligne la fragilité d'un tel montage, la pointe devait se fendre et il en retrouve qui sont ainsi détériorées.

« Aussi ce premier essai, cette première idée de l'emmanchement embrassant est-elle rapidement abandonnée, et ne sera reprise, semble-t-il, que bien plus tard quand le métal permettra la douille. »

Quelques traces, mais bien rares, sur la base de ces pointes seraient dues au dispositif de fixation de la hampe. C. Leroy-Prost (1978) décèle des traces d'emmanchement sur des pointes à base fendue de l'Aurignacien d'Isturitz (Pyrénées-Atlantiques). Ce sont des stries fines, comme des « traces d'écrasement » visibles sur les lèvres de la base fendue et bien différentes des traces de façonnage.

Les pointes losangiques, aplaties, ont pu être emmanchées dans une hampe fendue ; les pointes fusiformes, peut-être, dans une hampe perforée.

Les sagaies à base en biseau sont certainement collées et ligaturées sur la hampe également biseautée et à propos des sagaies de l'Aurignacien final dont le biseau conserve des canalicules osseux, F. Bordes (1984, a, p. 245) pense que cela donnait « une surface rugueuse qui devait assurer une meilleure adhérence ». Les pointes à biseau double devaient être introduites dans une extrémité de hampe fendue. Les stries gravées sur les biseaux doubles du Magdalénien supérieur sont considérées par R. Deffarge, P. Laurent et D. de Sonneville-Bordes (1977) et bien d'autres auteurs, comme ayant servi « de rainures à glu ou gomme, facilitant l'emmanchement par collage adhésif ».

Réutilisation

Des sagaies brisées sont réutilisées.

Une pointe de sagaie brisée peut être « réappointie par raclage sur la fracture » (G. Malvesin-Fabre, 1951) comme pour l'exemplaire figure 224, n° 2. Cette pointe très courte a une section et une base en biseau identiques aux longs exemplaires de la même période dans cette grotte.

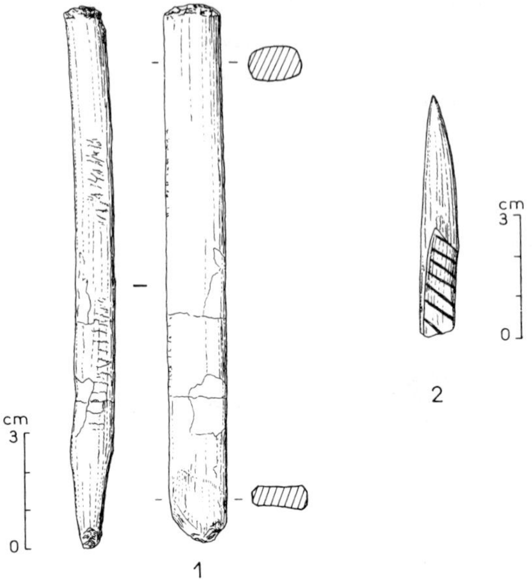

FIG. 224 — ***Réutilisation de pointes de sagaies.***
1 — Utilisation vraisemblable comme « coin » en raison de traces de chocs visibles aux deux extrémités. Magdalénien supérieur de l'abri Morin (Pessac-sur-Dordogne, Gironde). D'après R. Deffarge et coll. (1977).
2 — Base de sagaie réappointie. Magdalénien de la grotte de la Vache (Alliat, Ariège). D'après G. Malvesin-Fabre et coll. (1951).

Parfois la base de la sagaie brisée est utilisée pour un autre usage. C'est le cas pour huit bases de sagaies à double biseau qui sont trouvées dans la section 36 de Pincevent (Seine-et-Marne). Présentes le plus souvent dans « l'espace interne d'activité domestique » de l'habitat (A. Leroi-Gourhan et M. Brézillon, 1972) elles devaient être rapportées de la chasse avec leur hampe et démontées près du foyer. Ces fragments proximaux montrent des « traces indiscutables d'écrasement par des chocs » visibles à l'opposé du double biseau qui «servait comme coin, peut-être pour faire sauter la baguette de bois de renne détachée par deux rainures prodondes mais encore liée par du tissu spongieux » (A. Leroi-Gourhan, 1983).

Enfin des pointes brisées sont parfois perforées d'un orifice transformant le débris en pendeloque, ce qui provoque bien des questions sur la signification de cette réutilisation (A. Leroi-Gourhan, 1965).

Bâtons percés

Morphologie

Le bâton percé est « un fragment allongé de bois de cervidé élargi à une extrémité et percé de part en part à cet endroit » telle est la définition de L. Mons (1976).

Pour A. Leroi-Gourhan (1965) « c'est une pièce de bois de renne, taillée dans une enfourchure, percée d'un trou rond dans la partie la plus résistante. Par sa taille et sa forme il rappelle une clef à écrous actuelle. En général, du moins à partir d'une certaine époque, il est richement décoré ».

Caractéristique de tout le Paléolithique supérieur, il apparaît au début de l'Aurignacien, fréquent au Gravettien et au Solutréen, il est abondant au Magdalénien et disparaît à la fin de cette culture.

C. Leroy-Prost (1975), étudiant les premiers exemplaires qui datent de l'Aurignacien ancien, précise que leur forme est habituellement en T. Longs de 150 à 220 mm, ils ont un orifice « subcirculaire » de 10 à 27 mm de diamètre. Le décor est absent ou « limité à quelques stries sur les faces ou sur les bords de la branche principale » (Fig. 225, n° 1).

Publiant 13 exemplaires plus récents de la grotte du Placard (Vilhonneur, Charente), L. Mons (1976) les décrit avec une extrémité distale ou tête présentant trois aspects (Fig. 226) : deux branches divergentes (n° 1), à contours anguleux (n° 2) et à contour massif, à tendance quadrangulaire (n° 3). Leur fût ou partie mésiale dont la forme suit la courbure naturelle du merrain a une surface « régularisée par raclage, l'ensemble est remarquablement poli ». Leur base ou extrémité proximale a une extrémité arrondie, en biseau ou est brute de débitage. La longueur totale pour 8 exemplaires va de 23 à 29 cm et le diamètre intérieur de la perforation de 9 à 31 mm.

Les bâtons du Magdalénien ont un fût volontiers en forme de phallus et leur décor devient très élaboré dans la seconde moitié de cette époque. Ce sont des gravures ou des sculptures représentant par ordre de fréquence le cheval, l'homme, le poisson, le cerf, renne, puis le bouquetin, biche, bison et enfin le mammouth, ours, lion, selon A. Leroi-Gourhan (1965) (Fig. 225).

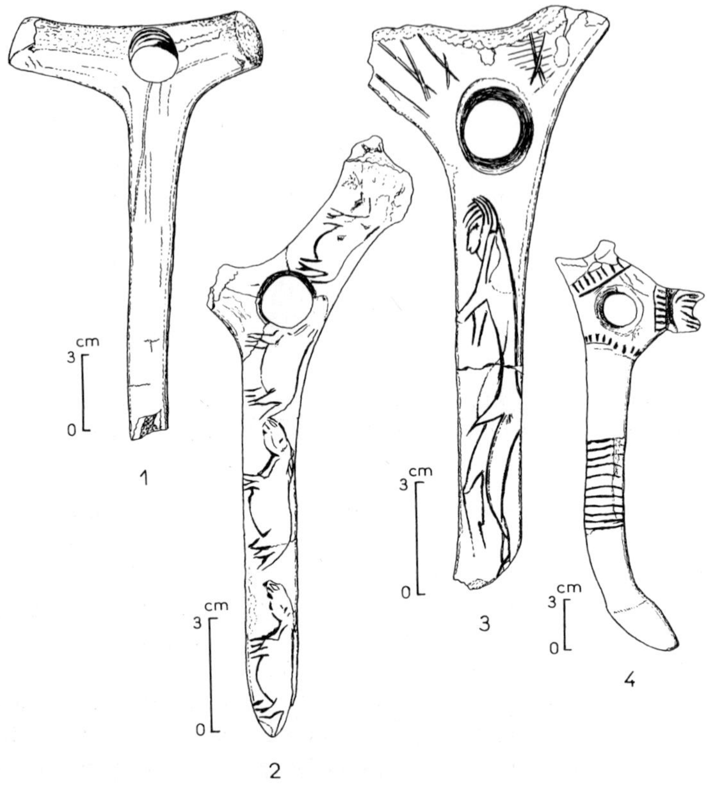

FIG. 225 — *Bâtons percés.*
1 — Abri Blanchard (Sergeac, Dordogne).
2 — La Madeleine (Tursac, Dordogne).
3 — Gourdan (Haute-Garonne).
4 — Laugerie-Basse (Les Eyzies, Dordogne).

Fabrication

Souvent le bâton est fait à partir de l'extrémité proximale du bois de renne : la meule peut être totalement ou partiellement conservée, le départ des andouillers d'œil et de glace sont visibles, l'orifice est réalisé au niveau de l'andouiller de glace. Une partie plus distale du bois peut être également choisie et l'on reconnaît la région de « l'enfourchure » à la section plate du bois (L. Mons, 1976).

Expérimentalement J. Tixier (1973) fabrique un tel bâton dans un bois de renne. Le bois est ramolli par trempage puis débité par sciage à l'aide d'un éclat de silex. L'ébauche est ainsi obtenue dans la partie proximale du merrain. Le trou est ensuite foré dans la zone de convergence des andouillers d'œil et de glace avec un gros perçoir de silex attaquant une corticale puis la seconde, opposée. L'orifice qui a une forme en sablier est agrandi à l'aide d'un burin en bec de flûte par exemple. Enfin, le manche peut être régula-

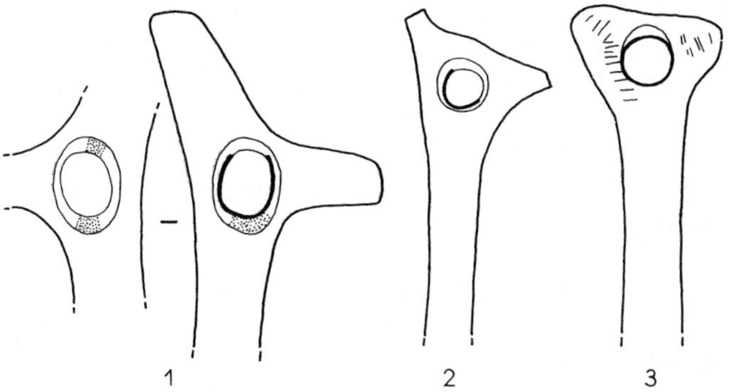

FIG. 226 — *Morphologie d'extrémités distales de bâtons percés de la grotte du Placard (Vilhonneur, Charente) et leur traces d'usure.* En trait : usure interne, en pointillé : usure du rebord. D'après L. Mons (1976).

risé, gravé ou sculpté avec des éclats de silex ou des burins. G. Chauvet (1910) a découvert de telles ébauches, entières ou brisées, que nous reproduisons figure 227.

Des observations minutieuses montrent qu'il existe plusieurs techniques de percement du bâton. L. Mons (1976) cite deux bâtons provenant de Laugerie-Haute (Les Eyzies, Dordogne) avec perforation inachevée. Dans un cas ce sont des « stries profondes » qui « s'entrecroisent ou convergent vers le trou partiellement ouvert » ce qui est caractéristique de la technique « par pression » (comme elle a été décrite par D. Stordeur-Yedid pour le percement de chas d'aiguilles, 1979). Dans le second cas c'est une technique par rotation et « deux cônes opposés par le sommet aux profils concaves portent les traces du

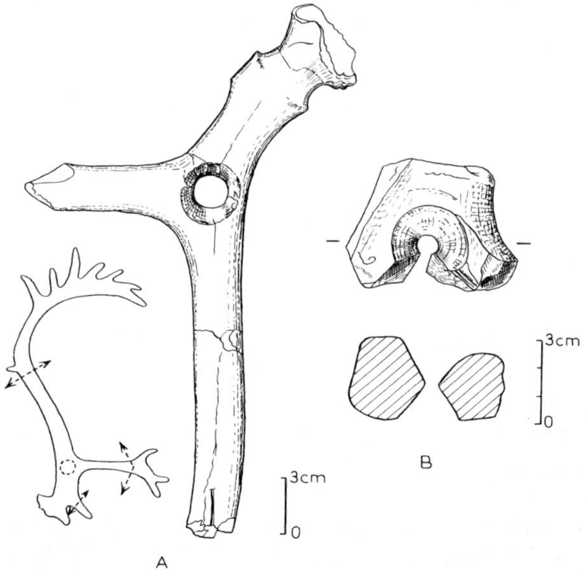

FIG. 227 — *Fabrication de bâtons percés.* D'après G. Chauvet (1910).
A — Bâton inachevé.
B — Fracture au niveau du trou montrant l'orifice et son mode de percement.
Grotte du Placard (Vilhonneur, Charente). Magdalénien.

mouvement rotatif de l'outil » et des « stries circulaires sont encore visibles sur les parois intérieures ». L. Mons reconnaît l'association de ces deux techniques sur d'autres bâtons de la grotte du Placard (Vilhonneur, Charente). Il s'agit d'un percement par pression suivi d'un agrandissement et d'une régularisation de l'orifice par rotation ce qui efface partiellement les traces de la première action. Finalement beaucoup de perforations pour les exemplaires de cette grotte sont « elliptiques à parois biconiques » avec le grand diamètre de l'ellipse orienté selon la longueur du bâton.

Traces d'usure

Les bâtons présentent au niveau de leur tête deux types de traces d'usure : des polis et des fractures.

G. Chauvet en décrit dès 1910 sur des exemplaires du Magdalénien de la grotte du Placard (Vilhonneur, Charente). Il conclue que « le trou a longtemps servi » et présente une usure sur toute la périphérie et surtout dans la zone opposée au manche. Les manches sont également polis par l'usage, effaçant parfois le décor.

C. Leroy-Prost (1975) note sur les exemplaires de l'Aurignacien des polis d'usure localisés autour de la perforation mais sans prédominance sur une face. V. Brun, cité par G. Chauvet (1910), remarquait en 1867 que très souvent les bâtons sont « cassés par suite d'un usage prolongé ». Le trait de fracture traverse alors volontiers l'orifice, mais il est exceptionnel que l'on puisse reconstituer un objet complet comme celui de la section 36 de Pincevent (Seine-et-Marne), (Fig. 228). A. Leroi-Gourhan (1972) nous dit que le

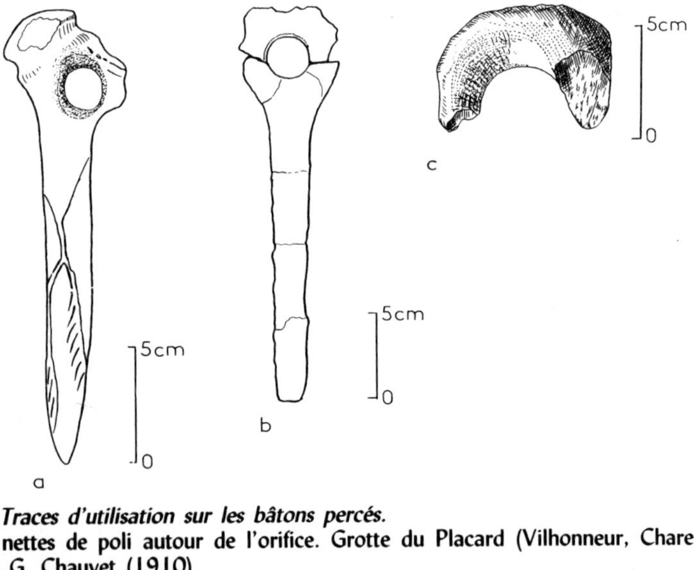

FIG. 228 — *Traces d'utilisation sur les bâtons percés.*
a — Traces nettes de poli autour de l'orifice. Grotte du Placard (Vilhonneur, Charente). Magdalénien. D'après G. Chauvet (1910).
b — Bâton peut-être brisé en cours d'utilisation. Section 36 de Pincevent (Seine-et-Marne). D'après A. Leroi-Gourhan et M. Brézillon (1972). Magdalénien.
c — Fragment de portion distale très usée. Grotte du Placard (Vilhonneur, Charente). Magdalénien. D'après G. Chauvet (1910).

manche est trouvé devant l'entrée de l'habitat V 105 et l'extrémité distale deux mètres plus loin, témoignant d'une cassure pendant l'utilisation.

Étudiant les traces d'usure que présentent les perforations de bâtons de la grotte du Placard (Vilhonneur, Charente) L. Mons (1976) décrit les zones de « frottements par polissage ou par usure » visibles autour de l'orifice interne, des parois et des orifices externes. Leur localisation, limitée et variable, « supposent des orientations différentes dans le mouvement du frottement ». Observant trois pièces brisées, L. Mons signale que « les objets se sont cassés aux points de faiblesse, là où l'orifice est le plus proche du bord de la pièce ».

Hypothèses d'utilisation

Bien des hypothèses ont été imaginées ! Appelé lors des premières découvertes « bâton de commandement » il évoque pour A. Leroi-Gourhan (1965) « un outil utilisé pour établir à chaud, par flexion, la rectitude des sagaies et des harpons en bois de renne et d'os, probablement aussi des hampes de bois » en raison de l'existence d'outils semblables utilisés par des Esquimaux et des Indiens et d'une vérification expérimentale. En effet, la baguette de bois de renne détachée par rainurage est courbe. Elle doit être redressée à chaud avant sa transformation en sagaie. Le bâton percé « permet d'exercer une pression précise, très forte et prolongée, sans s'exposer directement à la chaleur des braises » (A. Leroi-Gourhan, 1972). A. Leroi-Gourhan (1965) note aussi « qu'on ne trouve de bâton percé à petit trou que dans les gisements où les sagaies sont fines ».

D'autres possibilités d'utilisation ont été évoquées par A. Glory (1963). Il retient celle d'un manche de fronde.

L. Mons (1976) en raison des traces d'usure pense que « ces bâtons devaient servir soit à un travail de finition en relation avec la corderie ou la peaucerie (...), soit à un travail occasionnant peu d'effort ».

Aiguilles à chas

Description

Au Paléolithique supérieur sont fabriquées des aiguilles à chas dont l'aspect est tout à fait comparable à celui de nos aiguilles actuelles d'acier pour coudre (Fig. 229 et 230).

On leur décrit une partie distale ou pointe, une partie proximale perforée ou tête et une partie mésiale ou fût. Dans tout ce qui suit, nous nous inspirerons de la vaste étude faite par Danielle Stordeur-Yedid (1979) et les citations sont celles de cet auteur.

Les matières premières utilisées sont l'os, le bois de cervidé, l'ivoire. Mais il n'est habituellement pas possible de distinguer à l'œil nu ces diverses matières. Il paraît cependant que les aiguilles d'os soient la majorité pour la plupart des observateurs.

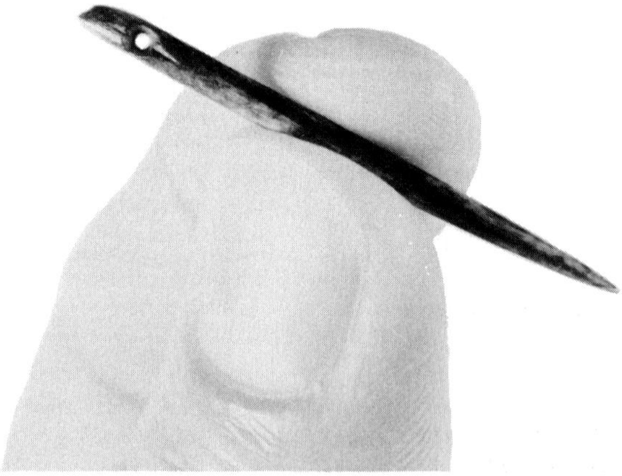

FIG. 229 — *Aiguille à chas magdalénienne.* Longue de 38 mm et large de 2,5 mm, le chas semble perforé par approfondissement d'une rainure sur chaque face puis rotation circulaire bilatérale. Saint-Marcel (Indre).

La mensuration d'aiguilles entières permet de les classer en deux groupes selon leur longueur. Le groupe le plus important est celui d'aiguilles longues de 30 à 80 mm. Au-dessus de 80 mm il s'agit de grandes aiguilles ; elles sont peu nombreuses.

La tête vue de face est dans plus de la moitié des cas de même largeur que le fût et vue de profil présente un amincissement progressif dans la majorité des cas. Le chas est le plus souvent circulaire et mesure 1 mm de diamètre (les extrêmes sont 0,5 et 2,4 mm). Il est situé entre 1 et 2 mm de l'extrémité proximale, habituellement parfaitement centré, à égale distance des bords latéraux ce qui assure le maximum de solidité pour cette partie.

La pointe a une section très souvent ronde. Sa surface est souvent parfaitement polie mais dans un tiers des cas montre de nettes facettes secondaires à leur taille ou leur réappointage.

Datation

Bien que les premiers exemplaires apparaissent au Solutréen final (mais dans une région limitée : vallée de la Vézère en Dordogne), l'aiguille est un objet typique du Magdalénien. Elle est présente dans toutes les périodes et dans toute l'aire d'extension de cette culture et disparaît, en France, au Mésolithique.

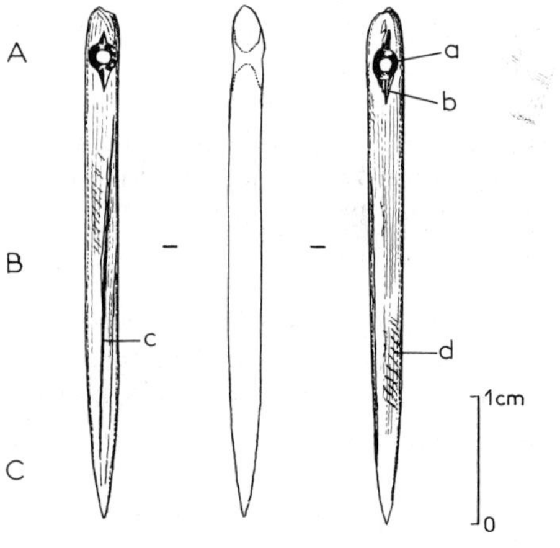

FIG. 230 — *Morphologie d'une aiguille à chas.*
A — Tête
B — Fût
C — Pointe
a — chas
b — « rainure d'attaque »
c — rainure de débitage
d — stries de finition et traces de broutage.

Technique de fabrication

Des matrices d'extraction ou « nucléus osseux » d'os de rennes, chevaux, oiseaux (Fig. 231, n° 1) et de bois de rennes ont fourni des baguettes qui ont pu servir à la fabrication d'aiguilles. Mais il existe peu de documents sous forme d'ébauches ou de ratés et c'est surtout l'observation des objets finis et l'expérimentation qui instruisent sur les techniques de fabrication.

1 — *L'extraction* d'une petite baguette, appelée « languette de débitage », est faite à l'aide d'un outil de silex (éclat, burin) par rainurage sur une matrice : un os entier ou un fragment de diaphyse par exemple.

2 — La baguette est *façonnée* et l'on remarque sur de rares exemplaires, supposés être des ébauches, un raclage amincissant sur deux faces l'extrémité proximale, un raclage du reste de la baguette et la réalisation plus ou moins poussée d'une pointe.

3 — *Le chas est ensuite percé.* L'examen de chas en cours de percement, de chas achevés et de chas brisés a permis à D. Stordeur-Yedid de décrire avec minutie les principales phases et les techniques.

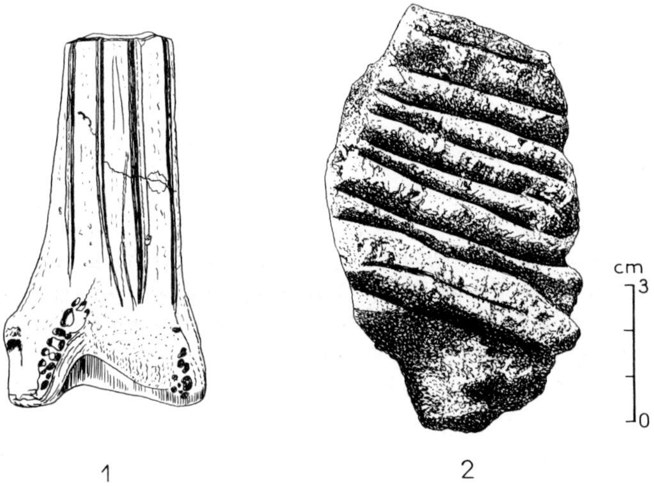

FIG. 231 — 1 — Fragment d'os de grue rainuré pour l'extraction de fines baguettes. Les Eyzies Muséum National d'Histoire Naturelle, d'après une photographie.
2 — Bloc de grès considéré comme un « affûtoir à aiguilles ». Isturitz (Pyrénées-Atlantiques). D'après E. Passemard (1944).

Tout d'abord une incision superficielle (une ligne, une croix) peut marquer l'emplacement futur du chas sur les deux faces préparées de la tête. Puis une rainure dite « d'attaque », le plus souvent longitudinale ou oblique, est gravée assez profondément sur chaque face. Elle se voit parfois encore sur des exemplaires achevés (Fig. 229). Le percement proprement dit se fait de quatre manières principales :

— par pression : en détachant de petites esquilles et le chas est multilobé ;

— par rotation circulaire ce qui donne au chas un profil en troncs de cônes opposés ;

— par rotation alternative : le plus souvent avec une amplitude de 180° ce qui explique l'aspect bilobé du chas ;

— par approfondissement de la « rainure d'attaque » avant le percement final par rotation.

Ces méthodes peuvent se combiner, parfois pour rattraper un décalage des points d'attaque de l'orifice. D. Stordeur-Yedid précise aussi que la perforation par rotation circulaire continue peut être l'ultime finition du chas, pour le régulariser ou rendre moins tranchante la zone de rencontre des orifices qui sont dans tous les cas faits à partir des deux faces de l'aiguille. Enfin, elle pense que le petit perçoir n'était pas nécessaire pour le percement et cite l'observation de J. Allain qui ne trouve aucun perçoir dans la couche la plus riche en aiguilles du gisement de la Garenne à Saint-Marcel (Indre).

4 — *La finition* de l'aiguille a pu être faite par polissage (et l'on connaît de petits polissoirs en grès comme celui figure 231, n° 2) mais elle semble surtout avoir été réalisée par raclage car les exemplaires montrant des facettes dues à ce raclage ainsi que de petits accidents par broutage de l'outil de silex sont nombreux. L'aiguille est calibrée et prend son aspect final, souvent petite merveille de délicatesse du travail de l'os.

Utilisation : la couture

La présence de l'aiguille à chas est donc la preuve que les Magdaléniens cousent, certainement des vêtements de peau.

Le fil provient peut-être de tendons de rennes ou de bouquetins (A. Leroi-Gourhan, 1983). La découverte d'extrémités de pattes de rennes en connexion anatomique, abandonnées à distance de détritus de cuisine, a fait émettre l'hypothèse « que les tarses avaient pu jouer le rôle de "bobines", les tendons qui y sont fixés servant de réserve pour les besoins en fibres de ligature ou de couture » (A. Leroi-Gourhan citant J. Allain, 1972). Si l'utilisation de l'aiguille à chas pour la couture ne fait guère de doute, la manière de coudre, elle, est discutée et D. Stordeur-Yedid s'élève contre l'idée de nombreux préhisto-

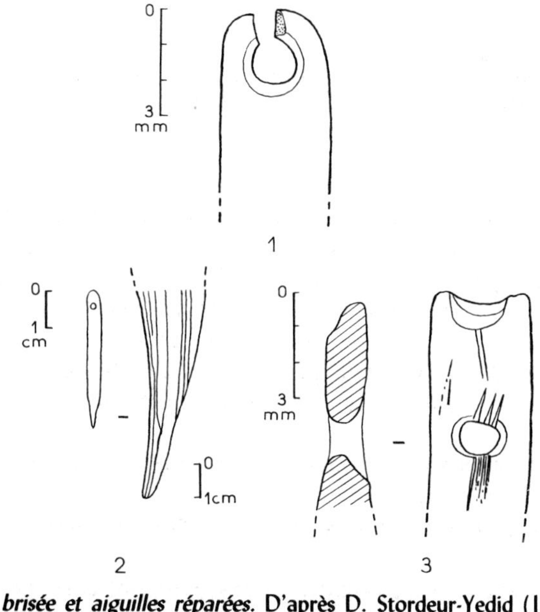

FIG. 232 — ***Aiguille brisée et aiguilles réparées.*** D'après D. Stordeur-Yedid (1979).
1 — Fracture axiale étroite du chas. Le Mas-d'Azil (Ariège).
2 — Réparation de la pointe (des facettes de raclage sont visibles). Grotte du Placard (Cne de Vilhonneur, Charente).
3 — Percement d'un nouveau chas (les rainures « d'attaque » de l'ancien et du nouveau chas sont observables). Isturitz (Pyrénées-Atlantiques).

riens qui imaginent « que l'aiguille à chas magdalénienne était utilisée pour passer un lien à travers une paroi préalablement percée à l'aide d'un poinçon ». Elle pense que la solidité de l'aiguille, sa forme adaptée, sa pointe acérée lui permettent de traverser des cuirs souples. Mais les traces d'usure constatées sur la surface des aiguilles sont difficiles à interpréter. L'usure du chas par le fil est plus caractéristique et peut se traduire par la disparition des arêtes et un aspect convexe de la paroi intérieure « surtout proximalement et latéralement ». Enfin, un accident particulier, brisant le chas comme sur l'exemplaire n° 1, figure 232 « n'a pu être fait que par la traction du lien lors d'un geste de couture ».

Une aiguille brisée peut être *réparée*. L'observation minutieuse des traces de finition peut faire suspecter une réfection de la pointe (Fig. 232, n° 2), mais surtout les exemples de percement d'un nouveau chas ne sont pas rares (Fig. 232, n° 3).

Ciseaux, coins, lissoirs, spatules

Ciseaux et coins

Pour la commission de nomenclature sur l'industrie de l'os préhistorique H. Camps-Fabrer (1977, p. 22) définit le ciseau comme un « objet dont l'extrémité distale porte un double biseau affectant d'une part la face inférieure et d'autre part la face supérieure et dont le tranchant, plus ou moins vif, porte éventuellement des ébréchures ». Sa base qui est « coupée transversalement et légèrement bombée porte éventuellement des impacts d'utilisation (outil intermédiaire) ».

Le coin, pour cette même commission, est décrit comme un « objet ne portant qu'un seul biseau » (H. Camps-Fabrer, 1977, p. 22).

Une définition « strictement morphologique » est proposée par C. Leroy-Prost (1975, p. 84) pour les ciseaux et les coins aurignaciens du Poitou, des Charentes et du Périgord. Elle tient compte de l'orientation du tranchant (à simple ou à double biseau) « dans le sens de la plus grande largeur de l'objet » pour le ciseau (Fig. 233, n° 2) et « perpendiculaire à la plus grande largeur de l'outil » pour le coin (Fig. 233, n° 1).

J. Allain donne priorité aux stigmates sur la forme générale pour la détermination et pour lui le ciseau « évoque un instrument intermédiaire dans la percussion lancée donc *a priori* des stigmates basaux et terminaux » (in J.-P. Rigaud, 1974, p. 177).

Nous allons suivre ce point de vue en étudiant deux types de « ciseaux » du Magdalénien supérieur et provenant d'un même gisement de la Gironde. Mais il n'est guère possible à présent de différencier fonctionnellement les ciseaux des coins ou des lissoirs, ces différents noms étant très diversement employés dans les descriptions.

I — Des ciseaux ou lissoirs de l'abri Morin (Pessac-sur-Dordogne, Gironde) sont décrits par R. Deffarges, P. Laurent et D. de Sonneville-Bordes (1974). Ils sont faits à partir de tronçons d'andouillers plus souvent de cerfs que de rennes (alors que ce dernier

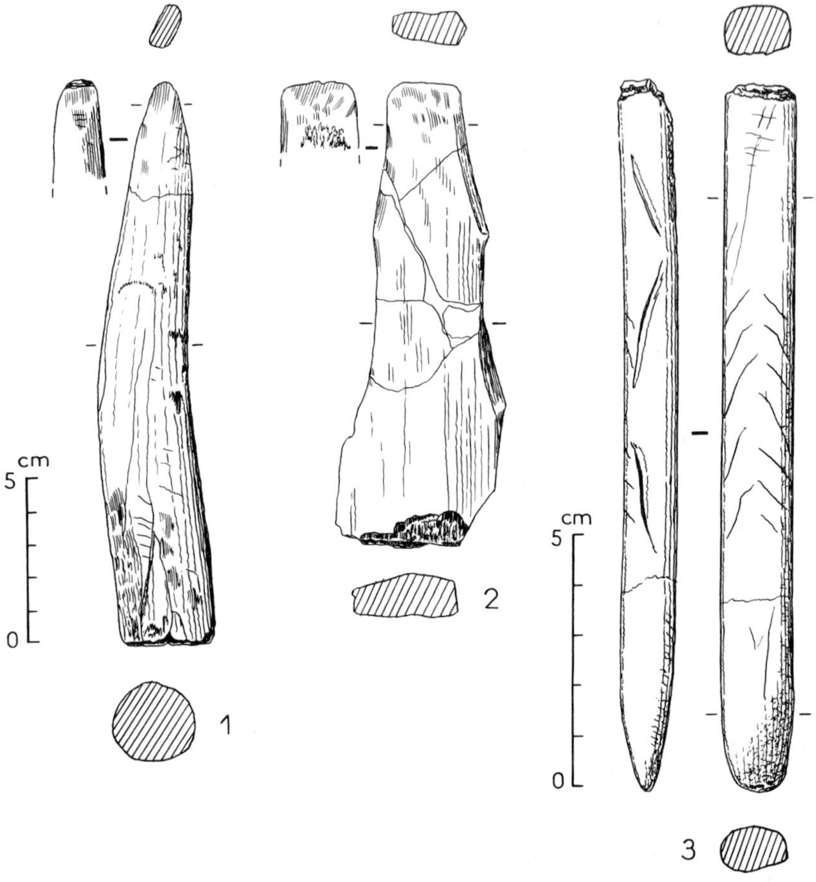

FIG. 233 — *Coin et ciseaux.*
1 — Coin. La Ferrassie (Dordogne). Aurignacien.
D'après C. Leroy-Prost (1975). Musée National de Préhistoire des Eyzies.
2 — Ciseau. La Ferrassie (Dordogne). Aurignacien.
D'après C. Leroy-Prost (1975). Musée National de Préhistoire des Eyzies.
3 — Ciseau. Abri Morin (Pessac-sur-Dordogne, Gironde).
Magdalénien. D'après R. Deffarge, P. Laurent, D. de Sonneville-Bordes (1977).

animal est bien supérieur en nombre). Longs de 8 à 13 cm ils ont une extrémité faite d'un biseau simple sur la face inférieure et une face supérieure montrant des traces de raclage ou de poli. Le biseau est fait, soit après un débitage longitudinal du bois par rainurage (Fig. 234, n° 1), soit sur le bois entier et découvrant alors la partie médullaire. Il s'étend sur 2/3 à 3/4 de la longueur de la pièce et son extrémité a une forme en arc de cercle.

Les auteurs font une étude fonctionnelle de l'outil et proposent deux utilisations possibles :

a — comme « coin » ou « ciseau » en percussion perpendiculaire avec usage d'un percuteur (Fig. 234, n° 3) car il y a des traces de percussion sur la base et des traces d'usure sur le tranchant de certains exemplaires,

b— comme « lissoir » ou « écorchoir » par un mouvement de va-et-vient car le polis-

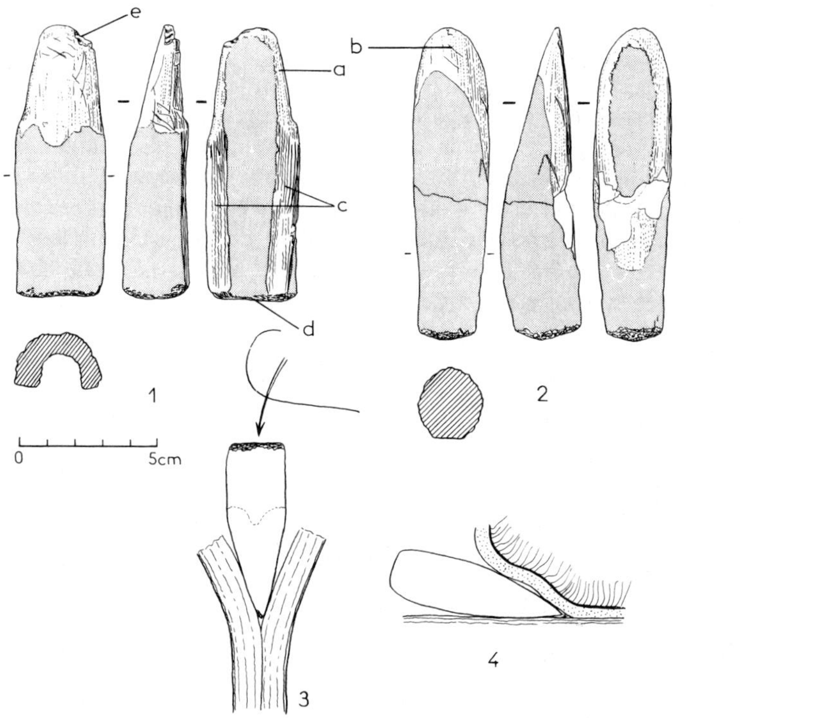

FIG. 234 — *Ciseaux ou lissoirs en bois de cerf.* Abri Morin (Pessac-sur-Dordogne, Gironde). Magdalénien. D'après R. Deffarge, P. Laurent, D. de Sonneville-Bordes (1974).
1 et 2 — a — biseau sur la face inférieure
— b — poli et stries sur la face supérieure
— c — stries du débitage par rainurage
— d — martèlement de la base
— e — ébréchures du tranchant
3 — Utilisation comme ciseau ou coin.
4 — Utilisation comme lissoir ou écorchoir.

sage du biseau peut être produit par un frottement répété (Fig. 234, n° 4). Mais les stigmates d'usure sont difficiles à interpréter sur ces objets fragiles et rien ne permet de choisir « entre les fonctions également vraisemblables et dès longtemps envisagées par les auteurs de ciseau-coin et de lissoir ou écorchoir ».

2 — A côté de ces « puissants ciseaux en bois de cervidés » les mêmes couches magdaléniennes supérieures de l'abri Morin ont fourni de nombreux fragments de sagaies à biseau double. Parmi ceux-ci certains ont été réutilisés comme ciseaux ou plus exactement ont servi comme « coins » (Fig. 233, n° 3) et nous avons rapporté p. 222 l'observation de A. Leroi-Gourhan et M. Brézillon (1972) concernant ce réemploi des bases de sagaies à double biseau provenant de la section 36 de Pincevent (Seine-et-Marne). R. Deffarge, P. Laurent et D. de Sonneville-Bordes (1977) isolent donc de ce matériel des objets qu'ils considèrent comme de véritables ciseaux car ils se différencient des fragments de sagaies par un biseau lisse, de profil et de section biconvexes, ainsi que par des traces d'usure visibles aux deux extrémités.

Lissoirs

C. Leroy-Prost (1975, p. 92) définit les lissoirs aurignaciens « comme toute pièce allongée, en os, ivoire, ou bois de cervidés, possédant un fût plat aux bords parallèles, dont l'extrémité apicale mousse, toujours plus étroite par rapport au fût, peut être soit arrondie, soit ogivale, soit oblique ou perpendiculaire par rapport au grand axe. La section de cette extrémité peut être plan-convexe, elliptique ou biconvexe ». Nous figurons un lissoir de la variété « large et épais » (Fig. 235, n° 1), en bois de renne, fait à partir d'une baguette prélevée sur un merrain (C. Leroy-Prost, 1975, p. 97).

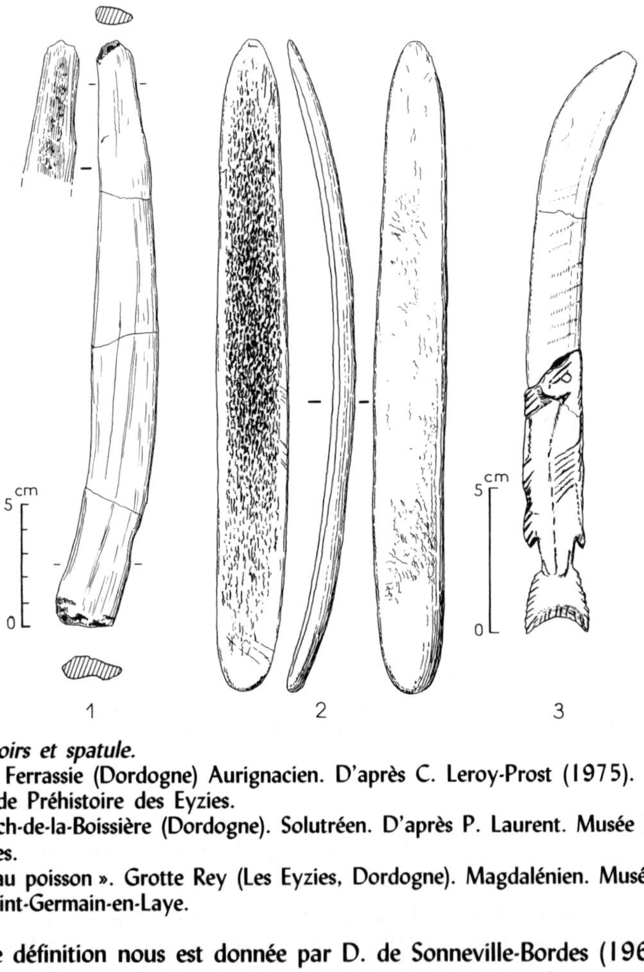

FIG. 235 — *Lissoirs et spatule.*
1 — Lissoir. La Ferrassie (Dordogne) Aurignacien. D'après C. Leroy-Prost (1975). Musée National de Préhistoire des Eyzies.
2 — Lissoir. Pech-de-la-Boissière (Dordogne). Solutréen. D'après P. Laurent. Musée National de Préhistoire des Eyzies.
3 — Spatule « au poisson ». Grotte Rey (Les Eyzies, Dordogne). Magdalénien. Musée des Antiquités Nationales de Saint-Germain-en-Laye.

Une autre définition nous est donnée par D. de Sonneville-Bordes (1960, p. 23). Elle nomme lissoir un « fragment d'os long, généralement de côte, plat et souple, aminci à l'une des extrémités, qui présente parfois un polissage d'usure ». L'objet n° 2 de la figure 235 est appelé lissoir et dans une vitrine du Musée national de Préhistoire des Eyzies (Dordogne) est exposé un « fagot » de lissoirs trouvés au Fourneau-du-Diable (Bourdeilles, Dordogne), soudés par le sédiment après leur abandon par les Solutréens.

L'utilisation comme lissoirs est hypothétique mais il est souvent fait mention d'un emploi pour la préparation des peaux, le lustré d'usure résultant peut-être du frottement sur le cuir (M. Brézillon, 1969).

Spatules

A. Leroi-Gourhan (1965, p. 51) appelle « spatules ou palettes des pièces d'os, de forme généralement allongée, terminées assez souvent par une partie plus étroite formant un manche court ou par un découpage en forme de queue de poisson. Elles sont en général très soigneusement polies et le plus souvent décorées » (Fig. 235, n° 3).

Ces objets se rencontrent le plus souvent au Magdalénien moyen et leur usage est inconnu. L'étude d'une « spatule aux poissons » découverte par F. Champagne et R. Espitalié dans la grotte de Coucoulu (Calviac, Dordogne) fait conclure à A. Leroi-Gourhan (1971, p. 258-259) que l'aspect lustré de l'extrémité distale montre qu'il est « difficile de trancher entre l'usage effectif comme spatule ou toute autre utilisation qui fasse intervenir la manipulation ou la fixation capillaire ou vestimentaire » et que l'étranglement caudal pouvait permettre une suspension comme pendeloque.

Navettes

J. Allain (1957) dans le Magdalénien moyen de Saint-Marcel (Indre) découvre des tronçons de bois de renne de 150 à 211 mm de long, 17 à 23 mm de diamètre dont les deux extrémités, profilées en une sorte de museau aplati, sont fendues (Fig. 236, A). Les fentes sont larges de 3 à 3,5 mm et profondes de 32 à 38 mm.

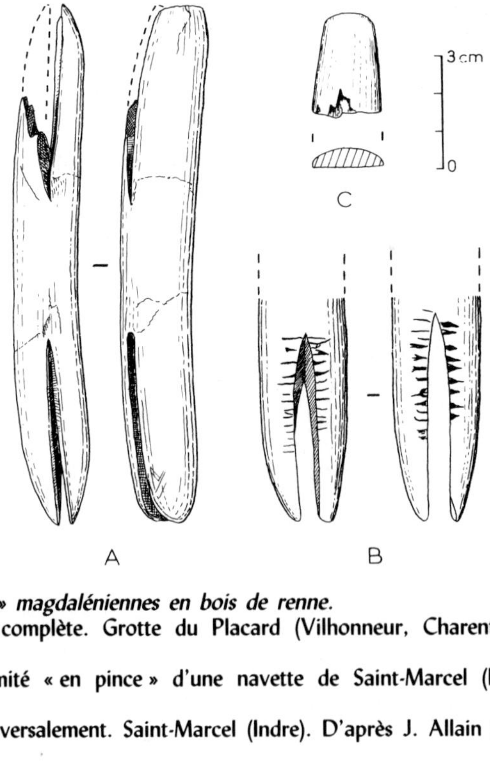

FIG. 236 — *« Navettes » magdaléniennes en bois de renne.*
A — Navette presque complète. Grotte du Placard (Vilhonneur, Charente). D'après G. Chauvet (1910).
B — Détail de l'extrémité « en pince » d'une navette de Saint-Marcel (Indre). D'après J. Allain (1957).
C — Lèvre brisée transversalement. Saint-Marcel (Indre). D'après J. Allain (1957).

La face interne de chaque lèvre est plane ou parfois légèrement concave. La face externe de certaines lèvres est marquée d'incisions faites au silex en regard d'un peu plus de la moitié interne de la fente comme pour assurer une ligature (Fig. 236, B). Ailleurs il s'agit de traces beaucoup plus discrètes dues à un lien très serré.

Des lèvres brisées, les unes obliquement, d'autres transversalement sont aussi recueillies (Fig. 236, C). La fracture des premières est peut-être survenue avant la pose d'une ligature, celle des secondes, la ligature étant en place.

Sont ainsi réalisées des pinces, munies à leur base d'une ligature serrée servant à fixer un objet. Ce serait des manches d'outils doubles et l'hypothèse de grattoirs, suffisamment minces pour être introduits dans les fentes est retenue par J. Allain (Fig. 237).

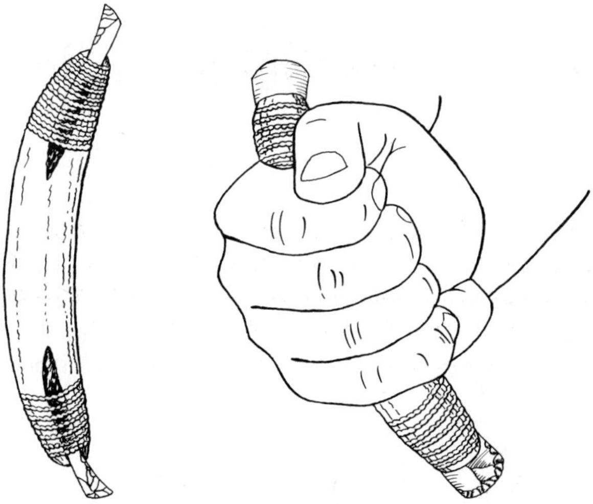

FIG. 237 — *Hypothèse d'utilisation d'une « navette » comme manche de grattoirs.*

Baguettes demi-rondes

« Sous ce terme (heureux, car il décrit exactement l'objet sans engagement sur son usage), les préhistoriens désignent des bandes d'environ deux centimètres de large au maximum, longues parfois de plus de vingt centimètres, qui ont été découpées dans la perche d'un bois de renne » telle est la définition de A. Leroi-Gourhan (1965).

Morphologie

Faites en bois de renne (très rarement en os) on leur décrit comme pour tout objet allongé et étroit un fût et deux extrémités distale et proximale. Les baguettes entières sont rares et il est donc souvent impossible de nommer les extrémités.

La face correspondant à la partie externe de la corticale du bois est bombée tandis que la face du côté de la zone médullaire ou spongieuse est plane.

Étudiant des exemplaires intacts provenant des grottes d'Isturitz (Pyrénées-Atlantiques) et de la Vache (Ariège), L. Mons (1980-1981) note une certaine « homogénéité morphologique du fût » dont les bords sont le plus souvent parallèles et la section plano-convexe. L'extrémité distale est fréquemment appointée alors que l'aspect de l'extrémité considérée comme proximale est variable mais souvent taillée en biseau. Les longueurs varient de 85 à 370 mm, la largeur est d'une douzaine de mm et l'épaisseur 5 mm. La face externe bombée est fréquemment décorée de « motifs » gravés et la face plane peut être striée (Fig. 238, n° 1).

L'étude des décors fait classer les baguettes demi-rondes par A. Leroi-Gourhan (1965) en trois groupes :

— Un groupe important de baguettes dont le décor est le même que celui de sagaies : petits traits, courbes, traits assemblés.

— Un petit groupe a des décors « très élaborés et abstraits qui n'ont pas de corres-

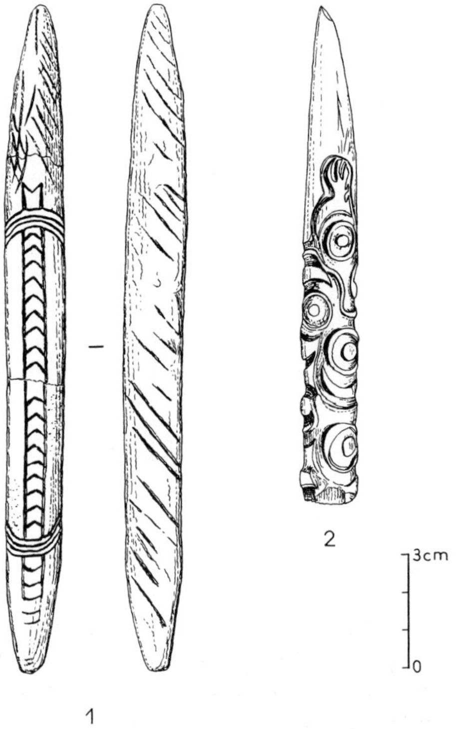

FIG. 238 — *Baguettes demi-rondes décorées*
1 — Baguette complète. Isturitz (Pyrénées-Atlantiques). D'après R. de Saint-Périer (1936) qui note que trois lignes courbes gravées sur les parties proximale et distale « figurent sans doute les liens destinés à maintenir la baguette jumelle ».
2 — Fragment de baguette décorée de spirales en champlevé avec peut-être vers l'extrémité pointue un « contour d'une tête d'herbivore qui semble être une biche ».
D'après R. de Saint-Périer (1936) et A. Leroi-Gourhan (1965).

pondance possible parmi les objets d'usage reconnu ». Les décors de « volutes découpées en champlevés » d'Isturitz (Pyrénées-Atlantiques) sont très connus (Fig. 238, n° 2).

— Enfin de rares baguettes « sont décorées dans le mode des bâtons percés, de sujets réalistes » comme l'association vulve, phallus et ours.

Utilisation

En définitive beaucoup d'auteurs dont M. et S.-J. Péquart, A. Leroi-Gourhan, pensent que les baguettes demi-rondes sont « des parties d'objets aux usages variés » mais avec une bonne proportion d'engins du type sagaie ayant pour preuve la découverte de E. Passemard à Isturitz (Pyrénées-Atlantiques) et celle de M. et S.-J. Péquart au Mas d'Azil (Ariège).

— E. Passemard (1944) trouve contre la paroi Est de la salle Nord « deux baguettes demi-rondes si bien ajustées l'une sur l'autre, qu'elles donnaient l'illusion d'une baguette cylindrique d'un seul morceau ». « Elle est décorée sur les deux morceaux de parenthèses qui se suivent tout le long de la baguette, séparées par de petits faisceaux composés de trois éléments divergents. » L'ensemble mesure 380 mm de long, 12 mm de large et 6 mm d'épaisseur maxima (Fig. 239, n° 1).

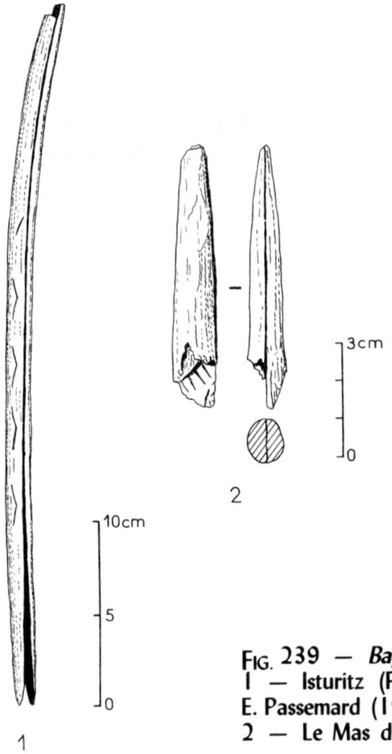

FIG. 239 — *Baguettes demi-rondes touvées collées l'une à l'autre.*
1 — Isturitz (Pyrénées-Atlantiques). D'après une photographie et E. Passemard (1944).
2 — Le Mas d'Azil (Ariège). D'après M. et S.-J. Péquart (1960).

— M. et S.-J. Péquart (1960) découvrent également « deux moitiés encore soudées l'une à l'autre » (Fig. 239, n° 2).

Il s'agit donc de deux exceptionnels exemples d'assemblage de baguettes accolées par leur face plane. A. Leroi-Gourhan (1965) conclue que les baguettes demi-rondes à décor « d'objets précaires » étaient très probablement des moitiés de sagaies composites. Ce procédé technique permet donc de fabriquer de longues sagaies « dont la résistance et l'élasticité étaient considérablement accrues » et ceci à partir de bois de renne de dimension courante. Quant aux autres baguettes à décor élaboré leur destination serait différente mais non encore identifiée.

Fabrication

Faites à partir de baguettes prélevées dans la perche de bois de renne, l'ordre des opérations serait selon L. Mons (1980-1981) :

— un « aplanissement des faces inférieures »,

— un « collage des deux faces devenues planes » et d'ailleurs les stries de cette face peuvent être supposées « assurer une bonne tenue au collage »,

— puis un « façonnage des faces convexes ou supérieures laissées jusque-là brutes de débitage » comme le montre l'aspect vif de l'arête des bords.

Datation

Quelques gisements gravettiens et solutréens ont livré des baguettes demi-rondes. On les retrouve au Magdalénien ancien mais le plus grand nombre date du Magdalénien moyen et supérieur.

Harpons

En regardant dans les vitrines des musées les pointes munies de barbelures, appelées harpons, on constate tout d'abord, qu'il en existe possédant une rangée de barbelures (harpons unilatéraux) et d'autres à deux rangées (harpons bilatéraux). Et puis, pour chacune de ces catégories, il semble exister de multiples variantes. Michèle Julien (1982) dans une étude très poussée de ces objets magdaléniens nous en donne une vision nouvelle et tout ce qui suit est largement puisé dans ses travaux.

Morphologie

M. Julien décrit 4 parties aux harpons : un fût, une pointe, des barbelures, une embase (Fig. 240, n° 1).

— Le fût présente deux portions, l'une distale, la plus longue, supporte les barbelures, l'autre proximale, est située entre la dernière barbelure et l'embase. L'aspect de la section du fût, comme celui des barbelures, est le témoin de la préparation de la baguette détachée du bois de renne. Elle est le plus souvent circulaire pour les harpons unilatéraux et surtout amincie latéralement pour les harpons bilatéraux.

— La pointe s'étend de la partie toute distale de l'objet à la naissance de la première barbelure. Cette extrémité est pointue mais également tranchante. Elle peut parfois montrer des signes d'usure importante. D'autres présentent des traces que l'on pense être de réfection, en raison du caractère court, mal dégagé de l'extrémité, et de l'existence de facettes grossières (Fig. 240, n° 2).

— Les barbelures, d'aspect bien variable, caractérisent le harpon. Ce sont « des crochets plus ou moins convexo-concaves et dont la pointe externe est orientée vers la partie proximale de l'instrument ». Chaque barbelure doit à la fois pénétrer et retenir la proie et il en existe de nombreux aspects tant dans les formes, trapues ou élancées, les dimensions et les angles qu'elles font avec le fût, que dans leur nombre, leur emplacement et leur

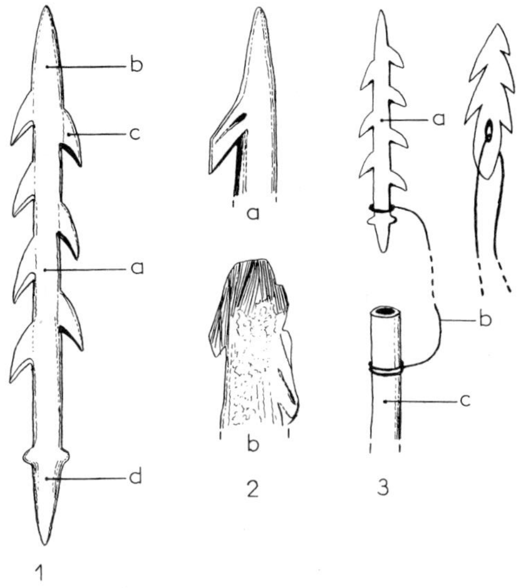

FIG. 240 — *Morphologie et utilisation du harpon.*
1 — Aspect d'un harpon. c — Barbelure.
a — Fût. d — Embase.
b — Pointe.
2 — Pointe conique et perçante (a) et extrémité réaffûtée, tranchante (b).
3 — Harpon du type mâle. c — Hampe.
a — Tête détachable.
b — Ligne.

espacement. Toutes ces données permettent à M. Julien de différencier les divers types de harpons.

— L'embase est la partie proximale du harpon qui présente d'une part une portion presque toujours conique se terminant par un « évasement rapide », l'ensemble devant favoriser mais aussi limiter la pénétration dans la hampe et d'autre part un dispositif pour retenir la ligne : exceptionnellement une perforation pour ces harpons magdaléniens, le plus souvent une ou deux protubérances pour les harpons bilatéraux ou un épaulement pour les harpons unilatéraux. Mais parfois, il n'y a aucun dispositif évident de rétention.

Classification

« L'étude des caractères des dimensions » et « l'analyse des caractères morphologiques des barbelures » ont fait classer les harpons unilatéraux et les harpons bilatéraux par M. Julien en un certain nombre de types et nous nous contenterons simplement de figurer un exemplaire de harpon pour chacun des 4 types de harpons unilatéraux (Fig. 242) et des 5 types de harpons bilatéraux (Fig. 243).

Le fait intéressant est qu'une classification fonctionnelle s'est fait jour et M. Julien (1977) sépare les harpons, non plus en harpons à un ou deux rangs de barbelures, « mais selon le nombre de ces barbelures et leurs proportions ». Elle définit deux catégories principales : l'une faite de harpons unilatéraux (type B) avec longue portion barbelée et barbelures nombreuses, serrées et de petite taille, la seconde « comprend, d'une part la totalité des harpons bilatéraux, d'autre part, les harpons unilatéraux de type A 2 dont la portion barbelée est plus courte et les barbelures plus importantes et plus espacées ».

Une autre différence est notée entre ces deux groupes : la pointe des harpons unilatéraux du type B est moins usée que celle des harpons de l'autre groupe qui est souvent modifiée : raccourcie et tranchante.

Comme il existe des différences trop importantes entre ces deux catégories « pour y voir l'amélioration progressive d'un même type d'instrument » elle émet plutôt « l'hypothèse d'une destination différente » (1977, p. 185 et 1982, p. 206).

Fabrication

Les harpons magdaléniens sont « avant tout fabriqués en bois de renne, mais on en trouve également en bois de cerf élaphe et en os » (1982, p. 125). Ils sont faits à partir d'une baguette détachée par double rainurage, volontiers de la face concave épaisse du merrain comme nous l'avons décrit p. 212. La baguette, de section « quadrangulaire

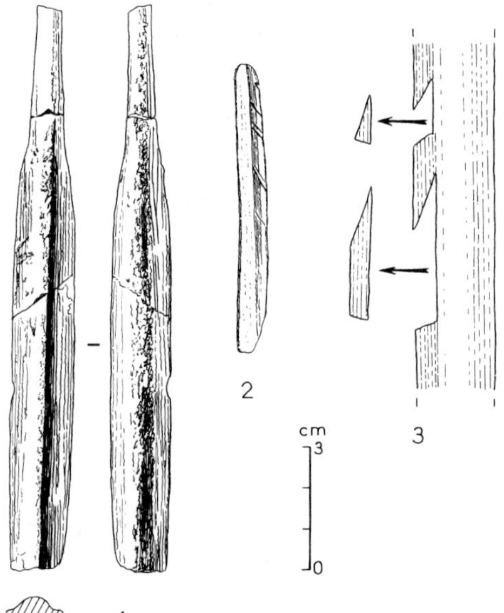

FIG. 241 — *Fabrication des harpons.*
1 — Ébauche de Limeuil (Dordogne) montrant un raclage longitudinal bilatéral de préparation des zones où seront dégagées les barbelures.
2 — Ébauche de Lortet (Hautes-Pyrénées) montrant la mise en place des barbelures par des incisions.
3 — Découpe des barbelures et leur déchet comme à Gönnersdorf (Allemagne).
1 et 2 — D'après M. Julien et des photographies (1982).
3 — D'après H. Berke (1977).

aplatie », est rendue rectiligne par hydratation ou à chaud en s'aidant peut-être d'un bâton percé. Elle est régularisée, en particulier pour se débarrasser de la spongiosa et mise en forme de manière à faciliter le dégagement des barbelures. Une technique, reconnue sur des ébauches (Fig. 241, n° 1), consiste à « préparer la plage où seront taillées les barbelures en amincissant son épaisseur » et « comme l'amincissement doit être limité du côté du fût, un sillon préalablement tracé circonscrit l'amincissement » (M. Dauvois, 1974, p. 80). Le fût gardera de la solidité et il y aura ainsi moins d'épaisseur de matière à travailler pour dégager les barbelures.

Le dégagement des barbelures se fait de différentes façons. « La mise en place des barbelures est généralement faite par une série de fins traits obliques » (M. Julien, 1982, p. 130) comme sur la figure 241, n° 2. Pour les barbelures rapprochées, les incisions sont creusées et les barbelures peu à peu sculptées et M. Dauvois (1974, p. 83) utilise expérimentalement un burin particulier comme celui de Lacan. Pour les barbelures espacées, un « découpage » enlève des « languettes interbarbelures » et H. Berke (1977) trouve de tels déchets à Gönnersdorf (Neuwied, Allemagne) (Fig. 241, n° 3). D'autres harpons, comme ceux bilatéraux à barbelures compactes (type C) réclament par contre moins de travail.

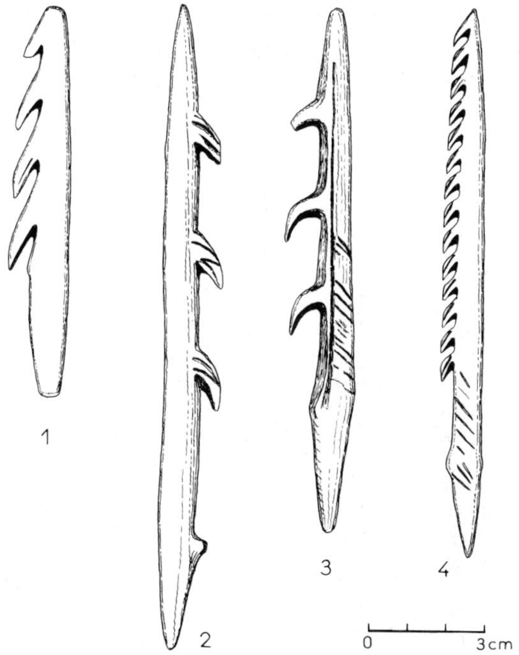

FIG. 242 — *Harpons unilatéraux.*
I — Harpons du type A avec portion barbelée relativement courte et barbelures peu nombreuses.
1 — Type A1 avec barbelures élancées, à bord proximal droit, moyennement espacées. Laugerie-Basse (Dordogne).
2 — Type A2 avec barbelures à bord proximal droit, à grand espacement. Mas-d'Azil (Ariège).
3 — Type A3 avec barbelures élancées, à bord proximal concave. Raymonden (Dordogne).
II — Harpon du type B avec portion barbelée longue, barbelures nombreuses, serrées ou assez serrées et petites.
4 — La Madeleine (Dordogne).
D'après M. Julien (1982).

Parmi les traces de restauration constatées sur des harpons qui étaient usés ou fracturés, M. Julien signale, nous l'avons vu, que « beaucoup de pointes ont été refaites », rarement l'embase et parfois il est noté une réutilisation de harpons bilatéraux dont toute une rangée de barbelures est brisée. Des moignons abrasés des barbelures peuvent être discernables.

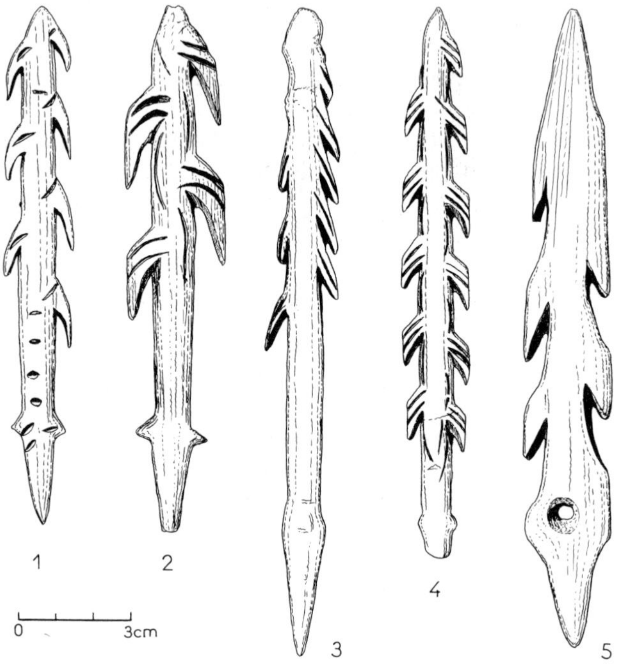

FIG. 243 — *Harpons bilatéraux.*
I — Harpons du type A, de longueur moyenne, avec des barbelures grandes et peu nombreuses.
1 — Type Adc avec barbelures élancées, de profil distal droit ou convexe. Lortet (Hautes-Pyrénées).
2 — Type Aa avec barbelures élancées, de profil distal anguleux. Lortet (Hautes-Pyrénées).
II — Harpons du type B, de longueur plus grande, avec barbelures légèrement plus petites et plus nombreuses.
3 — Type Bdc avec barbelures trapues, de profil distal droit ou convexe. La Madeleine (Dordogne).
4 — Type Ba avec barbelures trapues, de profil distal anguleux. La Madeleine (Dordogne).
III — Harpon du type C, avec barbelures compactes.
5 — Laugerie-Basse (Dordogne).
D'après M. Julien (1982).

Utilisation

« Pièce barbelée détachable, possédant des propriétés de pénétration et de rétention » est la définition fonctionnelle d'une tête de harpon (M. Julien, 1977, p. 177). Les exemples ethnologiques (A. Leroi-Gourhan, 1945, 1973, p. 55) montrent que le harpon « est réservé aux animaux aquatiques, mammifères et poissons ou reptiles de taille moyenne ou de grande taille ». Il a une « tête détachable, qui reste prise dans le corps de l'animal alors que la hampe de l'arme se libère. La tête est rattachée à une ligne de cuir ou de corde au moyen de laquelle on manœuvre l'animal blessé ». Il y a deux types de têtes détachables : « Les uns sont les harpons mâles dont le talon s'emboîte dans une cavité de la hampe, les autres sont les harpons femelles dont la tête est creusée d'une logette qui reçoit l'extrémité de la hampe. » Les têtes des harpons préhistoriques sont du type mâle, ne pénétrant pas totalement dans la proie (Fig. 240, n° 3).

La proie n'est pas connue, mais l'on suppose que « truite, saumon, brochet, par leur volume et leur comportement » ont pu être « des proies de choix pour le harponnage » (M. Julien, 1982, p. 148).

Nous avons vu que M. Julien séparait les harpons en deux grandes catégories, avec une destination peut-être différente des deux types de harpons. Elle explique aussi la différence d'usure entre les pointes des deux catégories, à condition d'être utilisées en milieu aquatique, par « le volume et la nature de la proie à atteindre » qui ne seraient pas les mêmes.

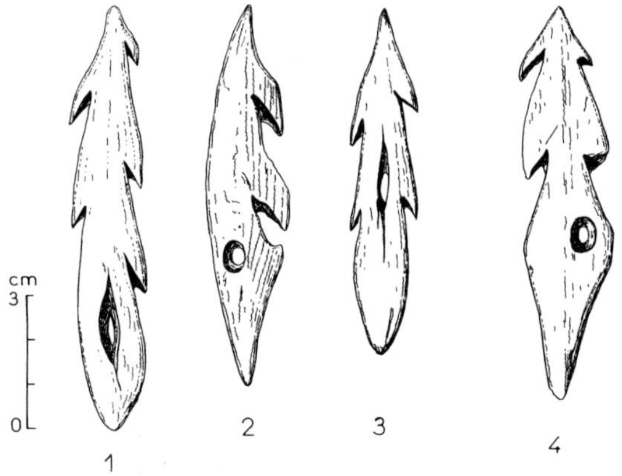

FIG. 244 — *Harpons aziliens.* D'après E. Piette, S.-J. Péquart et R. Simonnet.
1, 2, 3 — Le Mas-d'Azil (Ariège).
4 — La Vache (Ariège).

Harpons aziliens

Fabriqués plus récemment, à la période de réchauffement dite d'Alleröd, ces harpons épipaléolithiques, uni ou bilatéraux, ont des barbelures compactes peu nombreuses avec un bord proximal souvent rectiligne. Ils sont faits à partir de baguettes de bois de cerf et s'il sont aussi larges et épais que les harpons magdaléniens bilatéraux, ils sont par contre beaucoup plus courts, ce qui leur donne un aspect robuste (Fig. 244).

Leur embase, mal individualisée, de section aplatie, présente comme système de rétention une perforation circulaire ou allongée, centrale ou latérale. Cette perforation peut également se voir, plus distale, en plein fût.

On peut séparer les harpons bilatéraux en deux groupes selon que les barbelures sont opposées comme pour le n° 4, figure 244, ou alternées comme pour le n° 1, figure 244. L. Mons (1979) étudiant des exemplaires provenant de la grotte du Mas d'Azil (Ariège), constate des différences « sur le nombre et la forme des barbelures, plus ou moins nombreuses et plus ou moins fortes » et pense que cela semble « témoigner d'un usage différent ».

Propulseurs

Description

Le propulseur est une baguette de bois de renne « terminée à une extrémité par une perforation ovale, à l'autre par un crochet ou par un élargissement sculpté en animal portant lui-même sur le corps un crochet » (A. Leroi-Gourhan, 1965).

P. Cattelain (1979) donne les caractéristiques morphologiques communes : « Une partie destinée à la préhension (partie proximale) — une partie servant d'appui à la hampe de l'arme de jet (partie distale) — un corps plus ou moins allongé (partie mésiale). »

Ce même auteur et J.-P. Rigaud (1974) adoptent la classification ethnologique des propulseurs de G. Montandon qui distingue trois types :

— le type « mâle » est une baguette ou une planchette présentant à sa partie distale un crochet sur lequel s'emboîte le talon de la hampe de l'arme de jet,

— le type « femelle » est creusé d'une gouttière qui se termine en cul-de-sac dans la partie distale pour recevoir et servir d'appui au talon de la hampe,

— le type « androgyne » possède également une gouttière mais il existe un petit éperon au bord supérieur du cul-de-sac.

Deux variétés sont découvertes au Paléolithique supérieur : dans la majorité des cas c'est le type « mâle », exceptionnellement le type « androgyne ».

P. Cattelain (1979) classe les propulseurs paléolithiques du type « mâle » ou à crochet en trois catégories. Ce sont :

— de « simples baguettes non décorées ou dont le décor se limite à quelques incisions »,

— des baguettes présentant « une figuration d'avant-train d'animal, parfois réduite à la tête, sculptée en bas-relief ou simplement gravée, dont la forme épouse celle de la baguette subcylindrique »,

— des baguettes dont l'extrémité distale est « une figuration, généralement animale, sculptée en ronde-bosse ».

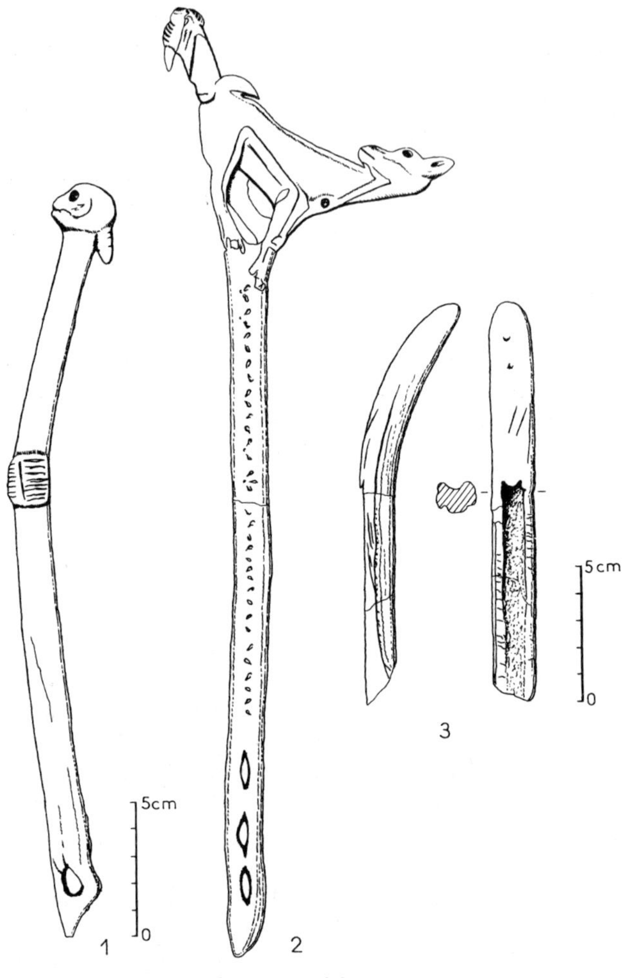

FIG. 245 — ***Principaux types de propulseurs magdaléniens.***
1 — Propulseur à crochet et décor simple. Gourdan (Haute-Garonne). D'après P. Cattelain et C. Bellier.
2 — Propulseur à crochet et décor complexe : « faon aux oiseaux » ou « à tête retournée ». Mas-d'Azil (Ariège). D'après M. et S.-J. Péquart.
3 — Propulseur à gouttière et éperon. Laugerie-Basse (Les Eyzies, Dordogne). D'après P. Cattelain et C. Bellier.

A. Leroi-Gourhan (1965) classe ces objets dits « d'usage prolongé » en deux groupes lorsqu'ils sont décorés.

— Le groupe des formes simples : baguette avec crochet « contitué par le toupet d'une tête de cheval sculptée en bas-relief ». Pour l'exemplaire complet de Gourdan (Haute-Garonne), long de 282 mm (Fig. 245, n° 1) le crochet part de la nuque d'une tête probablement humaine.

— Le groupe des formes plus complexes avec un décor fait d'un animal à tête retournée ou d'un animal sans tête et qui sont parmi les plus belles œuvres d'art du Magdalénien.

Nous représentons (Fig. 245, n° 2) l'exemplaire intact du Mas d'Azil (Ariège) dit « faon aux oiseaux ». Le faon (peut-être un jeune bouquetin) « redresse la queue, un énorme boudin d'excréments sort de son orifice postérieur et à l'extrémité deux oiseaux se becquètent tendrement, la queue du plus éloigné formant le crochet » (A. Leroi-Gourhan, 1965). Les inventeurs M. et S.-J. Péquart (1960) insistent sur deux détails anatomiques sculptés avec une étonnante précision. Ce sont « le bourrelet, déterminé justement par le mécanisme de la poussée, saillant à l'anus » qui doit correspondre au sphincter anal et « le muscle sterno-cleïdo-mastoïdien en tension sur un côté du cou » comme on le voit sur la figure 245. Sur l'autre face est représenté le « pli de la peau résultant du mouvement antagoniste ». Un anatomiste n'aurait pas fait mieux !

Un second exemplaire provient de Bédeilhac (Ariège) distant d'une trentaine de km du précédent gisement et découvert par R. Robert en 1950. Il n'y a qu'un oiseau et le faon à tête retournée paraît tout à fait amusé par le spectacle, « humour magdalénien » selon l'expression de L.-R. Nougier.

Cette représentation d'animaux à tête retournée ou sans tête, comme les bouquetins affrontés de la grotte d'Enlène (Ariège) figure 246, est conditionnée par la forme du bois

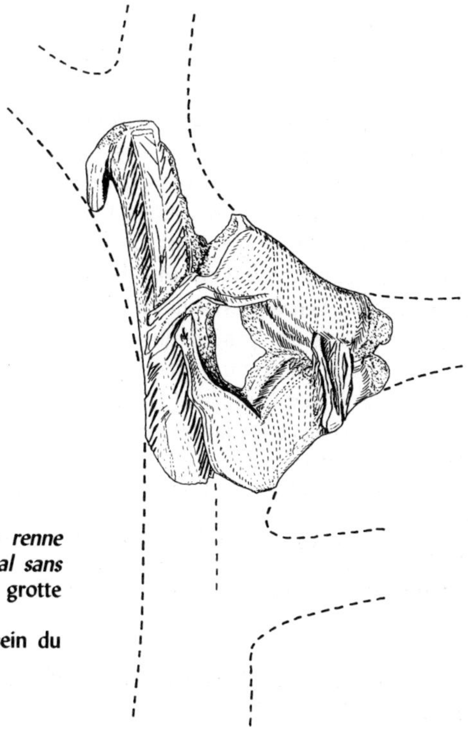

FIG. 246 — *Manière d'utiliser le bois de renne pour obtenir un propulseur du type « animal sans tête ».* « Bouquetins affrontés » de la grotte d'Enlène à Montesquieu-Avantès (Ariège).
Le fragment du propulseur est replacé au sein du bois de renne. (D'après A. Leroi-Gourhan).

de renne et la nécessité d'avoir un manche et un crochet solides, faits à partir de la corticale du bord antérieur ou postérieur du merrain. L'animal est sculpté dans la base du premier ou du second andouiller de la palmure ce qui oblige à lui supprimer la tête ou la représenter retournée.

De rares fragments de propulseurs du type « androgyne » sont connus au Paléolithique supérieur et nous figurons l'un d'eux trouvé à Laugerie-Basse (Les Eyzies, Dordogne), conservé au Musée des Antiquités nationales de Saint-Germain-en-Laye et présenté par P. Cattelain (1979), (Fig. 245, n° 3). C'est un fragment de 149 mm de long, comportant un morceau de fût rectiligne et une partie distale courbe. La portion rectiligne est creusée d'une gouttière dont le cul-de-sac possède un petit éperon, équivalent fonctionnel du crochet.

Datation

Localisés dans le temps et l'espace, les propulseurs datent du Magdalénien supérieur et proviennent d'une région limitée de la Dordogne aux Pyrénées (sauf pour un exemplaire trouvé en Suisse) (A. Leroi-Gourhan, 1965).

Utilisation

Ces baguettes à crochet sont considérées comme des propulseurs, c'est-à-dire un instrument destiné à améliorer le jet des sagaies ou des harpons. Dans les exemples ethnologiques le propulseur est « une planchette ou une baguette qui prolonge le bras du lanceur en ajoutant au levier du bras et de l'avant-bras et aux pivots de l'épaule et du coude un levier supplémentaire et le pivot du poignet : la courbe de lancement est allongée d'une trentaine de centimètres dans son rayon, la force et la précision du jet considérablement améliorées » (A. Leroi-Gourhan, 1945 et 1973).

Il existait de tels propulseurs en Amérique, en Australie, en Nouvelle-Guinée et chez les Esquimaux. D. de Sonneville-Bordes (1973) nous en résume le maniement : « On pose le talon de la sagaie à projeter contre le crochet ; la sagaie est maintenue en place contre le fût ; le mouvement de lancer est celui du lancer du javelot » (Fig. 247).

FIG. 247 — *Utilisation d'un propulseur pour le lancer d'armes de jet.* D'après P. Cattelain et C. Bellier.

Évolution des techniques

« La connaissance qu'on possède de l'évolution technique des Anthropiens, depuis les stades les plus anciens jusqu'au début de la période climatique actuelle, est essentiellement fondée sur l'outillage de pierre taillée. A condition d'admettre que cet outillage ne représente qu'une très faible partie de l'équipement des hommes fossiles, on peut lui reconnaître la valeur de témoin pertinent car sur tout ce qui n'est pas impérissable comme le silex nous ne savons pratiquement rien. »

(A. Leroi-Gourhan, 1964, b)

On est bien sûr incapable de décrire les plus anciens outils et l'on imagine l'utilisation d'os, de bois, de pierres naturellement brisées, dans une période précédant le stade où la préparation intentionnelle permet de reconnaître avec certitude des outils façonnés comme les galets taillés et les éclats retouchés.

Paléolithique archaïque

C'est sous ce terme que F. Hours (1982) désigne l'immense période « préacheuléenne » ou « oldowayenne » qui s'étend dans le temps depuis le moment où l'on repère les plus anciennes pierres taillées considérées comme des outils, jusque vers 1,3 million d'années, époque où le pourcentage de bifaces dans le matériel d'Afrique de l'Est fait parler d'Acheuléen. Les hominidés d'Afrique de l'Est rendent tranchants des galets, les débitent, utilisent les éclats et toute une panoplie apparaît.

J. et N. Chavaillon (1976) nous montrent combien le matériel est déjà différencié dès 1,7 à 1,6 million d'années car l'inventaire des objets préacheuléens du site de Gomboré I, dans la vallée de l'Awash à Melka-Kunturé (Ethiopie) comprend 5 types d'outils de percussion, 21 variétés d'outils sur galet, 6 sortes de nucléus, 11 types d'outils sur éclat (ce qui montre que l'éclat peut être un déchet de taille mais vraisemblablement aussi un produit de débitage). Une industrie osseuse est présente, délicate à déterminer, mais certaine.

Paléolithique inférieur

C'est également une très longue période, datée de 1,4 million d'années pour sa phase ancienne, qui dure jusqu'à il y a 100 000 ans et qui est caractérisée par la civilisation « acheuléenne » (J. Chavaillon). Bien des acquisitions vont apparaître pendant ce million d'années, comme l'utilisation du feu il y a peut-être 500 000 ans et bien des techniques de taille vont peu à peu se révéler : taille bifaciale au percuteur tendre, débitage Levallois et même obtention, certainement fortuite, de lames. Bien des outils seront créés : grattoirs, racloirs, burins, coches, couteaux à dos, perçoirs, dont l'abondance caractérisera les époques suivantes.

L'outil le plus caractéristique est le biface et nous avons décrit les premières formes, encore grossières, provenant d'Abbeville dans la Somme (Fig. 54), datant peut-être de 700 000 ans. On ne sait comment s'est réalisé le passage du galet taillé sur les deux faces au biface, s'il y a eu filiation entre ces types ou s'ils ont pu au contraire évoluer longtemps pour leur propre compte (H. Roche, 1980). La longueur des périodes rend insensibles les transformations mais le résultat à distance montre que le progrès s'exprime avec l'acquisition d'une symétrie qui atteint une réelle perfection à la fin du Paléolithique inférieur mais les habitants des régions pauvres en silex ont certainement pendant longtemps taillé des galets de rivière. Les premiers indices du débitage selon la technique Levallois datent de près de 500 000 ans. Ce procédé qui permet d'obtenir, à partir d'un bloc, l'éclat de la plus grande surface possible, a peut-être comme origine la taille du « biface-outil » qui devient « biface-nucléus » et restera utilisé jusqu'à la fin de l'âge de la pierre.

L'outillage fait à partir d'os ou de bois de cervidés est bien exceptionnellement conservé. E. Bonifay (1974) décrit des os utilisés et des outils taillés dans l'os provenant d'une grotte des Mas des Caves à Lunel-Viel (Hérault), datant du Paléolithique inférieur moyen. Il y a des esquilles osseuses dont les bords sont retouchés comme pour obtenir un racloir, une pointe, des fragments polis et transformés en poinçon et en ciseau, de longs os de grands mammifères fracturés transversalement ou longitudinalement pour donner des tranchants ou des pointes. Mais, comme le souligne E. Bonifay, il est difficile de distinguer les transformations intentionnelles des phénomènes naturels.

Paléolithique moyen

Cette période qui « commence durant le dernier interglaciaire, ou au début du dernier glaciaire » (F. Hours, 1982) n'est pour F. Bordes « que la continuation du Paléolithique inférieur et parfois une préfiguration du Paléolithique supérieur » et il parle d'un « complexe moustérien » pour qualifier les cultures de l'époque, s'étendant de plus de 100 000 ans à 35 000 ans.

L'outillage est fait surtout d'éclats, de racloirs, de pointes, parfois de bifaces et les proportions variables des types d'outils ont fait distinguer par F. Bordes plusieurs faciès.

— Le Moustérien de tradition acheuléenne, dériverait de l'Acheuléen supérieur. Il comporte des bifaces et un outil caractéristique sur éclat : le couteau à bord abattu.

— Le Moustérien typique, comme celui trouvé dans les couches B et J de l'abri du Moustier en Dordogne, possède très peu ou pas de bifaces, mais de nombreux racloirs peu épais et des pointes.

— Le Moustérien à denticulé, avec ou sans débitage Levallois renferme de nombreux denticulés et des coches (Fig. 70).

— Le Moustérien type Quina montre un débitage donnant des éclats épais, support de très nombreux racloirs à retouche volontiers écailleuse (Fig. 64) et qui peuvent représenter plus de la moitié du matériel.

— Le Moustérien type Ferrassie est une « variante » du précédent où l'on utilise le débitage Levallois.

« Les différences entre ces divers groupes, que l'on rencontre interstratifiés dans de nombreux gisements, demeurent difficilement explicables » nous dit M. Brézillon (1969). Elles représentent pour F. Bordes des « traditions différentes coexistant dans le temps ».

Si tout cet outillage est essentiellement fait à partir d'éclats, minces ou épais, obtenus ou non par la technique Levallois, il existe quelques exemples d'un débitage laminaire, généralement du type Levallois et qui peut même prédominer comme à Seclin (Nord), tentative limitée dans le temps mais bien intéressante (A. Tuffreau, 1984).

Surtout, ce qui frappe F. Bordes, c'est la permanence pour chaque faciès, malgré des variations climatiques importantes, d'un même matériel lithique surtout destiné à couper, racler et vraisemblablement travailler le bois. Une liste typologique, commune au Paléolithique inférieur et au Paléolithique moyen, des outils sur éclat et sur lames recense une soixantaine de types d'outils (F. Bordes).

Les outils d'os sont encore exceptionnels et l'on connaît quelques esquilles usées à leurs extrémités, des esquilles et des phalanges striées par des tranchants de silex et appelées « retouchoirs » et « billots ». Le bois a peut-être été largement utilisé, mais il ne s'est pas conservé.

Paléolithique supérieur

S'étendant de - 35 000 à - 10 000 ans, le Paléolithique supérieur « coïncide avec les derniers épisodes de la glaciation würmienne » et « s'achève au cours des oscillations climatiques de la fin des temps glaciaires » (D. de Sonneville-Bordes, 1979). L'homme que nous sommes s'installe peu après le début de cette période et c'est lui, le chasseur et l'artisan des différentes civilisations de l'âge du renne.

L'outillage de pierre est caractérisé par un important débitage laminaire, mais, comme le souligne F. Bordes, la lame n'est pas le support exclusif et certaines industries ont un fort pourcentage d'éclats comme l'Aurignacien, le Solutréen ou le Magdalénien ancien.

Un bon nombre de types d'outils sont déjà connus et depuis même l'Acheuléen, comme les grattoirs, les burins, les perçoirs et les couteaux à dos, mais au Paléolithique supérieur, « ces outils précurseurs sont maintenant fabriqués en grande série, standardisés, diversifiés en types dérivés et sous types » (F. Bordes, 1984, b, p. 218) alors que les éléments moustériens disparaîssent.

Un matériel osseux fait son apparition, se développe et à chaque période sont créés des modèles nouveaux. Des emmanchements d'outils d'os ou de pierre, des montages en série de petits éléments lithiques sont très vraisemblables et marquent une évolution dans la conception de l'outillage.

Le Châtelperronien (grotte des Fées à Châtelperron, Allier) est la première étape datée de 34 000 à 30 000 ans. Il y a un matériel du type moustérien : racloirs, denticulés, petits bifaces, mais aussi des éléments nouveaux comme une lame pointue, à bord abattu courbe, appelée pointe ou couteau de Châtelperron (Fig. 74). Un matériel osseux apparaît, mais il est rare, fait de poinçons, de courtes pointes de sagaies. Déjà cependant, la technique du débitage de baguettes d'os par double rainurage est reconnue.

L'Aurignacien (grotte d'Aurignac, Haute-Garonne) entre 33 000 et 26 000 ans se caractérise par une technique particulière de retouche : semi-abrupte et écailleuse, bien visible sur de grandes lames (Fig. 38) et l'abondance de grattoirs très épais. Leur front est préparé par des enlèvements lamellaires ce qui réalise des grattoirs « carénés » et « à museau » (Fig. 88). Un burin spécial dit « busqué » apparaît (Fig. 101).

Divers types de sagaies, en os ou en bois de cervidés, se succèdent : sagaies à base fendue, puis losangiques à base massive, à biseau gardant des canalicules osseux (Fig. 219, 220). Sont fabriqués de multiples outils comme des poinçons, ciseaux, coins, baguettes à biseau, lissoirs, les premiers bâtons percés apparaissent (Fig. 211, 233, 235, 225) et l'on assiste au plein développement de l'industrie de l'os.

Le Gravettien (La Gravette, Dordogne) entre 27 000 et 19 000 ans voit réapparaître la technique de retouche abrupte dont est fait le dos des pointes rectilignes de La Gravette (Fig. 105) et des « éléments tronqués ». Les burins sont nombreux, surtout faits sur troncature mais également dièdres. Un certain nombre d'outils sont caractéristiques des divers faciès comme des flèchettes, de petits burins souvent multiples ou burins de Noailles (Fig. 101), des pointes pédonculées dites de la Font-Robert (Fig. 108), mais il semble qu'ils puissent coexister (F. Bordes, 1984, b). Le matériel osseux est plus pauvre que dans les niveaux aurignaciens. Il y a des sagaies biconiques ou à biseau simple, des lissoirs, des poinçons.

Le Solutréen (Solutré, Saône-et-Loire) entre 20 000 et 16 000 ans montre à côté d'un outillage fait de grattoirs plus nombreux que les burins, un matériel typique retouché de manière bien particulière comme nous l'avons décrit au chapitre des retouches. Se succèdent des « pointes à face plane », des « feuilles de laurier », des « feuilles de saule », des pointes à cran (Fig. 115, 110). L'équipement osseux est moins abondant qu'au Gravettien, avec des sagaies biconiques ou à biseau simple, de section ronde, des bâtons perçés et surtout au Solutréen supérieur apparaissent les premières aiguilles à chas (Fig. 229).

Le Solutréen, nous dit F. Bordes (1984, b, p. 270), forme une unité mais son origine et sa « mort » subite, sans signe de dégénérescence sont obscures !

Le Magdalénien (La Madeleine, Dordogne) entre 16 000 et 10 000 ans est « la "belle époque" de l'âge du renne » selon l'expression de D. de Sonneville-Bordes (1979) qui le considère comme la plus ancienne véritable civilisation d'Europe. L'état des recherches et la précision des observations peuvent à présent nous faire entrevoir la vie quotidienne de ces chasseurs.

Au point de vue du matériel lithique, le débitage laminaire est développé, les burins sont abondants, souvent dièdres en bec-de-flûte mais aussi sur troncature ou d'un type particulier « en bec-de-perroquet » présent au Magdalénien final (Fig. 101). Des grattoirs simples ou associés à des burins (Fig. 87), des lamelles à dos (Fig. 120), des perçoirs et microperçoirs (Fig. 127), des couteaux complètent ce matériel de base avec apparition à la phase finale de véritables microlithes (Fig. 148). Mais, écrit D. de Sonneville-Bordes (1960, p. 497) « si peu inventifs pour l'outillage lithique, les Magdaléniens l'ont été remarquablement, à tous les stades, pour l'outillage osseux, utilisé plus largement que dans toute autre civilisation paléolithique ». Les sagaies (Fig. 221 à 224) ont des aspects variés, de toutes tailles, cylindriques, biconiques, à simple ou à double biseau court ou long, lisse ou strié, à fût portant une ou plusieurs rainures. Des baguettes demi-rondes (Fig. 238), des navettes (Fig. 236), des aiguilles à chas complètent ce matériel parfois richement décoré comme pour les propulseurs (Fig. 245) qui apparaissent avec les harpons (Fig. 242, 243) au Magdalénien moyen.

Épipaléolithique et Mésolithique

L'Azilien (Mas d'Azil, Ariège) est la première industrie post-glaciaire dans le Sud-Ouest de la France. Encore imprégnée d'éléments paléolithiques elle est qualifiée d'Épipaléolithique (F. Bordes, 1984, b, p. 300) et représente la « réponse adaptative des Magdaléniens » aux conditions climatiques qui changent. Le matériel comprend de nombreux petits grattoirs, des pointes à dos courbe en forme de « lames de canif » (Fig. 114) et des harpons plat en bois de cerf à embase souvent perforée d'un orifice en boutonnière (Fig. 244).

Cela représente pour A. Laming-Emperaire (1966) la phase ancienne de l'évolution de l'outillage, celui de chasseurs-cueilleurs qui garde une tradition du Paléolithique supérieur. Une seconde phase est caractérisée par la fabrication de microlithes géométriques. Le microlithisme va en effet prendre une ampleur considérable, donnant un cachet bien particulier à l'outillage où l'arme de chasse est un objet composite formé d'éléments parfaitement standardisés, obtenus à partir de lames et lamelles qui à leur tour deviennent « source de produits » (A. Leroi-Gourhan, 1964, b). C'est le Mésolithique, période intermédiaire où se révèlent production alimentaire et stratégie de stockage.

Néolithique

Les sociétés agricoles du Néolithique vont faire ressurgir la taille bifaciale pour obtenir le matériel nécessaire à la fabrication d'instruments pour défricher et cultiver. Ce sont des haches, des tranchets, des herminettes, fabriqués selon les techniques du Paléoli-

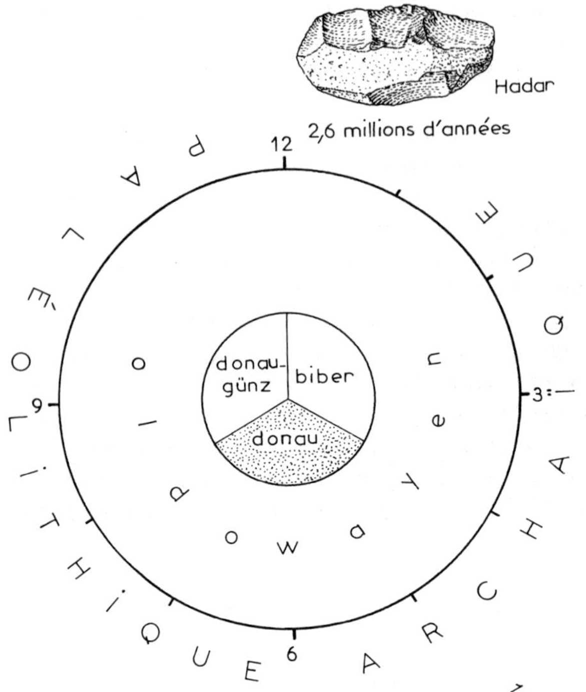
Hadar
2,6 millions d'années
12
3
6
9
donau-
günz
biber
donau
olduvaïen
p o m a y e n
PALÉOLITHIQUE ARCHAÏQUE

– 1 –

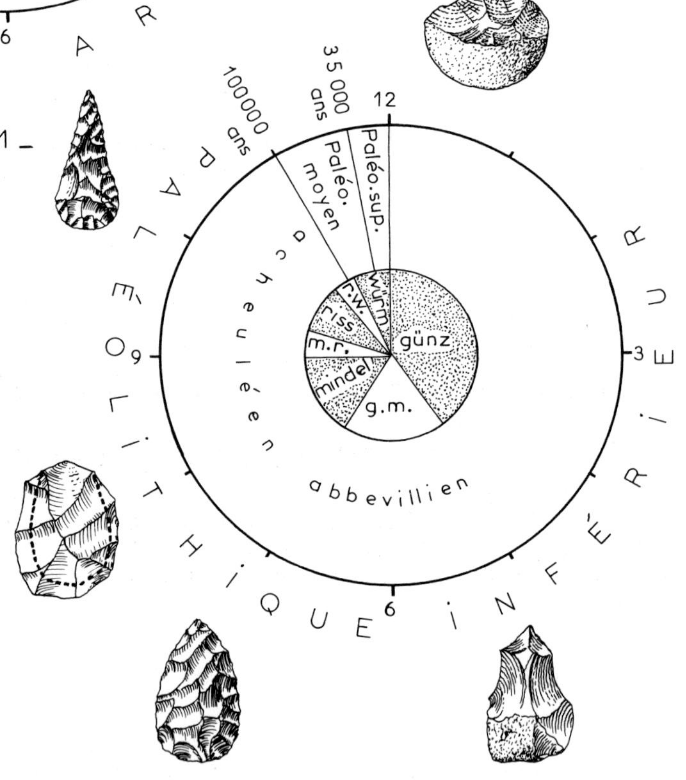
100000 ans
35 000 ans
12
3
6
9
Paléo.sup.
Paléo. moyen
acheuléen
abbevillien
würm
r.w.
riss
m.r.
mindel
g.m.
günz
PALÉOLITHIQUE INFÉRIEUR

– 2 –

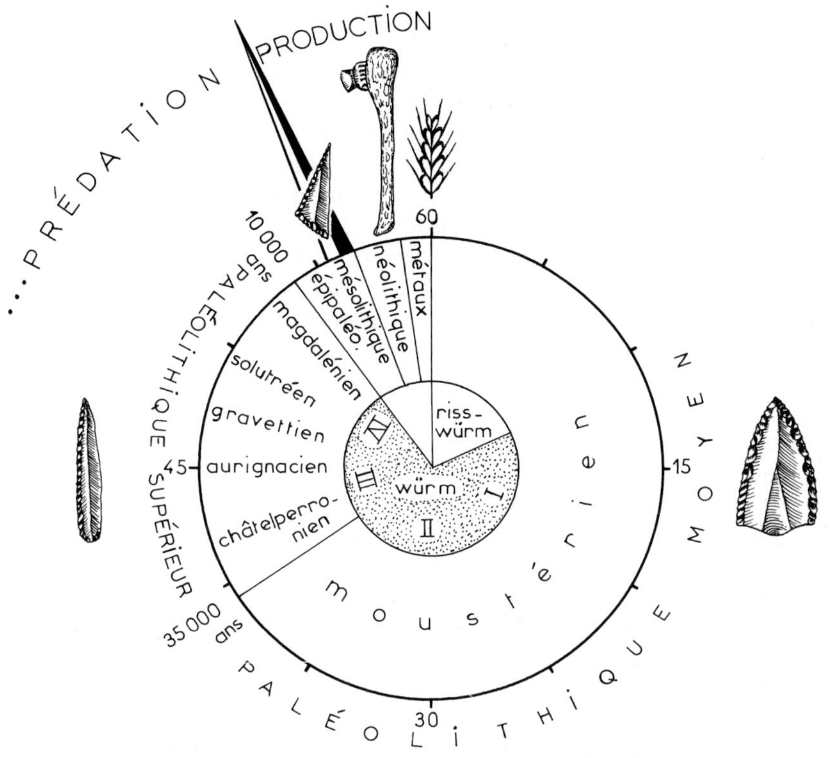

– 3 –

FIG. 248 — *Si l'outil de pierre nous était conté... en 24 heures !*
(Une heure représente 100 000 ans et une minute 1 666 ans).
n° 1 — Les 12 premières heures se déroulent sur le continent africain. Les plus anciens outils, trouvés par H. Roche à Hadar dans l'Afar éthiopien datent de 2 600 000 ans.

n° 2 — Dans les 11 heures suivantes, l'Acheuléen débute en Afrique il y a plus de 1 200 000 ans. L'homme apparaît en Europe, il taille des galets et utilise des éclats. Les premiers bifaces datent de 700 000 ans en France et la technique Levallois de peut-être 500 000 ans.
n° 3 — La dernière heure est très féconde et bien mieux connue. Le Moustérien commence il y a 100 000 ans et le Paléolithique supérieur il y a 35 000 ans.
Dans le cercle central sont figurées les glaciations alpines (en pointillé) et les périodes interglaciaires (en blanc).

thique inférieur et qui demandent une matière première de qualité, que l'on extrait même du sous-sol par des puits et de véritables mines. Le polissage d'outils comme les haches a été considéré comme l'originalité technique de cette période. L'intérêt du polissage n'est pas évident, la hache taillée pouvant être aussi efficace que l'identique polie et il est fréquent de constater qu'une des manières d'affûter une hache est une taille du tranchant, simple et rapide. Mais le polissage permet d'utiliser des roches autres que le silex pour produire des outils tranchants, de qualité, dans des régions pauvres en roches siliceuses. La plupart des emmanchements que nous possédons datent de cette époque. Ils sont un témoignage important pour l'interprétation de la fonction des outils.

L'Âge des métaux approche, le bronze remplacera la pierre, mais les tailleurs nous laisseront le souvenir d'une adresse difficile à retrouver tant pour le débitage de très longues lames, comme celles de la région pressignienne, que pour la retouche. Polissage et retouche par pression se complètent de manière remarquable et nous avons cité le « poignard » du dolmen de Nougayrat dans le Lot qui est un exemple de la perfection du travail de la pierre.

Ce survol des techniques de la Préhistoire est certainement caricatural, d'autant que l'on ne considère qu'une partie des activités artisanales de l'homme : la fabrication d'un outillage dont la quasi-totalité « est constituée par des tranchants destinés à couper, à gratter, à percer ». (A. Leroi-Gourhan, 1964, b). Dans cette production, un aspect du progrès se traduit par un souci d'économiser la matière première. Ce fait est certainement ancien et même si par kilo de silex utilisé les hommes du Mésolithique battent le record de longueur de tranchant utilisable (plus de 100 mètres selon le schéma de A. Leroi-Gourhan, alors qu'il n'est que de 1 mètre pour les bifaces du Paléolithique inférieur), rien n'empêchait le tailleur paléolithique d'utiliser les « déchets de taille » d'un simple galet taillé ou du biface. Cette économie est cependant variable selon les régions et leur richesse naturelle en roches pouvant être taillées. Les habitants post-paléolithiques de certaines régions du Massif Central feront du moindre éclat de silex un outil et utiliseront volontiers les jaspes et parfois le quartz.

Un autre aspect du progrès est dans la multiplication des types d'outils. Cette diversité des formes semble nécessaire à des travaux toujours plus spécialisés comme la fabrication d'un outillage osseux devenant abondant et varié à la fin du Paléolithique supérieur. L'outil pour se nourrir ou se défendre est devenu outil pour produire, celui de l'artisan et de l'ouvrier.

Références bibliographiques

Abréviations :

B.S.P.F. : Bulletin de la Société Préhistorique Française.
C.N.R.S. : Centre National de la Recherche Scientifique.

R. AGACHE, 1960. L'industrie lithique des ateliers d'extraction et de taille de silex des Plantis à Hardivillers (Oise). *B.S.P.F.* t. 57, fasc. 5-6, p. 334-345.

H. ALIMEN, 1950. *Atlas de Préhistoire.* N. Boubée et Cie édit.

J. ALLAIN, 1957. Contribution à l'étude des techniques magdaléniennes. Les navettes. *B.S.P.F.*, t. 54, n° 3-4, p. 216-222.

J. ALLAIN, 1979. L'industrie lithique et osseuse de Lascaux. In Lascaux inconnu. XIIe supplément à « *Gallia Préhistoire* », p. 87-120. Éditions du C.N.R.S., Paris.

J. ALLAIN, et J. DESCOUTS, 1957. A propos d'une baguette à rainure armée de silex découverte dans le Magdalénien de Saint-Marcel (Indre). *L'Anthropologie*, t. 61, n° 5-6, p. 503-512.

J. ALLAIN, R. FRITSCH, A. RIGAUD, et F. TROTIGNON, 1974. Le débitage du bois de renne dans les niveaux à raclettes du Badegoulien de l'Abri Fritsch et sa signification. Premier colloque international sur l'industrie de l'os dans la Préhistoire organisé par H. Camps-Fabrer. Abbaye de Sénanque. Avril 1974. Édit. de l'Université de Provence.

P. ANDERSON-GERFAUD, 1982. Comment préciser l'utilisation agricole des outils préhistoriques ? *Cahiers de l'Euphrate*, 3, p. 149-156. C.N.R.S.

P. ANDERSON-GERFAUD, 1983. Discussion, p. 32 et p. 131. In *Traces d'utilisation sur les outils néolithiques du Proche-Orient.* Table ronde, 8-10 juin 1982. G.I.S. Maison de l'Orient méditerranéen (collection travaux de la Maison de l'Orient, n° 5).

R.-F. AQUILAS—WAUTERS, 1956. Une pointe de la Gravette fichée dans un fragment de mâchoire de Cervus giganteus. *Bulletin de la Société royale Belge d'Anthropologie et de Préhistoire*, t. 67, p. 31-36.

Art et civilisations des chasseurs de la Préhistoire (ouvrage collectif), 1984. Laboratoire de Préhistoire du Musée de l'Homme et Musée des Antiquités nationales de Saint-Germain-en-Laye. Paris.

F. AUDOUZE, 1983. Discussion, p. 31. In *Traces d'utilisation sur les outils néolithiques du Proche-Orient.* Table ronde, 8-10 juin 1982. G.I.S. Maison de l'Orient méditerranéen (collection travaux de la Maison de l'Orient, n° 5).

F. AUDOUZE, D. CAHEN, L.-H. KEELEY, et B. SCHMIDER, 1981. Le site magdalénien du Buisson Campin à Verberie (Oise). *Gallia Préhistoire*, t. 24, fasc. 1, p. 99-143. Éditions du C.N.R.S., Paris.

G. BAILLOUD, et M. BRÉZILLON, 1968. L'Hypogée de l'Homme-Mort à Tinqueux (Marne), *B.S.P.F.*, t. 65. Études et Travaux, fasc. 2, p. 479-504.

L. BALOUT, 1976. La Préhistoire : origine et évolution des outils de pierre. In *Origines de l'homme*, catalogue de l'exposition édité sous la direction d'Y. Coppens. Musée de l'Homme, Museum d'Histoire Naturelle, Paris, 1976, p. 49-55.

H. BERKE, 1977. Déchets de fabrication de harpons magdaléniens découverts à Gönnersdorf (Neuwied). *B.S.P.F.*, t. 74, C.R.S.M., n° 3, p. 86-88.

A. BILLAMBOZ, 1977. L'industrie du bois de cerf en Franche-Comté au Néolithique et au début de l'Age du bronze. *Gallia Préhistoire*, t. 20, fasc. 1, p. 91-176. Éditions du C.N.R.S. Paris.

D. BINDER, 1984. Systèmes de débitage laminaire par pression : exemples chasséens provencaux. In *Préhistoire de la pierre taillée*, 2 : économie du débitage laminaire : technologie et expérimentation : IIIe table ronde et technologie lithique. Meudon-Bellevue, octobre 1982, p. 71-84. Cercle de Recherches et d'Études préhistoriques, Paris.

J.-C. BLANCHET, M. PETIT, 1972. L'habitat néolithique de Jonquières (Oise). Premiers résultats. *B.S.P.F.*, t. 69, Études et Travaux, fasc. 1, p. 389-407.

A. BOCQUET, 1974. Les poignards néolithiques de Charavines (Isère) dans le cadre de la civilisation Saône-Rhône. *Études Préhistoriques*, n° 9, p. 7-17.

A. BOCQUET, 1980. Le microdenticulé, un outil mal connu. Essai de typologie. *B.S.P.F.*, t. 77, n° 3, p. 76-85.

A. BOCQUET et A. HOUOT, 1982. La vie au Néolithique. Charavines un village au bord d'un lac il y a 5 000 ans... *Histoire et Archéologie*, dossier n° 64.

E. BONIFAY, 1974. Outils sur os et os utilisés dans le Paléolithique ancien du Mas des Caves à Lunel-Viel (Hérault). (Note préliminaire). Premier Colloque international sur l'industrie de l'os dans la Préhistoire, organisé par H. Camps-Fabrer. Abbaye de Sénanque. Avril 1974. Éd. de l'Université de Provence, p. 157-166.

F. BORDES, 1947. Étude comparative des différentes techniques de taille du silex et des roches dures. *L'Anthropologie*, t. 51, p. 1-29.

F. BORDES, 1952. A propos des outils à bord abattu. Quelques remarques. *B.S.P.F.*, t. 49, p. 645-647.

F. BORDES, 1957. La signification du microburin dans le Paléolithique supérieur. *L'Anthropologie*, t. 61, p. 578-582.

F. BORDES, 1965. A propos de typologie. *L'Anthropologie*, t. 69, n° 3-4, p. 369-377.

F. BORDES, 1967. Considérations sur la Typologie et les techniques dans le Paléolithique. *Quartär*, t. 18, p. 25-55.

F. BORDES, 1969. Les Chasseurs. In *La France au temps des Mammouths*. Collection Ages d'or et réalités. Hachette, p. 93-131.

F. BORDES, 1970. Réflexions sur l'outil au Paléolithique. *B.S.P.F.*, t. 67, *C.R.S.M.*, n° 7, p. 199-202.

F. BORDES, 1971. Les Maîtres de la Pierre. *Sciences et Avenir*, n° spécial : la vie préhistorique, p. 12-25.

F. BORDES, 1974. Percuteur en bois de renne du Solutréen supérieur de Laugerie-Haute Ouest. In premier Colloque international sur l'industrie de l'os dans la Préhistoire, organisé par H. Camps-Fabrer. Abbaye de Sénanque, avril 1974. Éd. de l'Université de Provence, p. 97-100.

F. BORDES, 1976. Coups d'œil sur la préhistoire australienne, *B.S.P.F.*, t. 73, *C.R.S.M.*, n° 6, p. 170-178.

F. BORDES, 1979. Typologie du Paléolithique ancien et moyen. *Cahiers du Quaternaire*, n° 1. Éditions du C.N.R.S.

F. BORDES, 1980. Le débitage Levallois et ses variantes. *B.S.P.F.*, t. 77, n° 2, p. 45-49.

F. BORDES, 1984, a. Leçons sur le Paléolithique. 1. Notions de Géologie quaternaire. *Cahiers du quaternaire*, n° 7. Éditions du C.N.R.S.

F. BORDES, 1984, b. Leçons sur le Paléolithique. 2. Le Paléolithique en Europe. *Cahiers du Quaternaire*, n° 7. Éditions du C.N.R.S.

F. BORDES, R. DEFFARGES et D. de SONNEVILLE-BORDES, 1973. Les pointes de Laugerie-Basse dans le gisement du Morin. Essai de définition. *B.S.P.F.*, t. 70, *C.R.S.M.*, n° 5, p. 141-151.

F. BORDES, M.-J. GRAINDOR, Y. et P. MARTIN, 1974. L'industrie de la grotte ornée de Gouy. *B.S.P.F.*, t. 71, *C.R.S.M.*, n° 4, p. 115-118.

J. BOUCHUD, 1966. Ramures de cervidés. In Faunes et flores préhistoriques de l'Europe occidentale. *Atlas de Préhistoire*, t. III, sous la direction de R. Lavocat. N. Boubée et Cie. Paris.

F. BOURDIER, 1976. Les industries paléolithiques anté-würmiennes dans le Nord-Ouest. In *La préhis-*

toire française, t. I, les civilisations paléolithiques et mésolithiques de la France, sous la direction de H. de Lumley. C.N.R.S., p. 956-963.

P. BOUTIN, B. TALLIN, A. CHOLLET, 1977. Essai d'application des techniques de l'analyse des données aux pointes à dos des niveaux aziliens de Rochereil. *B.S.P.F.*, t. 74, Études et Travaux, fasc. I, p. 362-375.

H. BREUIL et H. KELLEY, 1954. Le Paléolithique ancien. In *Les grandes civilisations préhistoriques de la France*. Livre jubilaire de la Société Préhistorique Française, p. 9-26.

H. BREUIL et R. LANTIER, 1959. *Les hommes de la pierre ancienne (Paléolithique et Mésolithique)*. Bibliothèque scientifique. Payot. Paris.

M.-N. BRÉZILLON, 1968. La dénomination des objets de pierre taillée. Matériaux pour un vocabulaire des préhistoriens de langue française. IVe supplément à « *Gallia Préhistoire* ». Éditions du C.N.R.S.

M. BRÉZILLON, 1969. *Dictionnaire de la Préhistoire*. Dictionnaires de l'homme du XXe siècle. Librairie Larousse.

M. BRÉZILLON, 1973. L'outil préhistorique et le geste technique. In *L'Homme, hier et aujourd'hui*. Hommage à A. Leroi-Gourhan, p. 123-133. Cujas, Paris.

D. CAHEN et J. GYSELS, 1983. Techniques et fonctions dans l'industrie lithique du groupe de Blicquy (Belgique). In *Traces d'utilisation sur les outils néolithiques du Proche-Orient*. Table ronde 8-10 juin 1982. G.I.S. Maison de l'Orient méditerranéen (collection Travaux de la Maison de l'Orient, n° 5).

D. CAHEN et C. KARLIN, 1980, a. Nouvelles voies pour l'étude des pierres taillées. In *Préhistoire et technologie lithique* : journées du 11-12-13 juin 1979, organisées par J. Tixier, *U.R.A.* 28 du C.R.A. Valbonne, C.N.R.S., p. 24-27.

D. CAHEN et C. KARLIN, 1980, b. Remontages, p. 210-223. In D. Cahen, C. Karlin, L.-H. Keeley, F. Van Noten, Méthodes d'analyse technique, spatiale et fonctionnelle d'ensembles lithiques. *Helinium*, XX, p. 209-259.

H. CAMPS-FABRER, 1977. Compte rendu des travaux de la commission de nomenclature sur l'industrie de l'os préhistorique. In méthodologie appliquée à l'industrie de l'os préhistorique. Deuxième colloque international sur l'Industrie de l'os dans la Préhistoire. Abbaye de Sénanque (Vaucluse), 9-10 juin 1976. Éditions du C.N.R.S., Paris.

P. CATTELAIN, 1979. Quelques considérations sur les propulseurs magdaléniens au travers de trois pièces conservées au Musée des Antiquités Nationales. *Antiquités Nationales*, n° 11, p. 15-21.

J. CAUVIN, 1983. Typologie et fonction des outils préhistoriques : apports de la tracéologie a un vieux débat. In *Traces d'utilisation sur les outils néolithiques du Proche-Orient*. Table ronde 8-10 juin 1982. G.I.S. Maison de l'Orient méditerranéen (collection Travaux de la Maison de l'Orient, n° 5).

M.-C. CAUVIN, 1971. Les industries post-glaciaires du Périgord. Publications du centre de recherches d'écologie et de préhistoire. Saint-André-de-Cruzières, II. Librairie d'Amérique et d'Orient. A. Maisonneuve. Paris.

M.-C. CAUVIN, 1981. A propos des lames-faucilles en silex. *B.S.P.F.*, t. 78, n° 6, p. 168-169.

G. CÉLÉRIER et E.-H. MOSS, 1983. L'abri sous roche de Pont-d'Ambon à Bourdeilles (Dordogne). Un gisement magdalénien-azilien. Micro-traces et analyse fonctionnelle de l'industrie lithique. *Gallia Préhistoire*, t. 26, 1, p. 81-108.

G. CHAUVET, 1910. Os, ivoires et bois de renne ouvrés de la Charente. Hypothèses paléthnographiques (collection G. Chauvet). Extrait du bulletin de la Société archéologique et historique de la Charente. Chez E. Constantin. Angoulême.

J. et N. CHAVAILLON, 1976. Le Paléolithique ancien en Éthiopie. Caractères techniques de l'Oldowayen de Gomboré I à Melka-Kunturé. In les plus anciennes industries en Afrique. Union internationale des sciences préhistoriques et protohistoriques. IXe Congrès. Colloque V. Nice, p. 43-68.

J. CHAVAILLON, 1979. Le complexe acheuléen. In les Ancêtres de l'homme. *Science et Vie*, n° 129, p. 72—80.

J. CHAVAILLON, 1982, a. L'outil et les débuts de la grande aventure humaine. In le premier homme, *Histoire et Archéologie, n° 60, février, p. 70-86.*

J. CHAVAILLON, 1982, b. Bilan des recherches préhistoriques en Éthiopie. *B.S.P.F.*, t. 79, n° 6, p. 163.

A. Cheynier, 1949. Badegoule, station solutréenne et proto-magdalénienne. *Archives de l'Institut de Paléontologie humaine*, mémoire 23. Masson.

A. Cheynier, 1956. Feuille de laurier emmanchée à Badegoule. *B.S.P.F.*, t. 53, p. 94-95.

J.G.D. Clark, 1936. *The Mesolithic Settlement of Northern Europe*. Cambridge.

J.G.D. Clark, 1954. *Excavations at Star Carr*. Cambridge University Press.

J.G.D. Clark, 1955. *L'Europe préhistorique. Les fondements de son économie*. Payot.

G. Clark, 1975. *The Earlier Stone Age Settlement of Scandinavia*. Cambridge University Press.

Y. Coppens, 1982. «Qui fit quoi», *B.S.P.F.*, t. 79, n° 6, p. 163-165.

Y. Coppens, 1983. *Le singe, l'Afrique et l'homme*. Le temps des Sciences. Fayard.

G. Cordier, 1957. Le vrai visage du Grand-Pressigny. Congrès Préhistorique de France, compte rendu de la XVe session. Poitiers-Angoulême, 15-22 juillet 1956. Société Préhistorique Française.

G. Cordier, 1961. Un point de technique à propos des lames de la cachette des Ayez. *B.S.P.F.*, t. LVIII, n° 11-12, p. 672-676.

C. Couraud et A. Laming-Emperaire, 1979. Les colorants. In Arl. Leroi-Gourhan et J. Allain, Lascaux inconnu. XIIe supplément à « *Gallia Préhistoire* ». Éditions du C.N.R.S. Paris, p. 153-170.

J. Courtin, 1984. La guerre au Néolithique. *La Recherche*, n° 154, vol. 15, p. 448-458.

J. Courtin et J. Erroux, 1974. Aperçu sur l'agriculture préhistorique dans le Sud-Est de la France. *B.S.P.F.*, t. 71, Études et Travaux, fasc. 1, p. 321-334.

M. Dauvois, 1974. Industrie osseuse préhistorique et expérimentations. In premier colloque international sur l'industrie de l'os dans la préhistoire, organisé par H. Camps-Fabrer. Abbaye de Sénanque. Avril 1974. Éditions de l'Université de Provence, p. 73-83.

M. Dauvois, 1976. *Précis de dessin dynamique et structural des industries lithiques préhistoriques*. Fanlac. Périgueux.

M. Dauvois, 1977. Stigmates d'usure présentés par des outils de silex ayant travaillé l'os. Premiers résultats. In *Méthodologie appliquée à l'industrie de l'os préhistorique*. Deuxième colloque international sur l'industrie de l'os dans la préhistoire. Abbaye de Sénanque (Vaucluse). 9-12 juin 1976. C.N.R.S., p. 275-291.

R. Deffarges, P. Laurent et D. de Sonneville-Bordes, 1974. Ciseaux ou lissoirs magdaléniens. *B.S.P.F.*, t. 71, C.R.S.M., n° 3, p. 85-96.

R. Deffarge, P. Laurent et D. de Sonneville-Bordes, 1977. Sagaies et ciseaux du Magdalénien supérieur du Morin, Gironde. Un essai de définition. In *Méthodologie appliquée à l'industrie de l'os préhistorique*. Deuxième colloque international sur l'industrie de l'os dans la préhistoire. Abbaye de Sénanque (Vaucluse). 9-12 juin 1976. C.N.R.S., p. 99-110.

B. et G. Delluc, 1979, a. *Les chasseurs de la Préhistoire*. Collection « En savoir plus ». Hachette.

B. et G. Delluc, 1979, b. L'éclairage. In Arl. Leroi-Gourhan et J. Allain, Lascaux inconnu. XIIe supplément à « *Gallia Préhistoire* ». Éditions du C.N.R.S., Paris.

B. et G. Delluc, 1984. *Lascaux. Art et archéologie. La caverne peinte et gravée de Lascaux*. Éditions du Périgord noir. Périgueux.

F. Delpech et D. de Sonneville-Bordes, 1977. L'industrie de l'os à Laugerie-Haute, Dordogne (fouilles F. Bordes) : débitage et « outils de fortune ». In Méthodologie appliquée à l'industrie de l'os préhistorique. Deuxième colloque international sur l'industrie de l'os dans la Préhistoire. Abbaye de Sénanque (Vaucluse). 9-12 juin 1976. Éditions du C.N.R.S., Paris, p. 61-68.

H. Delporte et G. Mazière, 1977. L'Aurignacien de La Ferrassie. Observations prélimaires à la suite de fouilles récentes. *B.S.P.F.*, t. 74, Études et travaux, fasc. 1, p. 343-361.

J. Desse, 1977. L'industrie en os du site néolithique d'Auvernier Brise-Lames, canton de Neuchâtel (Suisse). In *Méthodologie appliquée à l'industrie de l'os préhistorique. Deuxième colloque international sur l'Industrie de l'os dans la Préhistoire. Abbaye de Sénanque (Vaucluse). 9-12 juin 1976. Éditions du C.N.R.S., Paris, p. 239-248.*

M. Egloff, 1984. Artefacts en bois et vannerie des palafittes d'Auvernier (Néolithique et Bronze final). *B.S.P.F.*, t. 81, n° 1, p. 4.

M. Escalon de Fonton, 1964. Naissance de la guerre en Occident aux temps préhistoriques. *Archéologia*, n° 1, p. 30-34.

G.E.E.M., 1969. Groupe d'Étude de l'Épipaléolithique-Mésolithique (G.E.E.M.) : C. Barrière, R. Daniel, H. Delporte, M. Escalon de Fonton, R. Parent, abbé J. Roche, Dr J.-G. Rozoy, J. Tixier, E. Vignard. Épipaléolithique-Mésolithique. Les microlithes géométriques. *B.S.P.F.*, t. 66, Études et Travaux, p. 355-366.

G.E.E.M., 1972. Groupe d'Étude de l'Épipaléolithique-Mésolithique (G.E.E.M.) : C. Barrière, R. Daniel, H. Delporte, M. Escalon de Fonton, R. Parent, abbé J. Roche, Dr J.-G. Rozoy. Épipaléolithique-Mésolithique. Les armatures non géométriques - . *B.S.P.F.*, t. 69, Études et Travaux, fasc. 1, p. 364-375.

P.-A. GERFAUD, 1983. Discussion in *Traces d'utilisation sur les outils néolithiques du Proche-Orient.* Table ronde 8-10 juin 1982. G.I.S. Maison de l'Orient Méditerranéen (collection Travaux de la Maison de l'Orient, n° 5), p. 55.

M. GESLIN, G. BASTIEN et N. MALLET, 1975. Le dépôt de grandes lames de la Creusette, Barrou (Indre-et-Loire). *Gallia Préhistoire,* t. 18, 2, p. 401-422.

P.-R. GIOT, J. L'HELGOUAC'H, J.-L. MONNIER, 1979. Préhistoire de la Bretagne. Éditions Ouest-France. Rennes.

J. GUIART, 1986. Éthnologie et Préhistoire. *Archeologia,* n° 209, janvier, p. 52-59.

J. GUILAINE, 1980. *La France d'avant la France. Du Néolithique à l'Age de fer.* Collection « La mémoire du temps ». Hachette.

J. GYSELS et D. CAHEN, 1982. Le lustre des faucilles et les autres traces d'usage des outils en silex. *B.S.P.F.*, t. 79, n° 7, p. 221-224.

D. HELMER, 1983. Les faucilles et les gestes de la moisson. In *Traces d'utilisation sur les outils néolithiques du Proche-Orient.* Table ronde 8-10 juin 1982. G.I.S. Maison de l'Orient méditerranéen (collection Travaux de la Maison de l'Orient, n° 5).

D. HENRI-MARTIN, 1908. Étude anatomique de la région tibio-tarsienne du renne et recherches sur sa désarticulation à l'époque moustérienne. Congrès Préhistorique de France, Autun, 1907, p. 203-223. Le Mans. Imp. Monnoyer.

G. HENRI-MARTIN, 1957. La grotte de Fontéchevade, première partie. *Archives de l'Institut de Paléontologie Humaine,* mémoire 28. Masson.

F. HOURS, 1982. *Les civilisations du Paléolithique.* Que Sais-je ? n° 2057. Presses Universitaires de France.

M.-L. INIZAN, 1980. Séries anciennes et économie du débitage. In Préhistoire et technologie lithique, 11-13 mai 1979, *Publications de l'URA* 28 : cahier 1, p. 28-30. Éditions du C.N.R.S.

M.-L. INIZAN, 1984. Débitage par pression et standardisation des supports : un exemple capsien au Relilaï (Algérie). In Préhistoire de la pierre taillée, 2 : économie du débitage laminaire : technologie et expérimentation : IIIe table ronde de technologie lithique. Meudon-Bellevue, octobre 1982, p. 13-19. Cercle de Recherches et d'Études préhistoriques, Paris.

T. JOSIEN, 1955. Station Lacustre d'Auvernier (Lac de Neuchâtel). Étude de la faune de la station. *B.S.P.F.*, t. 52, fasc. 1-2, p. 57-75.

M. JULIEN, 1977. Harpons unilatéraux et bilatéraux. Évolution morphologique ou adaptation differenciée ? In *Méthodologie appliquée à l'industrie de l'os préhistorique.* Deuxième colloque international sur l'industrie de l'os dans la Préhistoire. Abbaye de Sénanque (Vaucluse) 9-12 juin 1976. Éditions du C.N.R.S., Paris.

M. JULIEN, 1982. Les harpons magdaléniens. XVIIe supplément à *« Gallia Préhistoire ».* Éditions de C.N.R.S., Paris.

C. KARLIN, 1980. Exemples, p. 227-241. In D. Cahen, C. Karlin, L.-H. Keeley, F. Van Noten, Méthodes d'analyse technique, spatiale et fonctionnelle d'ensembles lithiques. *Helinium,* XX, p. 209-259.

L.-H. KEELEY, 1978. Les fonctions des outils en silex à l'époque paléolithique, *Pour la Science,* Janvier, n° 3, p. 12-19.

L.-H. KEELEY, 1980. Analyse des traces microscopiques d'usure, p. 224-227. In D. Cahen, C. Karlin, L.-H. Keeley, F. Van Noten, Méthodes d'analyse technique, spatiale et fonctionnelle d'ensembles lithiques. *Helinium,* t. 20.

J.-K. et S.-K. KOZLOWSKI, 1977. Pointes, sagaies et harpons du Paléolithique et du Mésolithique en Europe du Centre-Est, p. 205-227. In *Méthodologie appliquée à l'industrie de l'os préhistorique.* Deuxième colloque international sur l'industrie de l'os dans la Préhistoire. Abbaye de Sénanque (Vaucluse) 9-12 juin 1976. Éditions du C.N.R.S., Paris.

F. LACORRE, 1960. *La Gravette, le Gravettien et le Bayacien.* Imp. Barnéoud. Laval.

A. LAMING-EMPERAIRE, 1966. Les chasseurs prédateurs du post-glaciaire et le Mésolithique. In *La Préhistoire.* Collection Nouvelle Clio, l'Histoire et ses problèmes. Presses Universitaires de France, Paris.

L. et U.-K. LARSSON, 1977. Sur les pointes en os à tranchants de silex trouvées dans le Sud de la

Suède. Congrès Préhistorique de France, compte rendu de la XXe session, Provence, 1-7 juillet 1974, p. 338-342. Société Préhistorique Française, Paris.

M. Lenoir, 1973. Obtention expérimentale de la retouche de type Quina. *B.S.P.F.*, t. 70, C.R.S.M., n° 1, p. 10-11.

M. Lenoir, 1975. Observations sur les pointes à cran magdaléniennes dans les gisements de l'Abri Faustin, commune de Cessac (Gironde) et de la Pique, commune de Daignac (Gironde). *B.S.P.F.*, t. 72, C.R.S.M., n° 4, p. 107-112.

M. Lenoir, 1981. Pseudo-enlèvements de coup de burin sur lamelles à dos. *B.S.P.F.*, t. 78, n° 5, p. 134-136.

A. Leroi-Gourhan, 1943 et 1971. *L'homme et la matière. Évolution et techniques.* Collection « Sciences d'aujourd'hui ». Albin Michel.

A. Leroi-Gourhan, 1945 et 1973. *Milieu et techniques. Évolution et techniques.* Collection « Sciences d'aujourd'hui ». Albin Michel.

A. Leroi-Gourhan, 1962. Sociétés primitives. In *Histoire générale de techniques,* t. 1, les origines de la civilisation technique, p. 9-53. Presses Universitaires de France.

A. Leroi-Gourhan, 1964, a. Industries du Paléolithique supérieur, p. 36-64. In Arl. et A. Leroi-Gourhan, chronologie des grottes d'Arcy-sur-Cure (Yonne). *Gallia Préhistoire,* t. VII, p. 1-64. C.N.R.S., Paris.

A. Leroi-Gourhan, 1964, b. *Le Geste et la Parole. Technique et Langage.* Collection Sciences d'aujourd'hui. Albin Michel.

A. Leroi-Gourhan, 1965. *Préhistoire de l'art occidental.* Éditions L. Mazenod, Paris.

A. Leroi-Gourhan, 1966. In A. Leroi-Gourhan, G. Bailloud, J. Chavaillon, A. Laming-Emperaire, *La Préhistoire.* Collection Nouvelle Clio, l'Histoire et ses problèmes. Presses Universitaires de France, Paris.

A. Leroi-Gourhan, 1971. La spatule aux poissons de la grotte du Coucoulu à Calviac (Dordogne). *Gallia Préhistoire,* t. XIV, fasc. 2, p. 253-259.

A. Leroi-Gourhan, 1976. Pincevent. In livret-guide A 10, U.I.S.P.P. IXe congrès.

A. Leroi-Gourhan, 1983, a. Une tête de sagaie à armature de lamelles de silex à Pincevent (Seine-et-Marne), *B.S.P.F.*, t. 80, n° 5, p. 154-156.

A. Leroi-Gourhan, 1983, b. *Les chasseurs de la Préhistoire.* A.-M. Métailié, Paris.

A. Leroi-Gourhan, 1983, c. Le fil du temps. Ethnologie et préhistoire 1935-1970. Le temps des Sciences. Fayard.

A. Leroi-Gourhan, G. Bailloud, M. Brézillon, 1962. L'hypogée II des Mournouards (Mesnil-sur-Oger, Marne). *Gallia Préhistoire,* t. V, p. 23-133, C.N.R.S.

A. Leroi-Gourhan et M. Brézillon, 1966. L'habitation magdalénienne n° 1 de Pincevent près Montereau (Seine-et-Marne), *Gallia Préhistoire,* t. IX, fasc. 2, p. 263-385, C.N.R.S.

A. Leroi-Gourhan et M. Brézillon, 1972. Fouilles de Pincevent. Essai d'analyse ethnographique d'un habitat magdalénien (La section 36). VIIe supplément à *« Gallia Préhistoire ».* Éditions du C.N.R.S., Paris.

Arl. Leroi-Gourhan, J. Allain, et L. Balout, C. Bassier, R. Bouchez, J. Bouchud, C. Couraud, B. et G. Delluc, J. Evin, M. Girard, A. Laming-Emperaire, A. Leroi-Gourhan, M. Sarradet, F. Schweingruber, Y. Taborin, D. Vialou, J. Vouvé. 1979 Lascaux inconnu. XIIe supplément à *« Gallia Préhistoire ». Éditions du C.N.R.S., Paris.*

C.T. Le Roux, 1975. Il y a plusieurs millénaires... Fabrication et commerce des haches en pierre polie. Bretagne préhistorique. *Les dossiers de l'Archéologie,* n° 11, p. 42-55.

C. Leroy-Prost, 1974. Les pointes en matière osseuse de l'Aurignacien. Caractéristiques morphologiques et essais de définitions. *B.S.P.F.*, t. 71, Études et Travaux, fasc. 2, p. 449-458.

C. Leroy-Prost, 1975. L'industrie osseuse aurignacienne. Essai régional de classification : Poitou, Charentes, Périgord. *Gallia Préhistoire,* t. 18, fasc. 1, p. 65-156. Éditions du C.N.R.S.

C. Leroy-Prost, 1978. Les bases fendues d'Isturitz (Pyrénées-Atlantiques). Morphologie et traces d'utilisation. *B.S.P.F.*, t. 75, n° 4, p. 116-120.

M. Lorblanchet, 1981. Pech-Merle. Centre de préhistoire. Grotte et musée. Guide.

T.-H. Loy, 1983. Cité dans « Du sang sur les pierres ». In *La Recherche,* n° 148.

G. Malvesin-Fabre, L.-R. Nougier et R. Robert, 1951. Engins de chasse et de pêche du Magdalénien de la Grotte de la Vache (Ariège). Préhistoire Spéléologie ariégeoises. *Bulletin de la Société Préhistorique de l'Ariège,* t. VI, p. 13-30.

J.-P. MOHEN, 1980. Aux prises avec des pierres de plusieurs dizaines de tonnes. In Revivre la Préhistoire. *Les dossiers de l'Archéologie*, n° 46, septembre-octobre, p. 58-67.

L. MONS, 1976. Les bâtons perforés de la grotte du Placard (Charente) au Musée des Antiquités Nationales. *Antiquités Nationales*, n° 8, p. 11-21.

L. MONS, 1979. Les harpons aziliens du Mas d'Azil. Étude préliminaire. In *La fin des temps glaciaires en Europe*. Colloques internationaux, C.N.R.S., p. 623-635.

L. MONS, 1980. Essai d'analyse et de classification des poinçons des gisements solutréens et magdaléniens du Placard (Charente), de Laugerie-Basse et de la Madeleine (Dordogne). *B.S.P.F.*, t. 77, n° 10-12, p. 317-327.

L. MONS, 1980-1981. Les baguettes demi-rondes du Paléolithique supérieur occidental : analyse et réflexions. *Antiquités Nationales*, n° 12-13, p. 7-19.

H.-L. Jr MOVIUS, 1966. L'histoire de la reconnaissance des burins en silex et de la découverte de leur fonction en tant qu'outils pendant le Paléolithique supérieur. *B.S.P.F.*, Études et Travaux, t. LXIII, fasc. 1, p. 50-65.

H. MÜLLER, 1903. Essais de taille du silex. Montage et emploi des outils obtenus. *L'Anthropologie*, t. XIV, p. 417-436.

C. MURRAY, 1979. Les techniques de débitage des métapodes de petits ruminants à Auvernier-Port. In *L'industrie en os et bois de cervidé durant le Néolithique et l'âge des métaux*. Première réunion du groupe de travail n° 3 sur l'industrie de l'os préhistorique, organisée par H. Camps-Fabrer, p. 27-35. Éditions du C.N.R.S., Paris.

M. NEWCOMER, 1977. Experiments in upper palaeolithic bone work. In *Méthodologie appliquée à l'industrie de l'os préhistorique*. Deuxième colloque international sur l'industrie de l'os dans la Préhistoire. Abbaye de Sénanque (Vaucluse). 9-12 juin 1976. Éditions du C.N.R.S., Paris.

M.-H. NEWCOMER, 1980. Savoir utiliser les outils préhistoriques. In Revivre la Préhistoire. *Les dossiers de l'Archéologie*, n° 46, p. 18-23.

L.-R. NOUGIER, 1950. *Les civilisations campigniennes en Europe occidentale*. Imp. Ch. Monnoyer. Le Mans.

L.-R. NOUGIER et R. ROBERT, 1953. Le débitage par sciage dans le « Néolithique pyrénéen ». *B.S.P.F.*, t. 50, fasc. 1-2, p. 54-60.

G.-H. ODELL, 1978. Préliminaires d'une analyse fonctionnelle des pointes microlithiques de Bergumermeer (Pays-Bas). *B.S.P.F.*, t. 75, n° 2, p. 37-49.

G.-H. ODELL, 1983. Problèmes dans l'étude de traces d'utilisation. In *Traces d'utilisation sur les outils néolithiques du Proche-Orient*. Table ronde 8-10 juin 1982. G.I.S. Maison de l'Orient méditerranéen (Collection Travaux de la Maison de l'Orient, n° 5).

R.-K. PANT, 1979 Étude des traces d'utilisation des outils lithiques. In Il y a 450 000 ans... l'homme de Tautavel. *Les dossiers de l'Archéologie*, n° 36, p. 86-89.

E. PASSEMARD, 1944. La caverne d'Isturitz en Pays Basque. *Préhistoire*, t. IX, Presses Universitaires de France.

J. PELEGRIN, 1984, a. Approche technologique expérimentale de la mise en forme de nucléus pour le débitage systématique par pression. In *Préhistoire de la pierre taillée*, 2 : économie du débitage laminaire : technologie et expérimentation : IIIe table ronde de technologie lithique. Meudon-Bellevue, octobre 1982, p. 93-103. Cercle de Recherches et d'Études préhistoriques, Paris.

J. PELEGRIN, 1984, b. Systèmes expérimentaux d'immobilisation du nucléus pour le débitage par pression. In *Préhistoire de la pierre taillée*, 2 : économie du débitage laminaire : technologie et expérimentation : IIIe table ronde de technologie lithique. Meudon-Bellevue, octobre 1982, p. 105-116. Cercle de Recherches et d'Études préhistoriques, Paris.

J. PELEGRIN, 1984, c. Débitage par pression sur silex : nouvelles expérimentations. In *Préhistoire de la pierre taillée*, 2 : économie du débitage laminaire : technologie et expérimentation : IIIe table ronde de technologie lithique. Meudon-Bellevue, octobre 1982, p. 117-127. Cercle de Recherches et d'Etudes préhistoriques, Paris.

J. PELEGRIN et E. BOËDA, 1983. La taille de la pierre pendant la préhistoire. Centre régional de documentation pédagogique de l'Académie de Dijon. Série de 24 diapositives + 1 livret d'accompagnement.

M. et S.-J. PÉQUART, 1960. Grotte du Mas d'Azil (Ariège). Une nouvelle galerie magdalénienne. *Archives de l'Institut de Paléontologie Humaine*, t. XLVI. Masson.

M. et S.-J. PÉQUART, M. BOULE, H. VALLOIS, 1937. Téviec station-nécropole mésolithique du Morbihan. *Archives de l'Institut de Paléontologie humaine*. Mémoire 18. Masson.

C. Perlès, 1983. Discussion, p. 32. In *Traces d'utilisation sur les outils néolithiques du Proche-Orient.* Table ronde, 8-10 juin 1982. G.I.S. Maison de l'Orient Méditerranéen (collection Travaux de la Maison de l'Orient, n° 5).
P. Pétrequin, 1984. *Gens de l'eau, gens de la terre. Ethno-archéologie des communautés lacustres.* Collection « La mémoire du temps ». Hachette.
D. Peyrony, 1934. La Ferrassie. Moustérien, Périgordien, Aurignacien. *Préhsitoire,* t. 3, p. 1-92. Presses Universitaires de France. Paris.
F. Poplin, 1974. Deux cas particuliers de débitage par usure. In Premier colloque international sur l'industrie de l'os dans la Préhistoire, organisé par H. Camps-Fabrer, abbaye de Sénanque, Avril 1974. Éditions de l'Université de Provence.
F. Poplin, 1976. Étude comparative de deux séries de chasse-lame en bois de cerf néolithique de l'Yonne (France) et indienne du Missouri (U.S.A.). Congrès préhistorique de France, XXe session, Provence, p. 499-505.
F. Poplin, 1980. Des chasse-lame néolithiques en bois de cerf de l'Yonne, de Spiennes et pourquoi pas du Grand-Pressigny. Études sur le Néolithique de la région Centre. Actes du colloque interrégional tenu à Saint-Amand-Montrond (Cher), octobre 1977, p. 41-48. Association des Amis du Musée Saint-Vic.
L. Pradel, 1982. De la face plane à la pointe à cran solutréenne, transition morphologique. *B.S.P.F.,* t. 79, n° 4, p. 109-116.
C. Prost, 1971. Première note relative à l'orientation des objets en os. *B.S.P.F.,* t. 68, C.R.S.M., fasc. 2, p. 46-47.

A. Rigaud, 1972. La technologie du burin appliquée au matériel osseux de la Garenne (Indre). *B.S.P.F.,* t. 69, C.R.S.M., n° 4, p. 104-108.
A. Rigaud, 1977. Analyse typologique et technologique des grattoirs magdaléniens de la Garenne à Saint-Marcel (Indre). *Gallia Préhistoire,* t. 20, fasc. 1, p. 1-43, C.N.R.S.
J.-P. Rigaud, 1974. Quelques outils en os peu fréquents du Paléolithique supérieur : fiches descriptives. In Premier colloque international sur l'industrie de l'os dans la Préhistoire, organisé par H. Camps-Fabrer. Abbaye de Sénanque, avril 1974. Éd. de l'Université de Provence.
H. Roche, 1980. Premiers outils taillés d'Afrique. Afrique ancienne. Société d'Éthnographie.
H. Roche, 1982. Hadar et les industries préacheuléennes d'Afrique orientale. *B.S.P.F.,* t. 79, n° 6, p. 165-166.
H. Roche, J. Tixier, 1982. Les accidents de taille. *Studia Praehistorica Belgica,* 2, p. 65-76.
J.-J. Roodenberg, 1983. Traces d'utilisation sur les haches polies de Bouqras (Syrie). In *Traces d'utilisation sur les outils néolithiques du Proche-Orient.* Table ronde, 8-10 juin 1982. G.I.S. Maison de l'Orient méditerranéen (collection Travaux de la Maison de l'Orient, n° 5).

Dr. R. de Saint-Périer, 1936. La grotte d'Isturitz. II le Magdalénien de la Grande Salle. *Archives de l'Institut de Paléontologie Humaine.* Mémoire 17. Masson.
P. Smith, 1966. *Le Solutréen en France.* Publications de l'Institut de Préhistoire de l'Université de Bordeaux. Mémoire n° 5. Imp. Delmas, Bordeaux.
D. de Sonneville-Bordes, 1960. *Le Paléolithique supérieur en Périgord.* Delmas, Bordeaux.
D. de Sonneville-Bordes, 1972. *La Préhistoire moderne. L'Age de la pierre taillée.* 2e édition, P. Fanlac, Périgueux.
D. de Sonneville-Bordes, 1973. Le Paléolithique supérieur (environ 33 000 à 10 000 av. J.-C.). In *La France de la Préhistoire,* Tallandier.
D. de Sonneville-Bordes, 1979. Le Paléolithique supérieur. In les ancêtres de l'homme. *Science et Vie.* Hors-série, n° 129, p. 126-143.
D. de Sonneville-Bordes et J. Perrot, 1954. Lexique typologique du Paléolithique supérieur. Outillage lithique. I) Grattoirs. II) Outils solutréens. *B.S.P.F.,* t. 51, p. 327-335.
D. de Sonneville-Bordes et J. Perrot, 1956. Lexique typologique du Paléolithique supérieur. Outillage lithique (suite et fin). V outillage à bord abattu. VI pièces tronquées. VII lames retouchées. VIII pièces variées. IX outillage lamellaire, pointe azilienne, *B.S.P.F.,* t. 53, p. 547-559.
P. Soulier, 1970-1971. L'extraction du silex en Europe occidentale (Allemagne, Angleterre, Belgique, France). Mémoire de maîtrise.
A. Steensberg, 1980. *New Guinea Gardens. A Study of Husbandry with Parallels in Prehistoric Europe.* Academic Press.

D. STORDEUR-YEDID, 1976. Les poinçons d'os à poulie articulaire : observations techniques d'après quelques exemples syriens. *B.S.P.F.*, t. 73, C.R.S.M. n° 2, p. 39-42.

D. STORDEUR-YEDID, 1979. Les aiguilles à chas du Paléolithique. XIIIe supplément à « *Gallia Préhistoire* ». Éditions du C.N.R.S., Paris.

Y. TABORIN, 1977. Quelques objets de parure. Étude technologique : les percements des incisives de bovinés et de canines de renards. Méthodologie appliquée à l'industrie de l'os préhistorique. Deuxième colloque international sur l'industrie de l'os dans la Préhistoire. Abbaye de Sénanque (Vaucluse). Éd. du C.N.R.S., Paris.

P.-J. TEXIER, 1984. Le débitage par pression et la mécanique de la rupture fragile. Initiation et propagation des fractures. In *Préhistoire de la pierre taillée,* 2 : économie du débitage laminaire : technologie et expérimentation : IIIe table ronde de technologie lithique. Meudon-Bellevue, octobre 1982, p. 139-147. Cercle de Recherches et d'Études Préhistoriques, Paris.

M. THOUVENOT, 1984. Le débitage des lames d'obsidienne par les Aztèques selon les textes du XVIe siècle. In *Préhistoire de la pierre taillée,* 2 : économie du débitage laminaire : technologie et expérimentation : IIIe table ronde de technologie lithique. Meudon-Bellevue, octobre 1982, p. 149-157. Cercle de Recherches et d'Études Préhistoriques, Paris.

J. TIXIER, 1963. Typologie de l'Épipaléolithique du Maghreb. Mémoires du Centre de Recherches anthropologiques, préhistoriques et ethnographiques, 2, Alger, Paris, A.M.G.

J. TIXIER, 1966. Têtes de flèches néolithiques appointies par la technique du « coup de burin ». *L'Anthropologie,* t. 70, n° 5-6, p. 541-544.

J. TIXIER, 1972. Obtention de lames par débitage « sous le pied », *B.S.P.F.*, t. 69. C.R.S.M., n° 5, p. 134-139.

J. TIXIER, 1973. Technique de fabrication des lames-démonstration par un tailleur de pierres contemporain. In T. Prideaux et les rédacteurs des Éditions Time-Life, *L'homme de Cro-Magnon.* Time-Life International, p. 83-91.

J. TIXIER, 1976, a. Avec la collaboration de F. Marmier, G. Trécolle. *Le campement préhistorique de Bordj Mellala, Ouargla, Algérie.* Éditions du cercle de Recherches et d'Études Préhistoriques, Paris.

J. TIXIER, 1976, b. L'industrie lithique capsienne de l'Aïn Dokkara, région de Tebessa, Algérie. *Libyca,* t. XXIV, p. 21-53, Alger.

J. TIXIER, 1980, a. Expériences de taille. In Préhistoire et technologie lithique, 11-13 mai 1979. *Publications de l'URA* 28 : cahier 1, p. 47-49. Éditions du C.N.R.S.

J. TIXIER, 1980, b. La taille expérimentale des roches dures. In Encyclopaedia Universalis, p. 1199-1201.

J. TIXIER, 1982. Techniques de débitage : osons ne plus affirmer. *Studia Praehistorica Belgica,* 2, p. 13-22.

J. TIXIER, 1984, a. Lames. In *Préhistoire de la pierre taillée,* 2 : économie du débitage laminaire ; technologie et expérimentation : IIIe table ronde de technologie lithique. Meudon-Bellevue, octobre 1982, p. 13-19. Cercle de Recherches et d'Études Préhistoriques, Paris.

J. TIXIER, 1984, b. Le débitage par pression. In *Préhistoire de la pierre taillée,* 2 : économie du débitage laminaire : technologie et expérimentation : IIIe table ronde de technologie lithique. Meudon-Bellevue, octobre 1982, p. 57-70. Cercle de Recherches et d'Études Préhistoriques, Paris.

J. TIXIER, M.-L. INIZAN, H. ROCHE, 1980. *Préhistoire de la pierre taillée. 1- Terminologie et technologie. Cercle de Recherches et d'Études préhistoriques. Valbonne.*

A. TUFFREAU, 1984. Le débitage des lames dans le Paléolithique inférieur et moyen de la France septentrionale. In *Préhistoire de la pierre taillée,* 2 : économie du débitage laminaire : technologie et expérimentation : IIIe table ronde de technologie lithique. Meudon-Bellevue, octobre 1982, p. 53. Cercle de Recherches et d'Études Préhistoriques, Paris.

P. VAUGHAN, 1983. La fonction des outils préhistoriques. *La recherche,* n° 148, octobre, vol 14, p. 1226-1234.

A. VAYSON, 1918-1919. Faucille préhistorique de Solférino. Étude comparative. *L'Anthropologie,* t. XXIX, p. 393-422.

A. VAYSON de PRADENNE, 1931. L'industrie des ateliers à maillets de Murs. Congrès Préhistorique de France. Compte rendu de la 10e session : Nîmes-Avignon. Société Préhistorique Française, Paris, 1933-1934, p. 146-179.

G. VERRON, 1981. Minière de la Fordelle à Bretteville-le-Rabet (Calvados). Informations archéologiques, circonscription de Haute et Basse-Normandie. *Gallia Préhistoire,* t. 24, 2, p. 365-368, C.N.R.S.

P. VOUGA, 1934. Le Néolithique lacustre ancien. Recueil de travaux publiés par la faculté des lettres, 17e fascicule, Neuchâtel.

A. WHITTLE, 1985. *Neolithic Europe : a survey.* Cambridge World Archaeology. Cambridge University Press.

Index des musées (*)

(*) Les chiffres en italique indiquent des numéros de figures dans les légendes desquelles les musées sont cités.

Index des outils et des techniques (*)

(*) Les chiffres en italique indiquent des numéros de figures.

MASSON, Éditeur
120, bd Saint-Germain
75280 Paris Cedex 06
Dépôt légal : juillet 1986

CORLET, Imprimeur, S.A.
14110 Condé-sur-Noireau
Dépôt légal : juin 1986
N° d'imprimeur : 7870